Nivellement

des

Fichtelgebirges und des Frankenjura.

Nach

den Barometermessungen, trigonometrischen und nivellitischen Operationen

von

Berghaus, Bischof, von Brand, Brousseaud, David, Fickentscher, Gerstner, Goldfuß, Friedr. Hoffmann, Mädler, Miller, von Pechmann, Schmidel, Weiß u. a. m.

Berechnet

von

Dr. Heinrich Berghaus,
Professor an der Königl. Allgemeinen Bauschule zu Berlin, und mehrerer gelehrten Gesellschaften Mitgliede.

Zweite vermehrte und verbesserte Ausgabe.

Berlin, 1834.
Verlegt von G. Reimer.

Deütschlands Höhen.

I. Band.

Deütschlands Höhen.

Beiträge

zur

genauern Kenntniß derselben;

gesammelt und herausgegeben

von

Dr. Heinrich Berghaus.

Erster Band.

Das Fichtelgebirge und der Frankenjura.

Zweite vermehrte und verbesserte Ausgabe.

Berlin, 1834.

Verlegt von G. Reimer.

Dem

Herrn Karl Wilhelm von Oesfeld,

Major im Königl. Preußischen Kriegsministerium und Vorsteher der trigonometrischen Abtheilung des Königl. Generalstabes, Ritter des eisernen Kreuzes zweiter Klasse und des Kaiserl. Russischen St. Wladimir-Ordens, stellvertretenden Direktor der Gesellschaft für Erdkunde zu Berlin ꝛc.

dargebracht

von

B.

Drei Lustre sind im Strom der Zeit verflossen,
seit wir in Geistes- und Gemüthes-Einklang
vereint den Grund zu legen uns bestrebten
zu einem Hochbild unsers Vaterlands.

Da warest Du es, theürer Freünd, der mir
den Sinn, den schlummernden, zur Thatkraft weckte.
Mit schönem Beispiel gingst Du mir voran,
das Meßrohr in der Hand, Berg auf Berg ab.

Darum verschmähe diese Blätter nicht
als schwaches Denkmal reiner Dankbarkeit,
Die innig mich und ewig an Dich knüpft.

B.

Inhalt.

Anhang.

Nachträge.

Der Frankenjura.

Vorrede.

Die im Jahre 1829 verfaßte Darstellung der Höhen-Verhältnisse des Fichtel-Gebirges und des Franken-Jura, welche im dritten und vierten Bande meiner Annalen der Erd-, Völker- und Staatenkunde bekannt gemacht, und auch in einer gewissen Anzahl von Exemplaren, als selbstständige Schrift, abgedruckt wurde, hat sich einer wohlwollenden Aufnahme zu erfreüen gehabt, was ich dankbar anerkenne. Die Auflage der besondern Abdrücke ist bald vergriffen gewesen und der Begehr hat nicht aufgehört.

Dieser Umstand schon würde eine neüe Auflage rechtfertigen; noch mehr wird sie aber zur Pflicht durch die aufmunternde Theilnahme, welche jener Schrift von einem Manne geschenkt worden, der in seiner Stellung am geeignetesten war zur Beurtheilung des Nutzens, welchen Schilderungen dieser Art für die genauere Kenntniß der orographischen Verhältnisse des deütschen Vaterlandes gewähren können.

Dieser Mann ist der General der Infanterie und Reichsrath, Freiherr von Raglovich, in München. S.e. Excellenz sind bekanntlich Chef des General-Quartiermeister-Stabes der königlichen baierischen Armee, zu dessen Ressort das topographische Büreau gehört, von dem die allgemeine topographisch-militairische Landes-Aufnahme des Königreichs Baiern ausgeführt wird. Dem Interesse, mit welchem der Herr General jene Darstellung gewürdigt hat, verdanke ich die wohlwollende Mittheilung der Original-Tagebücher der Barometer-Beobachtungen, welche nicht allein der Hauptmann Weiß, sondern auch der Hauptmann, Freiherr von Brand, in den Jahren 1819 und 1820, auf Befehl Sr. Excellenz, bei Gelegenheit der trigonometrischen Vermessung des Fichtelgebirges und des Frankenjura, in diesen Bergregionen angestellt haben.

Die Beobachtungen des Hauptmanns Weiß wurden bereits in der ersten Auflage benutzt; nicht so die des Freiherrn von Brand. Diese sind es vorzugsweise, womit die gegenwärtige zweite Ausgabe vermehrt worden ist. Da sich Brand's Beobachtungen auf viele Punkte beziehen, die theils von Weiß, theils von Hoffmann und mir gemessen worden sind, so war es erforderlich, die in der ersten Auflage gefundenen Resultate einer vollständigen Revision zu unterwerfen, was auch dadurch nothwendig wurde, daß sich die absolute

Höhe des Fundamental-Punktes, des meteorologischen Kabinets in Baireûth nämlich, veränderte, zufolge der fortgesetzten Beobachtungen des Herrn Stadtbaumeisters Gerstner während der Jahre 1829, 1830, 1831 und 1832, welche den mittlern Barometerstand seines Standpunktes, gegen den früher angenommenen etwas verändern.

Unter die Mittheilungen des Herrn Generals von Raglovich gehöret auch eine vollständige Uebersicht der Höhenbestimmungen, welche auf trigonometrischem Wege aus den von Bonne und Brousseaud gemessenen Zenithabständen hergeleitet worden sind. Zu gleicher Zeit bin ich im Stande genaue Angaben über die geographische Lage des Fichtelgebirges einzuschalten, nach den Dreieckmessungen, welche Seitens des königlichen baierischen General-Quartiermeister-Stabes in jenen nördlichen Gegenden des Königreichs Baiern ausgeführt worden sind.

Vermehrt ist die gegenwärtige Ausgabe ferner mit den Resultaten einiger Barometer-Beobachtungen, welche Herr Mädler, in Berlin, während einer Reise im Jahre 1827 auf dem Fichtelgebirge und dem Frankenjura gemacht, dann auch mit den höchst wichtigen nivellitischen Messungen, die der Herr Ober-Baurath v. Pechmann Behufs der Kanal-Anlage zwischen dem Main und der Donau, auf der Linie zwischen Bamberg und Kellheim, nach den Befehlen Sr. Majestät des Königs von Baiern, ausgeführt hat.

Es war Anfangs die Absicht, auch dieser zweiten Ausgabe, wie es bei der ersten für den Frankenjura geschehen war, ein Paar Tafeln hinzuzufügen, welche Profile enthalten sollten, zur leichtern Anschauung der Steigungen und Senkungen unsers Berglandes; indessen verspare ich diese Durchschnitte bis zur Bekanntmachung einer oro-hydrographischen Spezialkarte von Deûtschland, deren Abfassung ich vorbereitet habe.

Dem Herrn General von Raglovich auch öffentlich meinen Dank abzustatten für die mit biederer, echt deûtscher Freisinnigkeit gemachten Mittheilungen, halte ich für die angenehmste Pflicht; seiner wohlwollenden Gesinnung für Alles, was die Kunde des Vaterlandes fördern kann, ist der Leser verpflichtet, wenn er in der gegenwärtigen zweiten Ausgabe meiner Darstellung eine größere Anzahl positiver Thatsachen findet, als in der ersten Auflage.

Berlin, den 20. November 1832.

Berghaus.

Das

Fichtel-Gebirge.

Dargestellt

von

Berghaus.

(1832).

1.

Horizontale Ausbreitung des Fichtelgebirges.

In der Mitte des deütschen Landes, und fast in der Mitte des eüropäischen Erdtheils liegt die Bergregion, welche unter dem Namen des Fichtelgebirgs allgemein bekannt ist. Diese Gebirgsgegend steht gleich weit ab von dem Punkte, wo der Rheinstrom in sein Delta tritt, von der Wesermündung, vom Oderhaff, von Presburg, von Basel; ein Zirkel, mit einem Radius von etwa vier Grad eines größten Kreises beschrieben, berührt die genannten fünf Punkte: das Fichtelgebirge ist sechszig deütsche Meilen von einem jeden entfernt.

Aber das Fichtelgebirge steht nicht isolirt; es macht einen Theil aus desjenigen Bergsystemes, welches an einem andern Orte das hercynische genannt worden ist*); es gehört also zu dem Randgebirge des Plateaus von Deütschland, welches letztere sich von dem südlichen Fuße des Randgebirges in manchfaltiger Abwechslung von Bergzügen und Bergebenen bis an den nördlichen Fuß der Alpen erstreckt. Das hercynische Kettensystem ist die natürliche Schranke, zwischen dem hohen und niedern Deütschland; und bemerkenswerth ist es daß unser Fichtelgebirge wiederum genau die Mitte jenes Bergkranzes einnimmt, denn es steht gleich weit ab (drei und einen halben Grad eines größten Kreises, oder etwa 52 deütsche Meilen) von dem Punkte, wo das glatzische Hochland aus dem oberschlesischen Plateau emporsteigt, und von dem Punkte, wo die letzten Hügelzüge der Weser-Terrasse, die das Steinkohlengebirge von Ibbenbühren ausmachen, in die Moorniederungen des Münsterlandes (Westfalens) hinabsinken. Ein Blick auf eine unserer bessern Karten giebt dies näher zu erkennen.**)

---

*) Die ersten Elemente d. Erdbeschreibung, v. Berghaus. Berlin 1830, S. 305.

**) Namentlich die vortreffliche Darstellung in R. v. L. Hand-Atlas von Deütschland in 13 Blättern; Berlin, bei Reimer; dieser Atlas so wie

Das hercynische System hat, auf seinem Zuge vom Durchbruch des Elbstroms in der sogenannten sächsischen Schweiz gegen Westen hin bis zur Quellgegend der Ilm und des Unstrutflusses Gera, das Eigenthümliche, daß sein nach Süden, oder gegen das hohe Deütschland gerichteter Rand ungemein steil abfällt, während seine Krone durch Plateauflächen karakterisirt ist, die sich gegen Norden hin allmählig senken zum germanischen Niederlande, und deren bedeütendste Gipfelerhebungen, mehr oder minder, eben an jener südlichen Kante aufgebaut sind. So auch beim Fichtelgebirge, dem centralen Gliede des Plateaulandes von Sachsen, das, in seiner triangularen Gestaltung der wagerechten Ausdehnung, unser Fichtelgebirge zur Dreieckspitze hat. *)

Goldfuß und Bischof haben in ihrer meisterhaften Beschreibung dieses Gebirges die Gränzen nachgewiesen, in die es eingeschlossen ist. Dennoch verharren manche unsrer Erdbeschreiber in ihren Lehr- und Handbüchern, selbst den neüesten, dabei, die Gränzen willkürlich zu erweitern oder einzuengen und von einer Verbindung zu sprechen, die das Fichtelgebirge zwischen dem Böhmer-Walde bald mit der Rhöne, bald mit dem Bergzuge des Frankenjura bewirken soll. **) Irrthümer dieser Art sind um so beklagenswerther, wenn sie in Büchern stehen, die für den Schüler und den allgemeinen Hausgebrauch bestimmt sind; denn diese Bucher pflanzen die fehlerhafte Ansicht unter Lesern fort, die später selten oder gar nicht Gelegenheit haben, ihr Wissen zu berichtigen.

Es wird darum nicht am unrechten Ort sein, wenn hier die Beschreibung aufgenommen wird, welche Goldfuß und Bischof von der Begränzung des Gebirgs gegeben haben. ***)

„Am deütlichsten" sagen sie, „ist es gegen Osten, Südosten und Südwesten abgegränzt. Gegen Westen, Nordwesten und Nordosten stößt es mit den benachbarten Gebirgsländern zusammen;

Stielers Karte von Deütschland in 25 Blättern müssen als die besten Karten zur Übersicht der geographisch-statistischen Verhältnisse der deütschen Bundesstaaten hervorgehoben werden.

*) Die ersten Elemente der Erdbeschreibung S. 307.

**) Wenn es bei Malte Brun heißt, das Fichtelgebirge verbinde die Rhöne mit dem Böhmerwald und beide Maine hätten ihre Quellen im Fichtelgebirge (Precis de la Géographie T. VII. p. 346), so rührt diese Behauptung unstreitig von dem Herausgeber her; der angefuhrte Band erschien bekanntlich nach M. Brun's Tode.

***) Physikalisch-statistische Beschreibung des Fichtelgebirges. Nürnberg 1817. 1. Band, S. 21, ff.

seine Gränze ist daher weniger in die Augen fallend, und muß so viel als möglich, der Natur gemäß bestimmt werden."

„An der südöstlichen Seite steigen die höchsten Berge mit ihrer steilen südlichen Abdachung in die Thäler der Kössein, der Fichtelbergischen Waldnab und der Heidnab hinab, und einzelne kegelförmige Basaltberge laufen von Waldsassen bis Neústadt am Kulm, an dieser Gränze hin." Neústadt selbst mit seinen Kulmen liegt schon in der Ebene. In dieser Gegend bezeichnet das Städtchen Kemnat die Gränze, denn es ist von jeher als eine Ecke des Gebirgs angenommen worden. Der waldige Berg, sagt Helfrecht, auf dem Waldeck liegt, hat seinen Namen mit der That: die Natur machte ihn zur Ecke des waldigen Gebirges. *) Waldeck ist der südlichste Punkt des ganzen Fichtelgebirges.

„Auch gegen Südwesten ist es wie abgeschnitten, und von Neústadt am Kulm über Weidenberg, Berneck, Wiersberg, Kupferberg, Stadtsteinach, Seúbelsdorf bis Rodach, ziehet sich ein Wiesengrund um den Fuß des steil abstürzenden Gebirges hin. Hier gruppiren sich selten einzelne Berge, man sieht vielmehr eine fortlaufende, mit Laubgebüsch und Nadelholz begrünte Gebirgswand, welche mit tiefen Furchen zerschnitten ist, und aus engen Thälern Bäche und Flüsse herausschickt.

„Im Nordwesten, von den Dörfern Ober- und Unter-Rodach an bis gegen Nordhalben hinauf, hangt das Fichtelgebirge mit dem Thüringer Walde zusammen, und das Rodachthal ist daher als die Scheidungslinie beider zu betrachten. Von Nordhalben über Lichtenberg bis Hirschberg sehen wir die Thäler der Fränkischen und Thüringischen Muschwitz und eine kurze Strecke des Saalthals, als die natürlichste Bezeichnung der nördlichen Gränze an; indem sich die Abdachung unseres Gebirglandes bis dahin fortsetzt, jenseits jener Flüsse aber auch der östliche Fuß des Thüringer Waldes hinlaúft. **)

„Gegen Nordosten, von Hirschberg bis Asch herab, stößt das Fichtelgebirge mit dem südwestlichen Fuße ***) des Erzgebirges zu-

---

*) Helfrecht, das Fichtelgebirge. Hof 1799. Bd. 1, S. 20.

**) Goldfuß und Bischof folgen hierbei dem Vorgange von Hoff's, welcher die südöstliche Gränzlinie des Thüringer Waldes ebenfalls durch das Rodachthal rc. bezeichnet. (Der Thüringer Wald, besonders für Reisende. Gotha 1807).

***) Von einem südwestlichen Fuße des Erzgebirges darf man wol eigentlich nicht sprechen: die Plateauflächen dieses Gebirges hangen mit

sammen, und wir nehmen die baierisch-sächsische Markung, auf dem flachen Rücken zwischen der Saale und Elster, auch als die Gränze des Fichtelberglandes an. Die südwestliche Abdachung jener Erhebung schickt ihre Bäche in die Saale herab, und gehört also noch zum Gebiete des Fichtelgebirges; von der nordöstlichen Seite aber rinnen die Wasser in die Elster, welche außerhalb desselben fließt und entspringt.

„Gegen Osten, von Asch über Liebenstein und Hohenberg nach Waldsassen, ist das Auslaufen unseres Gebirges wieder schärfer von der Natur bezeichnet: denn die an der Eger und Rösla hinziehenden Bergketten endigen sich hier, und setzen nicht in das flache Egerland hinüber; doch ziehen einige Arme des böhmischen Waldgebirges durch die Oberpfalz ganz nahe heran;" ohne jedoch, muß hinzugefügt werden, eine undurchbrochene Rückenverbindung mit dem Fichtelgebirge zu bewirken; denn wie dieses seine südöstlichen Gehänge gegen das Wondrebthal sendet, so fallen gegen dasselbe Thal die nordwestlichen Hänge des Böhmerwaldes, der seine Plateauflächen, in diesem seinen Nordrande, ostwärts über Sandau, Marienbad, nach Karlsbad, und darüber hinaus erstreckt, stets mit Steilabfall gegen das Egerthal, analog dem jenseitigen Erzgebirge, doch von geringerer Höhe.

Nur eine Berührung des Böhmerwaldes und Fichtelgebirges findet in der Natur Statt, durchaus keine Verbindung, weder in geognostischer noch orographischer Beziehung; und völlig verfehlt ist die Ansicht, die durch schlechte Karten leider nur zu weit verbreitet ist, daß auf der Wasserscheide zwischen der Wondreb (Elbegebiet) und der böhmischen Waldnab (Donaugebiet) die Gebirgsvereinigung in Gestalt eines Bergrückens Statt finde; nichts ist irriger als diese Vorstellung, die auf einer Verwechselung der Wasserscheide und eines Bergrückens beruht. Man darf nur einen Blick auf das Blatt Tirschenreuth im topographischen Atlas vom Königreich Baiern werfen, um sich zu überzeugen, daß der Wassertheiler auf einer Pläne ziehe; und Weiß und von Brand, die ihn an mehreren Stellen überschritten, fanden ihn von so geringer Höhe über

---

denen des Fichtelgebirges innig zusammen; die natürlichste Scheidung wäre vielleicht das Elsterthal, das aber nicht eine Gebirgseinsenkung, sondern nur eine Furche der Bergebenen bildet; das Elsterthal liegt mit dem Saalthale, im obern Gebiet, unter gleichen Parallelen nahe in gleicher Höhe über dem Meere.

den Thälern der Wondreb und der Nab, daß sie es nicht der Mühe werth hielten, das Barometer auf seinem Scheitelpunkte aufzuhängen, um die Höhe vermittelst Beobachtung zu bestimmen. Kurz und ziemlich jäh ist der Westabfall des Böhmenwaldes gegen die gedachten Thäler, von denen das Nabthal bald hervortritt aus der Bergregion um in die weite offene, mit stehenden Wassern erfüllte Fläche der Oberpfalz überzugehen. Tirschenreüth liegt in völlig ebenem Lande. Diese Ebene, anfangs noch mit steilen Thalrändern, die sich allmählig ganz verlieren, ziehet westwärts um den ganzen südlichen Fuß des Fichtelgebirges, über Falkenberg, die Neüt, Erbendorf, Neüstadt und Kirchenlaibach; unfern des zuletzt genannten Ortes ziehet auf ihr der Wassertheiler zwischen der Heidenab (Donaugebiet) und dem Main (Rheingebiet), von Norden nach Süden. Auch hier schwindet jedes Gebirge, das unsere Karten und geographischen Bücher von dem Begriff der Wasserscheide irre geleitet, als Verbindungsglied zwischen dem Fichtelgebirge und dem Frankenjura aufgebaut haben. Auf dem Wege von Creüssen südöstlich nach Trmbach überschreitet man den Wassertheiler zwischen dem rothen Main und den Nabflüssen; hier müßte das angebliche Gebirgsglied sein; aber statt eines Gebirges geht es über sanft gewellte Höhen, die zwischen Heinersberg und Heinersreüth, schon jenseits der Wasserscheide, am höchsten sind, aber doch nur 350′ über dem Niveau des rothen Mains bei Creüssen stehen. Von diesen Höhen blickt man nordostwärts auf die weite, breite Niederung voll Teiche und Wiesenflächen, aus welcher die neüstädter Kulmen inselartig hervorragen, und jenseits der die Massen des Fichtelgebirgs über Weidenberg und Kemnat terrassenförmig emporsteigen. Auf dieser Ebene am Südfuße hat man die schönste Ansicht vom Gebirge, nirgends wiederholt sie sich in der Manchfaltigkeit wie hier; die höchsten Gipfelerhebungen, wie der Ochsenkopf, die Kösseine, der Weißenstein, stehen auf der Kante des Hochlandes, das in mehrfachen Steilstufen zur oberpfälzischen Ebene herabfällt. Keine Gegend des hercynischen Kettensystems bietet in Absicht auf Bergformen und Massengestaltung einen so schönen Anblick dar, selbst nicht das Riesengebirge, auf der warmbrunner Pläne, obwohl es höher ist, und nur die Ansicht der Sudetenketten, welche die Grafschaft Glatz ringförmig umgürten, kann sich mit jener des Fichtelgebirgs messen.

Goldfuß und Bischof haben die Oberflächen-Gestalt unsers Gebirges karakteristisch geschildert und dieselbe, wenn gleich nur in allgemeinen Umrissen, auf ihrer schätzbaren Karte dargestellt *). Bei Betrachtung dieser Karte zeigt es sich, daß das Fichtelgebirge aus drei, dem außern Habitus nach, verschiedenen Theilen besteht:

1) Aus dem eigentlichen Gebirge, daß sich von einer Centralgruppe aus in zwei Flügeln von Südwest nach Nordost erstreckt, und, einem Kranze gleich,

2) eine Bergebene einschließt, welche der ganzen Länge nach von der Eger durchflossen wird.

3) Eine zweite, etwas niedrigere, Bergebene dehnt sich auf der nördlichen Seite des Gebirges aus, und schließt sich gegen Nordost und Nord an das sächsische und reüssische Voigtland, gegen Nordwest an den Frankenwald an.

Die Centralgruppe des eigentlichen Gebirgs liegt genau unter dem 50sten Grad nördlicher Breite. Sie ist auf den kleinen Raum von kaum zwei deütschen Geviertmeilen beschränkt. Es sind die hohen Massen des Schneebergs, des Ochsenkopfs und der zweiköpfigen Kösseine, das Quellgebiet von drei Flüssen, die entgegengesetzten Meeren zuströmen: der Main gegen Westen, die Eger gegen Osten, beide zur Nordsee, die Nab gegen Süden zum schwarzen Meer **). In steilen Absätzen fällt diese Centralgruppe, wie schon erwähnt, gegen Westen und Süden ab zur Baireüther Bergfläche und dem Plateau der Oberpfalz; minder steil ist der Abfall gegen O. zur Gegend von Weißenstadt und Wunsiedel, weil diese Bergebene um mehrere hundert Fuß über jener steht. Vom Südende der Centralgruppe laüft eine zusammenhangende Reihe von Bergen in Ostnordost-Richtung über den Weißenstein, den Reichsforst und den Kohlwald bis an die Eger unterhalb Hohenberg, und endigt mit dem St. Anna Berge bei der Stadt Eger; eine ähnliche Reihe geht

*) Orographische Karte von dem Fichtel-Gebirge, trigonometrisch aufgenommen und mit Zuziehung der besten Hülfsmittel gezeichnet von Dokt. Bischof und Dokt. Goldfuß, 1816. Diese Karte wird, obschon sie, troz der trigonometrischen Vermessungen ihrer Verfasser, bedeütende Mängel in der Orientierung hat, bis dahin, daß die Fichtelgebirgsblätter im topographischen Atlas des Königreichs Baiern vollständig erschienen sein werden, mit dem größten Nutzen gebraucht werden können. Auch Helfrechts Versuch einer orographischen Karte vom Fichtelgebirge, 1800, hat, in Beziehung auf topographisches und geognostisches Detail, entschiedenen Werth.

**) Die Saale entspringt nicht in der mittlern Gruppe des Gebirgs, sondern im nördlichen Flügel am Waldstein.

vom Nordende in gleicher Direktion über den Waldstein und den Korn Berg zum Selber Wald und dem Liebensteiner Forst, um sich an den Ufern der Eger an jene anzuschließen. Jene möge nach ihrem höchsten Gipfel, die Weißensteiner-Kette, diese, oder die nördliche, die Waldsteiner-Kette genannt werden.

Die Weißensteiner Bergkette ist von der Centralgruppe getrennt durch den Kösseine Bach, welcher vermittelst der Rösla in die Eger fällt, und den Bach von Dechantsees, (Höll-Bach genannt) der zur Nab geht. Jenseits dieses Flusses steht dem Weißenstein gegenüber der hohe Armans-Berg an der Waldecke. Die Waldsteiner-Kette dagegen hangt unmittelbar mit der Centralgruppe zusammen; nur eine Einsattelung des Gebirges, im Höllpaß, scheidet beide.

Diese Bergketten sind es, welche den zweiten Theil des Fichtelgebirges konstituiren, ein Plateau von sieben deutschen Geviertmeilen Ausdehnung, dessen Zugang aus den niedrigeren Gegenden außerhalb seines Bergkranzes, ehedem, vor dem Bau der jetzt bestehenden Kunststraßen, mit großen Schwierigkeiten verknüpft war. Von Osten her, aus dem Egerland führt der Paß von Schirnding hinauf; von Süden aus der Oberpfalz gelangt man auf zwei Pässen dahin: auf dem Wege von Tirschenreüth über den Reichsforst nach Wunsiedel, von Kemnat durch den Paß von Hohebrand ebenfalls nach Wunsiedel; von Westen her, von Baireüth und aus dem Mainthal gelangt man durch den Höllpaß auf das Plateau nach Weißenstadt; von Norden her, aus der Höfer Gegend, dem Saalthal, durch den Scheidapaß nach Kirchenlamitz. Das Plateau ist die innere Bergebene im Gegensatz zur

Äußern, welche den dritten Theil unseres Gebirglandes ausmacht. Einzelne Bergreihen stehen auf diesem äußern Plateau, die alle parallel laufen mit der Waldsteiner Kette; darunter der Heide-Berg bei Zell, der Weißenstein bei Stambach, der Döbraberg, der Hospital Wald bei Naila, der Schneid Berg bei Geroldsgrün, u. m. a. Diese äußere Bergebene bildet die südlichste Spitze der voigtländischen Terrasse *), und eben so jäh wie die Centralgruppe des Fichtelgebirges fällt auch sie gegen Westen hinab zu den Thalweitungen des weißen Mains und seiner Zuströme. Aus den Gegenden von Baireüth, Kulmbach, Kronach gesehen, erscheint dieser Abfall, wie Goldfuß und Bischof sehr richtig bemerken, als eine steile Gebirgswand. Kronach, am Ausgange des Rodachthales, liegt

*) Erste Elemente der Erdbeschreibung. S. 307.

am äußersten Nordwestwinkel des Fichtelgebirgs, dessen Kante hierdurch die Radspitze bezeichnet ist, einen hohen Gipfel unmittelbar auf dem First des Gebirgwalles, zwischen Seübelsdorf und Zeyern gelegen.

Jenseits des wiesenreichen Thalgrundes, der den westlichen Fuß unseres Gebirges umgiebt, erhebt sich das Land noch ein Mal, bevor es sich gegen den rothen Main, und nach dessen Vereinigung mit dem weißen, gegen den Main hinabsenkt. Diese Erhebung, welche auf ihrem ganzen Zuge aus Kalkstein besteht, kann als ein Anhang des Fichtelgebirges betrachtet werden, als:

4) Die westliche Vorterrasse unseres Gebirgslandes. Sie beginnt in der nordwestlichen Ecke der oberpfälzischen Plateauflächen, zwischen Kirchenlaibach und Creüssen, und ziehet, anfangs nördlich, dann mit nordwestlicher Ablenkung, in stetem Parallelismus mit dem Fuße der Centralgruppe und der äußern Bergebene, auf dem rechten Ufer des rothen Mains und des vereinigten Mains über Kulmbach bis zur Rodach bei Kronach und Zettlitz, da wo dieser Fluß in den Main sich ergießt. Diese Vorstufe hat eine Längenerstreckung von 15 Stunden Weges; am schmalsten ist sie an ihrem südlichen Ende, wo sie mit der Oberpfalz zusammenhangt; hier beträgt ihre Breite höchstens 2 Stunden, und hier tritt sie in Gestalt schmaler Bergketten niederer Art auf, deren man von dem bindlocher Plateau fünf erkennt *), durch enge Parallel-Thäler von einander gesondert, mit ihren nördlichen Ecken steil gegen die Ober-Steinach abfallend, die auf ihrem Lauf vom Austritt aus dem Gebirge bei Sophienthal und Weidenberg bis zum Dorfe Unter-Steinach ein Längenthal bildet, von da aber bis zur Vereinigung mit dem rothen Main bei St. Johann, oberhalb Baireüth, die Vorterrasse unter rechtem Winkel durchbricht. Im Norden dieses Querthals nimmt die Terrasse den Karakter eines Tafellandes an, aus dessen Niveau einzelne Berge gipfelartig hervorragen; so zieht sie in einer Breite von etwa 3 Stunden gen Kulmbach, wo die Veste Plassenburg auf ihrem Rande steht, hoch über dem Querthale, in welchem sich der weiße Main seinen Weg gebahnt hat, um sich eine Stunde unterhalb der Stadt, bei Steinhausen mit dem rothen Main zu vereinigen. Dieses Querthal des weißen Main ist zwischen Fölschau und Kulmbach eine Stunde Weges lang. Am breitesten ist die Vorterrasse an ihrem nordwestlichen

---

*) Hertha, VIII. Band, geographische Zeitung, S. 139.

Rande; denn die Radspitze, der Eckstein der äußern Bergebene, ist von der Rodachmündung an 6 Stunden entfernt.

Auf der Ostseite des Fichtelgebirges findet ein analoges Verhältniß in der Bildung des Terrains Statt; hier liegt am Fuß des Gebirges das Egerland, welches als:

5) Die östliche Vorstufe des Fichtelgebirglandes zu betrachten ist. Meistens eine wellenförmige vom Egerflusse bewässerte Ebene, erstreckt sich die Terrasse des Egerlandes bis an die Höhen vom Maria-Kulm, die von dem Erzgebirge herabkommen, um sich an den Böhmerwald anzuschließen, ein Querjoch bildend, welches vom Egerfluß, in engem Thale durchbrochen ist. Am westlichen Eingange dieses Durchbruchs liegt das Städtchen Königsberg, das von St. Anna, dem Eckpfeiler des Fichtelgebirges auf der Ostseite, nur ungefähr 5 Stunden weit absteht.

2.

Geographische Lage des Fichtelgebirges.

Der östliche Rand des Fichtelgebirges ist seiner geographischen Lage nach, schon im Jahre 1797 sehr genau bestimmt worden. Der prager Astronom David beobachtete in jenem Jahre auf St. Anna, bei Eger, den 7. Juni den Eintritt des Sterns β im Skorpion in den dunkeln Mondrand, und den 24. Juni den Anfang und das Ende der Sonnenfinsterniß. David und Triesnecker berechneten daraus die Länge von St. Anna im Mittel zu 39′ 56″ in Zeit, oder 9° 59′ 0″ im Bogen östlich von Paris; Polhöhe mit dem Sextanten gemessen 50 4′ 40″ *). Im Jahre 1820 ging David abermals nach St. Anna, um daselbst die ringförmige Sonnenfinsterniß vom 7. Sept. zu beobachten, was aber durch schlechte Witterung verhindert wurde. Dagegen benutzte er diesen Aufenhalt, um die geographische Breite zu verificiren; Scheitelabstände des Polaris, mit einem achtzölligen astronomischen Theodoliten von Reichenbach gemessen, gaben ihm Lat. 50° 4′ 25″ N., oder 15″ weniger als die dreizehn Jahr früher mit dem Sextanten beobachteten Sonnen-

*) Ortsbestimmung des Annabergs bei Eger, Prag 1799, S. 35—37. Ephem. Vienns. 1801, S. 362.

höhen *). Zu gleicher Zeit wurde von seinem Gehülfen Mayer eine Grundlinie gemessen und auf diese ein trigonometrisches Netz gestützt, dessen Dreieckspitzen sich über das ganze Egerland verbreiten, indeß bei geographischer Orientirung derselben die astronomische Bestimmung des Anna-Berges, so wie ein astronomisch beobachtetes Azimuth zum Grunde gelegt wurde.

Freiherr von Zach hatte bereits im Jahre 1802 die Position von Franzensbad in Lat. 50° 7′ 2″ N., Long. 10° 2′ 47″,9 O. bestimmt, durch kronometrische Zeitübertragung 6′ 35″ in Zeit östlich von Seeberg **). Aus den Blickfeuern, welche im August 1808 auf Maria-Kulm gegeben und in Karlsbad von Bürg, in Franzensbad von der Freiin von Matt beobachtet wurden, folgt Mittagsunterschied zwischen beiden Orten = 2′ 5″, 9 ***); und da Karlsbad in Long. 10° 32′ 47″ O. liegt, so ergiebt sich die Länge, nach den Pulversignalen, 10° 1′ 18″5 O. Paris.

Auf unserm Gebirge war zeither die geographische Position nur eines einzigen Punktes bekannt, nämlich des Schneeberges. Diese Bestimmung rührt gleichfalls von Bürg her, der im August 1807 auf den Schneeberg reis'te, um daselbst die Blickfeuer zu beobachten, welche die Freiin von Matt auf Maria Kulm veranstaltete. Circum-Meridian-Höhen der Sonne, am 12ten und 13ten August gemessen, gaben die Breite des Schneeberges im Mittel = 50° 2′ 43″,1 †). Die zur Bestimmung des Längenunterschiedes zwischen beiden Punkten gegebenen Pulver-Signale waren folgende:

Tag.	Mittl. Zeit in Mariakulm	Mittl. Zeit auf dem Schneeberg.	Mittags-Unterschied.	Mittlere Längen-Differenz in Zeit	Mittlere Längen-Differenz in Bogen
12. Aug.	8h 5′ 33″,5	8h 2′ 39″,9	2′ 43″,6	2′ 43″,8	0° 40′ 57″
	8 39 ,5	5 55 ,4	44 ,1		
	14 5 ,5	11 21 ,9	43 ,6		
	17 8 ,5	14 24 ,4	44 ,1		
13. Aug.	8 7 17 ,8	8 5 13 ,1	2 44 ,7	2 45 ,2	0 41 18
	11 12 ,8	8 27 ,6	45 ,2		
	14 49 ,8	11 4 ,1	45 ,7		
	17 2 ,3				
Schneeberg westlich von Maria-Kulm				2 44 ,5	0 41 7,5

*) Abhandl. der K. B. Gesellsch. der Wissensch. VIII. Bd. in 8. S. 41, ff. Trigon. Vermessung und astronomische Ortbestimmung des Egerlandes, von David, Prag 1824. S. 5.

**) Monatliche Korrespondenz des Freih. v. Zach, VI. Band.

***) Ebendaselbst XI. Bd. S. 131.

†) Ebendaselbst S. 123.

Nach der Bemerkung von Bürg sind die Signale am 13ten August in Schneebergszeit etwas zweifelhaft. Er mußte die Sekunden am Kronometer selbst zählen, und konnte wegen eingetretener Dunkelheit die Sekundenstriche auf dem Uhrblatt schwer, zuletzt gar nicht mehr erkennen, so daß denn auch das letzte Signal unbeobachtet blieb *). Daher ist es wol am rathsamsten das Resultat dieses zweiten Tages unberücksichtigt zu lassen und nur die Längendifferenz vom 12ten August anzunehmen.

Setzen wir nun die Länge von Maria-Kulm, nach Davids trigonometrischer Bestimmung von St. Anna her **), die in Wiener Klafter gegebenen Abstände vom Meridian und Perpendikel dieses Punktes in der Abplattung 1 : 310 berechnet,

voraus . . . . =	10°	11′	59″	,3
und ziehen davon ab die Längendifferenz	0	40	57	0
so ergiebt sich für die Länge des Schneeberges .	9	31	2	,3

Diese Bestimmung findet, bis auf einen geringen Unterschied, ihre Bestätigung durch die geodätischen Operationen des königl. baierischen General-Quartiermeister-Stabes.

In den Jahren 1819 und 1820 führten Hauptmann Weiß, (der damalige Oberlieutenant, jetzige) Hauptmann von Brand und der Ingenieur-Geograph Mesmer die Hauptdreiecke, welche die Offiziere vom französischen Korps der Ingenieur-Geographen, Bonne und Brousseaud in frühern Jahren von der Aufkirchener Basis durch die Oberpfalz bis an den Ochsenkopf gemessen hatten, über den östlichen und nördlichen Theil des Fichtelgebirgs weiter fort, und dehnten sie in denselben Jahren bis in die Koburger und Bamberger Gegend aus, um sich bei Bamberg an die von Schiegg im Jahr 1807 längs der Regnitz gemessene Dreieckskette anzuschließen.

Außer den Dreiecken der ersten Ordnung beobachteten sie eine große Menge secondärer Winkel, (alle Winkel mit reichenbachschen Repetitions-Theodoliten der größern Bauart), wodurch ein vollständiges Netz von Triangeln des zweiten Ranges über das Fichtelgebirge und die baierischen Gegenden des Böhmerwaldes ausgespannt wurde, ein Netz, in das fast jeder Kirchthurm, fast alle sich auszeichnende Bergspitzen aufgenommen worden sind. Nicht genug

*) Ebendaselbst S. 128.

**) Trigonometrische Vermessung rc. des Egerlandes, S. 47.

relevirten sie auch eine bedeutende Anzahl von Ortschaften und Bergen in dem benachbarten Gränzlande von Böhmen und Sachsen.

Die Resultate dieser umfassenden Operationen liegen zur größern Hälfte gegenwärtig (1832) vor, in den Sektionen Tirschenreüth, Marktleiten und Hof des vortrefflichen topographischen Atlas, welchen der königl. baierische General-Quartiermeister-Stab über das Königreich Baiern herausgiebt.

Doch wird es nicht ohne Interesse sein, die geodätisch-geographischen Resultate jener trigonometrischen Operationen, nach den im Vorwort erwähnten handschriftlichen Mittheilungen hier aufzunehmen, in so weit sie sich auf einige Hauptpunkte des Fichtelgebirges, so wie auf seinen Gränzsaum beziehen, um vermöge dieser Resultate die Stelle genau zu bestimmen, welche unser Gebirgsland auf dem Erdball einnimmt.

In der zunächst folgenden ersten Tafel sind die geodätischen Bestimmungen der Dreieckspitzen enthalten, die Abstände vom Meridian des nördlichen Thurms der Frauenkirche zu München und dessen Perpendikel. Die Abscissen und Ordinaten sind in baierischen Ruthen angegeben, die vermittelst des additiven Log. 0,1753534 auf Toisen reducirt werden; jene sind alle nördlich von München, diese östlich (O) oder westlich (W), da der Meridian von München den westlichen Theil unseres Fichtelgebirges durchschneidet.

Erste Tafel.

Namen der Dreieckpunkte.	Baierische Ruthen.		Logarithmus d. Toisen	
	Abscissen.	Ordinaten.	Abscissen.	Ordinaten.
Anna, St., bei Eger, Kirchth.	73733,46	18288,33 O.	5,0430180	4,4375274
Asch, protestant. Kirchthurm	79594,02	14973,48 —	5,0762338	4,3506761
Berg, Kirchthurm . . .	85184,80	5034,78 —	5,1057156	3,8773339
Dobra = Berg, Signal. .	81530,49	1710,04 —	5,0866733	3,4083597
Eger, Stadt=Kirchthum .	74105,80	19558,91 —	5,0452056	4,4666980
Franzensbad, Kirchthurm	75610,4	19075,96 —	5,0539328	4,5558407
Gefrees, Kirchthurm . .	74559,31	4060,73 —	5,0478552	3,7839575
Hain-Berg, bei Asch . .	79888,18	15368,16 —	5,0778358	4,3619753
Hof, Kirchthurm . . .	83211,8	8452,3 —	5,0955383	4,1023386
Hofer = Warte	82914,4	9152,96 —	5,0939834	4,1369169
Hohenberg, Kirchthurm .	74672,73	15925,94 —	5,0485154	4,3774584
Kirchen = Lamitz, Thurm .	76745,2	9233,9 —	5,0604046	4,1407386
Konigsberg, Kirchth. (Böhm.)	75594,31	23470,00 —	5,0540424	4,5458665
Korn = Berg, Signal . .	77911,30	10943,10 —	5,0669539	4,2144938
Kupferberg, Kirchthurm .	76230,18	39,20 —	5,0574803	1,7686395
Langenstadt, Ob.=, Kirchthurm	78082,96	7707,76 W.	5,0679096	4,0622816
Loretto Thurm der Kapelle	72037,75	20272,23 O.	5,0329136	4,4822549
Markt = Leiten, Thurm .	75837,9	10325,4 —	5,0552397	4,1892603
Markt = Leugast, Kirchthurm	77456,15	1489,04 —	5,0644092	3,3485298
Markt = Zeuln, Kirchthurm	77305,9	9930,5 W.	5,0635660	4,1723245
Mißlareuth, Kirchth. (Sachs.	87856,90	8105,23 O.	5,1191292	4,0841187
Naila, Kirchthurm . .	83453,4	3266,0 —	5,0967975	3,6893696
Niklasberg, bei Asch, Kirchth	79544,02	15211,76 —	5,0759609	4,3575329
Nordhalben, Kirchthurm .	85162,75	1512,53 W.	5,1056031	3,3550574
Ochsenkopf, Signal=Pyramide	72106,46	5804,85 O.	5,0333293	3,9391444
Plassenburg, Vestungsthurm	75084,18	2691,57 W.	5,0509018	3,6053591
Pressek, Kirchthurm . .	79624,75	457,04 —	5,0764015	2,8353076
Rad = Spitze, Signal . .	79888,83	3369,64 —	5,0778393	3,7029369
Rauhe Culm b. Neust., Signal	64410,49	6817,07 O	4,9843100	4,0089512
Rodach, Unter, Kirchthurm	80440,53	4584,55 W.	5,0808283	3,8366501
Rosenberg, Vestungsthurm	80258,75	5995,24 —	5,0798458	3,9531600
Schnee=Berg, Signalfelsen	72934,48	6879,00 O.	5,0382862	4,0128787
Schonberg, Kirchth. (Sachs.	78141,93	17658,06 —	5,0682375	4,4222963
Stadt Steinach, Kirchthurm	77052,40	1652,15 W.	5,0621260	3,3933634
Thierstein, Signal auf dem alten Schlosse . . .	75081,70	12982,82 O.	5,0508875	4,2887223
Waldstein, Signal auf dem alten Schlosse . . .	75854,19	6892,47 —	5,0553330	4,0137283
Weissenstadt, Pfarrkirchthurm	74794,34	7637,86 —	5,0492221	4,0583251
Weissenstein	67679,7	12552,9 —	5,0058118	4,2740974
Wunsiedel, Pfarrkirchthurm	72329,50	10551,42 —	5,0346689	4,1986642
Zeyern, Kirchthurm . .	81070,94	4040,04 W.	5,0842187	3,7817391

Um aus den vorstehenden Daten die Breite und Länge eines jeden der in der Tabelle enthaltenen Dreieckpunkte berechnen zu können, bediene ich mich der geschmeidigen Methode des Freiherrn von Zach *), welche eine Verbesserung der Buzengeigerschen ist, und dieselbe Schärfe gewährt, als die strenge Methode von Oriani. Des schnelleren Ueberblicks wegen möge die Formel hier ihren Platz finden.

Es sei die Abscisse oder der Abstand vom Perpendikel $= b$, die Ordinate oder der Abstand vom Meridian $= a$; die gegebene Breite $= \beta$, die gesuchte $= \beta'$; die gesuchte Länge $= \lambda'$, so ist:

Für die Breite.

$$\log. \psi' = \log. r'' + \log. b \pm \tfrac{1}{2}\delta \log. r'' . \psi$$
$$\log. \omega = \log. \gamma'' + 2\log. a + \log. \tan g. (\beta \pm \psi'),$$
$$\beta' = (\beta \pm \psi') - \omega.$$

Für die Länge.

$$\log. \varphi = \log. \varrho'' + \log. a + \tfrac{1}{2}\delta \log. \varrho'' . \psi$$
$$\log. \lambda = \log. \varphi - \log. \cos. (\beta \pm \psi') -$$
$$[0{,}0000018439 . \varphi . \tan g. (\beta \pm \psi')]^2.$$

In der Formel bezeichnet r'' den in Sekunden ausgedrückten Krümmungshalbmesser des Meridians

$$r = \frac{R(1 - e^2)}{\sqrt{(1 - e^2 \sin. \beta^2)^3}},$$

ϱ'', ebenfalls in Sekunden, den Krümmungshalbmesser des Perpendikels

$$\varrho = \frac{R}{\sqrt{(1 - e^2 \sin. \beta^2)}},$$

wo R den Halbmesser des Aequators, β die Breite, e die Excentricität des Erdsphäroids bedeütet. Vermittelst der Ausdrücke

$$\tfrac{1}{2}\delta \log. r''\psi \text{ und } \tfrac{1}{2}\delta \log. \varrho''\psi$$

erhält man die Reduktion der Krümmungs-Halbmesser auf die mittlere Breite; diese Reduktion ist positiv für kleinere Breiten, negativ für größere, da natürlich in höhern Breiten diese Halbmesser kleiner werden, und umgekehrt. $\beta + \psi'$ gilt für nördliche Abstände, $\beta - \psi'$ bei südlichen; in dem Fall, welcher hier vorliegt, findet $\beta + \psi'$ Statt, da alle zur Berechnung kommenden Dreieckpunkte

*) Monatliche Korrespondenz 28. Band, S. 489. ff.

$$\log. r = \frac{6{,}5119544}{\sqrt{(1 - 7{,}8089673 \sin. \beta^2)^3}}$$

$$\log. \varrho = \frac{6{,}5147609}{\sqrt{(1 - 7{,}8089673 \sin. \beta^2)}}$$

München.	$\log. r'' = 8{,}8001389$	$\log. \varrho'' = 8{,}7988870$	$\log. \gamma'' = 1{,}9823189$
Paris.	$\log. r'' = 8{,}8000883$	$\log. \varrho'' = 8{,}7988701$	$\log. \gamma'' = 1{,}9822851$
Wien.	$\log. r'' = 8{,}8001338$	$\log. \varrho'' = 8{,}7988853$	$\log. \gamma'' = 1{,}9823155$
Berlin.	$\log. r'' = 8{,}7998210$	$\log. \varrho'' = 8{,}7987799$	$\log. \gamma'' = 1{,}9821047$
Dresden.	$\log. r'' = 8{,}7999257$	$\log. \varrho'' = 8{,}7988148$	$\log. \gamma'' = 1{,}9821745$
Seeberg.	$\log. r'' = 8{,}7999310$	$\log. \varrho'' = 8{,}7988166$	$\log. \gamma'' = 1{,}9821781$

$\frac{1}{2}\delta \log. r'' = 0{,}0000366, \quad \frac{1}{2}\delta \log. \varrho = 0{,}0000122.$

nördlich von München liegen. Zur Abkürzung der Rechnung hat Zach den log. γ'' eingeführt, welcher nichts anderes ist, als $2 \log. \varrho'' + \log. \sin. 1'' - 0{,}3010300$. Die drei konstanten Logarithmen von r'', ϱ'', γ'' sind in der nebenstehenden Tafel unter der Hypothese der Erdabplattung 1:310 berechnet, nicht allein für München, sondern auch für Paris und Wien, denen Berlin, Dresden und Seeberg hinzugefügt worden sind, um erforderlichen Falls gebraucht werden zu können. In der Formel bezeichnet ω die Korrektion der Breite, welche von dem Längenabstande abhangig ist, sie ist in allen Fällen negativ; so auch die Korrektion für den log. cos. $(\beta \pm \psi')$, oder den genäherten Längenunterschied λ; diese Korrektion möge χ heißen und die Länge von Paris A.

Nach diesen Erläuterungen wird die folgende Positionstafel, in welche nicht allein die definitifen Werthe der Breite und Länge, sondern auch die genäherten Werthe mit ihren Korrektionsgrößen, aufgenommen werden, verständlich sein. Bei der Berechnung ist übrigens die Position des nördlichen Frauenthurms in München so zum Grunde gelegt worden, wie sie, nach einer Bemerkung des Oberlieutenants Klein (Vorstehers der mathemathischen Section des königl. baierischen topographischen Büreaus) bei den geodätischen Operationen des General-Quartiermeister-Stabes angenommen worden ist, nämlich:

Breite = 48° 08′ 20″,15 Nördlich
Länge = 9° 14′ 15″ O. Paris

Zweite Tafel.

Dreieckpunkte	Breite.			Länge.			
	$\beta+\psi$	ω	β'	log. λ	$\varkappa=$ 0,0000(	$\lambda'=0$	A
	° ′ ″		° ′ ″			′ ″	° ′
Anna, St. .	50 04 27,75	8,60	50 04 19,15	3,4289952	025	44 45,2	9 59
Asch . . .	50 31 41,55	5,80	50 13 35,75	3,3435302	097	36 45,6	9 51
Berg . . .	50 22 30,35	0,65	50 22 29,70	2,8715494	011	12 23,9	9 26
Döbra-Berg	50 16 44,46	0,07	50 16 44,39	2,4016860	001	04 12,2	9 18
Eger . . .	50 05 02,91	9,84	50 04 53,07	3,4582552	165	47 52,3	10 02
Franzensbad.	50 07 25,05	9,37	50 07 15,68	3,4477550	157	46 43,7	10 00
Gefrees . .	50 05 45,75	0,42	50 05 45,33	2,7746218	007	09 56,5	9 24
Hain-Berg .	50 14 09,25	6,11	50 14 05,14	3,3549092	103	37 44,1	9 51
Hof . . .	50 19 23,25	1,85	50 19 21,40	3,0960672	031	20 47,5	9 35
Hofer-Warte	50 18 53,08	2,17	50 18 53,08	3,1305747	036	22 30,7	9 36
Hohenberg .	50 05 56,55	6,53	50 05 50,02	3,3591496	109	38 59,6	9 53
Kirchen-Lamitz	50 09 12,35	2,19	50 09 10,16	3,1329234	036	22 38,0	9 36
Königsberg .	50 07 26,85	14,19	50 07 12,66	3,5377835	238	57 29,5	10 11
Korn-Berg .	50 11 02,53	3,09	50 10 59,44	3,2069565	052	26 50,5	9 41
Kupferberg .	50 08 23,75	0,00	50 08 23,75	0,7607047	000	00 05,7	9 14
Langenstadt .	50 11 18,70	1,53	50 11 17,17	3,0547838	025	18 54,4	8 53
Loretto . . .	50 01 47,55	10,55	50 01 37,00	3,4733215	176	49 33,5	10 03
Markt-Leiten	50 07 46,55	2,74	50 07 43,81	3,1812287	046	25 17,8	9 39
Markt-Leugast	50 10 19,45	0,05	50 10 19,40	2,3406224	000	03 39,1	9 17
Markt-Zeuln	50 10 05,35	2,54	50 10 02,81	3,1646427	067	24 20,9	8 49
Mißlareuth .	50 26 42,15	1,71	50 26 40,44	3,0789623	029	19 59,4	9 34
Naila . . .	50 19 46,15	0,27	50 19 45,88	2,6831562	004	08 02,1	9 22
Niklasberg .	50 13 36,75	5,98	50 13 30,77	3,3503847	100	37 20,6	9 51
Nordhalben .	50 22 30,69	0,05	50 22 30,64	2,3492614	001	03 43,5	9 10
Ochsenkopf .	50 01 54,09	0,86	50 01 53,23	2,9302271	014	14 11,6	9 28
Plassenburg .	50 06 35,35	0,18	50 06 35,17	2,5971485	003	06 35,5	9 07
Presseck . .	50 13 44,35	0,00	50 73 44,35	1,8280786	000	01 07,3	9 13
Rad-Spitze .	50 14 09,35	0,29	50 14 09,06	2,6958708	004	08 16,4	9 05
Rauhe-Culm	49 49 46,94	1,18	49 49 45,76	2,9982163	019	16 35,9	9 30
Rodach, Unter,	50 15 01,45	0,54	50 15 00,91	2,8297152	009	11 15,6	9 02
Rosenberg .	50 14 47,00	0,93	50 14 46,07	2,9461889	015	14 43,5	8 59
Schnee-Berg	50 03 12,32	1,21	50 03 11,11	3,0041581	020	16 54,2	9 31
Schönberg .	50 11 24,35	8,05	50 11 16,30	3,4148037	135	43 18,9	9 57
Stadt Steinach	50 09 41,15	0,07	50 09 41,08	2,3856209	001	04 03 0	9 10
Thierstein. .	50 06 35,15	4,54	50 06 30,61	3,2805117	072	31 47,6	9 46
Waldstein .	50 07 48,15	1,22	50 07 46,93	3,0057005	020	16 53,2	9 31
Weissenstadt .	50 05 28,03	1,50	50 05 26,53	3,0499451	025	18 41,8	9 32
Weissenstein .	49 54 51,79	4,03	49 54 51,79	3,2641332	067	30 37,0	9 44
Wunsiedel .	50 02 15,15	2,86	50 02 12,29	3,1897998	048	25 48,0	9 40
Zeyern . . .	50 19 01,05	0,42	50 16 00,63	2,7749558	008	09 55,0	9 04

Vergleicht man die Lage des Schneebergs, so wie sie aus den Dreiecken des baierischen General-Quartiermeister-Stabes folgt, mit dem Resultat der astronomischen Beobachtungen von Bürg, so zeigt sich in der Breite eine Differenz von beinahe einer halben Minute; besser harmonirt die Länge, denn hier ist der Unterschied nur 7″, was auf eine richtige Bestimmung der Länge von St. Anna schließen läßt, von der Bürg's Länge des Schneebergs abhangig ist. In der That sehen wir auch, daß David's Länge von St. Anna mit dem Resultat der baierischen Dreiecke bis auf die Sekunde harmonirt, eine überraschende Erscheinung, die von der gegenseitigen Genauigkeit der Beobachtungen ein erfreuliches Zeugniß giebt. Die Dreiecke geben aber die Breite von St. Anna um 6″ größer, als Davids Beobachtungen mit dem reichenbachschen Theodoliten von Scheitelabständen des Polarsterns.

Schmidel aus Leipzig bestimmte im Jahre 1823 die Polhöhe des Alexanderbades, durch Sonnenhöhen mit einem siebenzolligen Sextanten gemessen, im Mittel aus sechstägigen Beobachtungen = 49° 59′ 39″. Die einzelnen Resultate harmoniren nicht gut mit einander: Das Maximum ist vom Minimum um eine volle Minute entfernt. Maximum = 50° 0′ 15″ *). Weiß und von Brand haben das Alexandersbad nicht in ihr trigonometrisches Netz gezogen, weil es daselbst an einem Visirpunkt fehlt, der ausgezeichnet genug sei, um ihn von umliegenden Dreieckstationen erblicken zu können. Aus dem topographischen Atlas des Königreichs Baiern (die Blätter Tirschenreüth und Markt-Leiten) so wie aus meiner Karte, die den Titel führt: Skizze der Fichtelgebirgpassage von Baireüth bei Eger, folgt aber, daß Alexandersbad um 1′ 17″ südlicher liegt als der Stadtthurm von Wunsiedel. Dies bringt die Polhöhe von Alexandersbad auf 50° 0′ 55″. Die Dreiecke geben hier also eine größere Breite als die astronomischen Beobachtungen; beim Schneeberge und St. Anna ist es umgekehrt. Auch die Breite von Franzensbad wird durch die Dreiecke größer; Baronesse von Matt bestimmte sie am 2ten September 1808 durch die Mittagshöhe der Sonne = 50° 7′ 5″,4; **) Unterschied mit dem trigonometrischen Resultat 20″. Doch kann hierbei noch eine gewisse Größe auf Rechnung der Verschiedenheit der Standpunkte kommen:

---

*) Schuhmachers astronomische Nachrichten, III. Band, Nr. 53, S. 86.

**) Monatliche Korrespondenz, XXI. Band, S. 131.

Weiß und von Brand nahmen den Kirchthurm zum Ziel; er liegt im nördlichen Theil des Ortes.

Unter den festen Punkten der obigen Tafel kommen drei vor, welche auch in das Dreiecknetz des königl. sächsischen Ingenieur-Korps gezogen worden sind. Vergleicht man die gegenseitigen Resultate, so ergeben sich folgende Differenzen:

Die baierischen Dreiecke geben {mehr + / weniger —} als die sächsischen

	Breite.	Länge.
bei Berg	+ 4″	— 10″
— Hain Berg .	0	+ 10
— Schönberg .	+ 4	— 28

Diese Abweichungen lassen, in Absicht auf die Breite, nichts zu wünschen übrig, wenn man erwägt, daß beide Bestimmungen von zwei völlig unabhangigen Fundamental-Punkten ausgehen, nämlich von München und Dresden. Unregelmäßiger sind die Unterschiede bei der Länge; hier machen die sächsischen Dreiecke die Längendifferenz zwischen Berg und dem Hain-Berge um 20″ zu klein, zwischen Berg und Schönberg um 18″ zu groß. *)

3.

Die extremen Punkte des Fichtelgebirges; sein Flächeninhalt.

Der südlichste Punkt unsers Gebirglandes ist der Rauhe Culm bei Neustadt; als nördlichsten kann man das Dorf Mißlareüth betrachten, das am östlichen Saal-Ufer auf einem hohen Plateau gelegen ist, welches dem Plateau von Berg, auf der westlichen

*) Es ist neuerlich nachgewiesen worden, daß man die Länge von Dresden, mathemathischer Salon, künftig zu 11° 24′ 25″ ansetzen dürfe, (Kritischer Wegweiser, 3. Bd., S. 329); die Bestimmung von Schönberg nach den baierischen △△ damit in Verbindung gebracht, ergiebt sich zwischen der südwestlichsten Ortschaft des Königreichs Sachsen u. der Landeshauptstadt ein Längenunterschied von 1° 26′ 51″; die Dreieckt des sächsischen Ingenieur-Korps geben eine Minute weniger.

Seite des genannten Flusses, gegenüber steht. Die Kirchthürme beider Ortschaften sind gleichsam die Warten am nördlichen Eingange der aüßern Bergebene; von ihnen überblickt man das ganze Gebirge bis zur Kösseine, den Frankenwald, das Erzgebirge und das voigtländische Terrassenland am Elsterflusse herab. Hiernach liegt das Fichtelgebirge zwischen Lat. 49° 49′ 45″ und 50° 26′ 40″ N. und es beträgt seine Ausdehnung von Süden nach Norden 37 Minuten eines größten Kreises oder 9¼ deütsche Meilen.

Betrachtet man das Gebirge an sich, ohne seine Vorterrassen so ist die Radspitze der westlichste und St. Anna der östliche Punkt; es liegt mithin zwischen Long. 9° 5′ 58 und 9° 59′ 0″, und es beträgt seine Ausdehnung in der Richtung der Parallelen 53 Minuten; die beiden extremen Punkte sind etwa 8½ deütsche Meilen von einander entfernt.

Rechnet man die beiden Vorterrassen hinzu, so ist Markt-Zeüln der aüßerste Punkt im Westen, und Königsberg der aüßerste im Osten; in diesem erweiterten Umfange liegt unser Gebirgland zwischen Long. 8° 49′ 54″ und 10° 11′ 44″ und die gerade Linie zwischen beiden Punkten belaüft sich auf ungefähr 13½ deütsche Meilen.

Der Flächenraum des Gebirgs läßt sich auf 14 deütsche Geviertmeilen annehmen, der des innern Plateaus auf 7, und der des aüßern Plateaus auf 19, so daß dem Fichtelgebirge im engern Sinne ein Flächenraum von 30 Quadratmeilen entsprechen dürfte.

Dazu kommt noch die westliche Vorterrasse mit 9, und die Terrasse des Egerlandes mit etwa 6 Quadratmeilen; in seiner größten Ausdehnung wird man also unserm Gebirglande ein Areal von 55 deütschen Geviertmeilen bis dahin beilegen können, bis eine genaue, auf die obigen Ortsbestimmungen gegründete Berechnung angestellt sein wird.

4.

Höhen des Fichtelgebirglandes.

Die ersten Bestimmungen über die Höhe des Fichtelgebirgs, welche sich auf wirkliche Messungen gründeten, lieferte der Justiz-Direktor Klinger in Wunsiedel in den Jahren 1785 und 1786. Darauf folgte Professor Bürg, aus Wien, welcher im Jahre 1807 bei Gelegenheit der geographischen Ortsbestimmung des Schneeberges das Barometer auf diesen höchsten Gipfel unseres Gebirglandes beobachtete. Sieben Jahre später bereiseten Goldfuß und Bischof das Fichtel-Gebirge. Diese Gelehrten sind es welche ein über den ganzen Gebirgsraum sich erstreckendes Barometer-Nivellement zuerst angestellt haben. Doch unterliegen die Resultate ihrer Operation, welche sich über fünf und vierzig gemessene Punkte verbreitet, einem Grundirrthum, der in einer mangelhaften Bestimmung der Höhe ihres Fundamental-Punktes zu suchen ist. Indem sie alle ihre Beobachtungen, um dieselben auf absolute Höhen zurückzuführen, auf Erlangen stützten, wo das korrespondirende Barometer beobachtet ward, nahmen sie die Höhe von Erlangen zu 1028 pariser Fuß über dem Meere an, allein diese Zahl ist um mehr als 200 Fuß zu groß. Dadurch sind alle Höhen, welche Goldfuß und Bischof auf dem Fichtelberge gemessen haben, zu hoch ausgefallen. Sehr viele derselben sind durch die neuen Messungen ebenfalls bestimmt worden, so daß man ein Mittel zur Vergleichung, und daraus die Größe der Korrektion erhält. Im Verfolg dieser Darstellung werde ich Gelegenheit haben, hierauf zurückzukommen.

Die Operationen, auf welche das Nivellement gegründet worden, das den Gegenstand gegenwärtiger Abhandlung ausmacht, sind zum größten Theil barometrisch; einige Punkte kommen darin vor, deren Höhe auf trigonometrischem Wege ermittelt wurde.

5.

Trigonometrische Höhenbestimmungen.

Ueber diese giebt der Vorsteher der mathematischen Sektion des königl. baierisch. topographischen Büreaus, Lieutenant Klein, folgende Nachricht*):

„Oberst Bonne und Kapitain Brousseaud haben in den Jahren von 1801 bis 1807 mit dem bordaischen Kreise die ersten Haupt- und größern Dreiecke in Baiern durch den baierischen Wald und die Pfalz angelegt, aus welcher Messung die Zenith-Abstände von einem Punkt auf den andern, Behufs der Reduktion der schief gemessenen Winkel auf den Horizont, Veranlassung gaben, daß

*) In einer Denkschrift vom 29ten Mai 1832.

vom nördlichen Frauenthurm zu München ausgehend, die Höhen-Unterschiede aller dieser Punkte gerechnet wurden.

„Diese Rechnungen sind auf Befehl Sr. Excellenz des Herrn Generals der Infanterie von Raglovich von dem Artillerie-Lieutenant Kellner, mit aller Schärfe geführt und so viele Kontroll-Rechnungen als möglich dabei gemacht worden. Er theilte die gemessenen Punkte in zwei Klassen, nämlich:

1) in Haupt- oder Stationspunkte, und
2) in Detail- oder Nebenpunkte.

„Auf den erstern wurden die Zenithabstände gegenseitig vor- und rückwärts gemessen; die Punkte der zweiten Klasse sind nur von einer Station anvisirt worden. Mit Rücksicht auf diese Klassifikation gab Lieutenant Kellner der Rechnungsformel eine Gestalt, daß beide Abtheilungen mit derselben Formel gerechnet werden konnten. Ist

DN der Höhenunterschied,
k die Distanz (Dreieckseite),
δ' und δ die gegenseitigen Zenithabstände,
r die Refraktion,
c der Winkel im Centrum der Erde;

so ist die Formel

$$DN = k \frac{\sin. \frac{1}{2} (\delta' + r - \delta - r)}{\cos. \frac{1}{2} (\delta + r - \delta + c)} = \frac{k \sin. \frac{1}{2} (\delta' - \delta)}{\cos. \frac{1}{2} (\delta' - \delta + c)}$$

„Da in diesem Falle die Refraktion $r = 0$ werden muß, unter der Voraussetzung, daß die Messungen der beiden Zenithabstände in derselben Zeit und unter gleichen Umständen physischer Einflüsse geschah. Der Gang der trigonometrischen Operationen verhinderte aber dieses; und da zur Reduktion in schiefen Ebenen gemessener Dreieckswinkel auf die Horizontal-Ebene auch die große Genauigkeit der Zenithdistanzen nicht erfordert wird, wie sie zu einer scharfen Höhenbestimmung nothwendig ist, so wurden dieselben von jedem Stationspunkt aus auch nur ein Mal ohne Repetition gemessen. Zwar sind sie für den Punkt, welcher als Point de Mire diente, bis auf etliche Sekunden genau, aber eben diese Punkte konnten, örtlicher Umstände halber, nicht immer strenge beibehalten werden; daher eine fast immerwährende Abwechslung des Zielpunktes an der nämlichen Station, ohne daß dieselbe in den Original-Vermessungs-Tagebüchern genau bezeichnet ist, Schwankungen in Bezug der Reduktion der Zenithabstände auf die Spitzen der Thürme oder Signale, somit auf jene Höhenwinkel veranlaßt, welche in der Formel zur Berechnung der Niveau-Unterschiede gebraucht wurden. Die Resultate sind darum nur auf 10 bis 15 Fuß sicher anzunehmen.

Zur Berechnung der Höhenunterschiede derjenigen Punkte, welche keine Stationspunkte waren, mußte ein mittlerer Refraktions-Coefizient n = 9,62774 angenommen werden. Die Formel der Berechnung war, wie obenerwähnt,

$$DN = \frac{k \sin. \frac{1}{2} (\delta' - \delta}{\cos. \frac{1}{2} (\delta' - \delta + c)}$$

Aus dieser ergiebt sich, wenn δ' Null ist, ohne empfindlichen Fehler

$$DN = k \text{ cotang. } (\delta - nc),$$

d. i. für den Fall, wenn nur eine Zinithdistanz gemessen war. Da aber $nc = \frac{1}{2}(\delta + \delta' - 180)$ ist, so wird diese Formel auch für den andern Fall, wenn die gegenseitigen Zenithabstände gegeben sind, brauchbar, indem alsdann

$$DN = k \text{ cot. } [\delta - \tfrac{1}{2} (\delta + \delta' - 180^\circ)],$$

und das Rechnen mit zweierlei Formeln vermieden wird."

Diese Darstellung zeigt, daß die trigonometrischen Höhenbestimmungen von Bonne und Brousseaud nicht dasjenige Vertrauen verdienen, welches man den Resultaten dieser Methode sonst beizulegen berechtigt ist. Dabei darf jedoch nicht außer Acht gelassen werden, daß, wie auch schon von Hrn. Lieut. Klein bemerkt worden ist, die französischen Offiziere die in Rede seienden Zenithabstände keineswegs in der Absicht beobachteten um sie zu einem Nivellement von Baiern im Großen zu benutzen, sondern nur allein um die erforderlichen Argumente der Reduktion der mit dem bordaischen Kreise gemessenen Winkel des Dreiecknetzes auf die wagrechte Ebene zu erhalten. Wäre ersteres der Fall gewesen, — dann würden Bonne und Brousseaud die Vertikal-Winkel auch mit derselben Schärfe durch Repetition gemessen haben, wie die Horizontal-Winkel; und es ist, unter den obwaltenden Umständen, erfreulich zu bemerken, daß die Höhenbestimmungen, welche mit so mangelhaften Daten gewonnen wurden, im Ganzen genommen, eine sehr befriedigende Uebereinstimmung zeigen, sowol unter sich als mit den Resultaten der Barometer-Messungen. So ergiebt sich, um nur ein Paar Beispiele, ohne Auswahl, anzuführen, die Höhe der

Benediktenwand aus fünf verschiedenen Dreiecken
1) = 614,07 baierische Ruthen aus gegens. Zenithdist.
2) = 612,79 „ „ „ „ „
3) = 611,71 „ „ „ „ „

4) = 611,34 baierische Ruthen aus gegens. Zenithdist.
5) = 613,91 „ „ „ einfach. „

Ferner die Höhe der Kösseine, auf unserm Fichtelberglande, aus drei Dreiecken mit gegenseitigen Zenithdistanzen

1) = 317,75 }
2) = 318,93 } Mittel = 318,59 b. R. = 477,07 Toisen.
3) = 319,09 }

Die Barometer-Messungen geben . . . . 476,65 „

Unterschied 0,42 „

Der Gedanke des Generals, Freiherrn von Raglovich, diese Zenithabstände für das Nivellement des Königreichs Baiern benutzen zu lassen, war einer der glücklichsten. Lieutenant Kellner hat aus seiner Rechnung 484 Höhenbestimmungen hergeleitet, die sich auf 188 verschiedene Punkte beziehen. Der Fundamentalpunkt ist der nördliche Frauenthurm zu München, dessen Spitze nach Seiffer's Bestimmung zu 207,12, das Pflaster zu 174,57 baierische Ruthen, oder 1568,5 pariser Fuß über dem Meere angenommen worden ist.

6.

Barometer-Messungen.

Das neüe Barometer-Nivellement ist von fünf verschiedenen Beobachtern, zu sechs verschiedenen Zeiten ausgeführt worden.

Die königlichen baierischen Hauptleüte Weiß und von Brand hielten sich in den Monaten August bis Dezember 1819, Behufs der trigonometrischen Landes-Vermessung, wie bereits oben erwähnt worden ist, auf dem Fichtel-Gebirge und in den benachbarten Gegenden der Oberpfalz auf. Bald operirten beide Offiziere zusammen und beobachteten auf einem Punkte, bald hatten sie sich getrennt und machten ihre Barometer-Messungen auf verschiedenen Punkten, oder der eine berührte eine Station später als der andere.

Die trigonometrischen Operationen, die im Dezember 1819 abgebrochen worden waren, setzte Freiherr von Brand im Sommer 1820 fort. Sein nunmehriger Aufenthalt auf dem Fichtelgebirge fällt in die Monate Juni bis Oktober.

Die Anzahl der von Weiß angestellten Barometer-Beobachtungen belaüft sich auf 430, die des Freiherrn von Brand, in beiden Jahren auf 860; so daß diese Offiziere innerhalb des Fichtelgebirgs und dessen nächsten Angränzungen der Oberpfalz nahe an 1300 Beobachtungen gemacht haben.

Die des Hauptmanns Weiß beziehen sich hauptsächlich auf den südlichen Theil des Fichtelgebirgs; die Messungen des Freiherrn von Brand dagegen auf den ganzen Umfang.

Der dritte Beobachter ist der Professor Dr. Friedrich Hoffmann, von Halle, der im Herbst 1826 auf meine Veranlassung das Fichtelgebirge einer neüen geognostischen Untersuchung unterwarf und bei dieser Gelegenheit mehr denn 270 Barometer-Messungen anstellte, die vorzüglich die aüßere Bergebene, den nördlichen Theil des innern Plateaus so wie den nördlichen uud ;westlichen Bergkranz zum Gegenstand haben.

Der vierte Beobachter ist Herr Mädler, von Berlin, ein eben so eifriger Meteorolog als genauer Hypsometer, der in April 1827, nachdem er im Jahre vorher mehrere Höhen der Mark Brandenburg gemessen hatte, seine erste größere Barometer-Excursion machte, wozu er Thüringen und Franken wählte. Sein Weg führte ihn von Berlin nach Erfurt und Gotha, über den Thüringer Wald, Meiningen und Melrichstadt nach Würzburg; von dort über Bamberg nach Baireüth. Ueber das Fichtelgebirge folgte er der Straße von Baireüth nach Hof und Plauen. Innerhalb unseres Gebirges hat er 27 Barometer-Beobachtungen angestellt.

Der fünfte Beobachter endlich ist der Verfasser gegenwärtiger Abhandlung. Auf fünfmaligen Reisen über das Fichtelgebirge, in den Jahren 1825 und 1828 habe ich über 100 Barometer-Beobachtungen gemacht, wodurch das Profil von drei Linien erhalten wurde, nämlich:

1) Der Straße von Baireüth über Weißenstadt nach Eger und Mariakulm.
2) Der Straße von Baireüth über Hof bis Töpen. (und jenseits der Gränze unsers Gebirgs über Schleitz und Gera bis Zeitz.)
3) Der Straße durch das Rodachthal, von Zettlitz über Stadtkronach und Nordhalben nach Lobenstein und Schleitz, längs der nordwestlichen Gränzlinie des Fichtelgebirges.

Die Gesammtheit aller dieser Beobachtungen, etwa 1700 an der Zahl, hat es möglich gemacht, die Höhe von mehr als dreihundert verschiedenen Punkten unsers Gebirglandes zu bestimmen, so daß also auf jeder Quadratmeile im Durchschnitt sechs Punkte ihrer Höhe nach bekannt sind.*) Viele sind darunter, deren Höhe aus

*) Dieselbe Verhältnißzahl kann man für das Nivellement des Königreichs Sachsen annehmen.

einer längern Beobachtungsreihe hergeleitet werden konnte. Zwanzig Beobachtungen und darüber sind angestellt:

In Goldkronach, durch Weiß und v. Brand;
In Fröbershammer, durch Weiß und v. Brand;
Auf dem Ochsenkopf, durch Weiß, v. Brand und Hoffmann;
In der Reüth, durch Weiß und v. Brand;
In Tirschenreüth, durch Weiß und v. Brand;
In Waldsassen, durch Weiß und v. Brand;
In Ober-Röslau, durch v. Brand;
In Weißenstadt, durch Hoffmann und Berghaus (18 Beob.);
In Gefrees, durch v. Brand, Hoffmann und Berghaus;
In Hof, durch v. Brand, Weiß, Hoffmann, Mädler und Berghaus;
Auf dem Korn-Berge, durch v. Brand und Hoffmann;
In Spielberg, durch v. Brand;
In Sophienreüth, durch v. Brand;
Im Schloß-Gattendorf, durch v. Brand;
In Unter-Steben, durch Weiß und Hoffmann;
In Zell, durch v. Brand und Hoffmann.

Diese sechszehn Punkte können daher als Kardinalpunkte betrachtet werden, die ihrer Höhe nach, so genau bekannt geworden sind, als die barometrische Methode nur immer es gestattet.

Sämmtliche Beobachtungen sind mit den korrespondirenden in Baireüth verglichen worden. Lieutenant Klein bemerkt in seiner, oben angeführten Denkschrift: „Herr Gerstner, einer der thätigsten Beobachter in seiner Wohnung, lieferte mit aller Schärfe die übereinstimmigen Beobachtungen, so daß dieser Ort bald als Nullpunkt, auf den sich alle Höhenunterschiede reduziren ließen, zu betrachten war.“ Die große Ausdauer und Umsicht, womit Herr Gerstner diese Beobachtungen durchgeführt hat, haben das Gelingen der ganzen Nivellirungs-Operation außerordentlich begünstigt, und sie erst möglich gemacht; dieser ausgezeichnete Fleiß verdient das größte Lob, nicht minder erheischt die freisinnige Bereitwilligkeit, den wärmsten Dank, mit der Herr Gerstner seine Beobachtuugen mitgetheilt hat.

Unerwähnt darf es nicht bleiben, daß die korrespondirenden Beobachtungen in Baireüth für die Messungen des Freiherrn von Brand im Jahre 1820, für die von Hoffmann im Jahre 1826, von Mädler 1826, so wie für die meinigen in den Jahren 1825 und 1828 weniger vollständig sind, als für die Reisebeobachtungen von Weiß und v. Brand im Jahre 1819. Während für diese fast einer jeden eine genau korrespondirende entspricht, sind für jene in der Regel nur drei an jedem Tage vorhanden, nämlich um 7 oder 8 Morgens, um 1 Uhr Nachmittags, und um 8 oder 9 Uhr Abends. Alle, oder doch die meisten, Baro- und Thermometerstände, welche zwischen diese Tagesperioden fallen, haben, so oft es erforderlich war, interpolirt werden müssen.

Indem dieses Verfahren nichts weniger als verhehlt wird, möge es zur Rechtfertigung dienen, wenn künftige Messungen, die auf genau korrespondirende Beobachtungen basirt werden, etwas andere Resultate geben sollten, als die vorliegenden; doch wird diese supponirte Abweichung niemals beträchtlich ausfallen können, indem das Stationsbarometer in Baireüth während der verschiedenen hier in Rede seienden Perioden einen so regelmäßigen Gang behauptete, daß die stündlichen Oscillationen der Quecksilbersaüle fast immer innerhalb der Hunderttheile der pariser Linie blieben, und nur ein einziges Mal bis auf 0''',28 stiegen, (den 25ten Oktober 1826 in den Vormittagsstunden von 8 bis 1 Uhr.)

Ein anderer Umstand, welcher auf größere oder geringere Zuverlässigkeit der Barometermessungen vom wesentlichsten Einflusse ist, entspringt aus dem mehr oder mindern Grade der Uebereinstimmung der gebrauchten Instrumente, wohin vor allen Dingen zu rechnen ist die

7.

Kollimation der Barometer.

Hauptmann Weiß bediente sich eines Heber-Barometers, welches von Herrn Gerstner verfertigt worden war und mit dessen Stationsbarometer (G) in Baireüth vollkommen harmonirte. Hauptmann von Brand gebrauchte im Jahre 1819 ein Gefäß-Barometer, es ist in seinem Beobachtungs-Journale mit Nr. $\frac{154}{12}$ bezeichnet. Der Gang dieses Instruments stimmte nicht mit dem Heber-Barometer überein. Um die Kollimation kennen zu lernen, wurde es mehrfach und an verschiedenen Orten verglichen. Nennt man das Heber-Barometer von Weiß (das, wie gesagt, mit dem gerstnerschen Stationsbarometer gleichen Stand hat) W, und das Gefäß-Barometer des Herrn von Brand B, so stellt sich die Gleichung der beiden Instrumente:

1) In Goldkronach:

Nach 34 Beobachtungen im August 1819 W = B — 0,571 Linie.
Nach 20 Beobachtungen im Sept. 1819 W = B — 0,572
Demnach im Mittel aus 54 Beobachtungen (bei Vernachlässigung der dritten Dezimalstelle) . . . . W = B — 0,57 Linie (α).

Diese Kollimationsgröße gilt für alle Messungen, welche Herr von Brand in dem Zeitraume vom 23sten August bis 6ten September gemacht hat. An dem zuletzt genannten Tage verließen Weiß und von Brand ihr bisheriges Standquartier Goldkronach, indem der erste über Wunsiedel, der andere über Warmensteinach und Ebnat nach der Reüth reis'te, wo sie am 8ten September wieder zusammen trafen. An diesem und den zwei zunächst folgenden Tagen war der Stand der Instrumente:

2) In der Reüth:

Nach 6 Beobachtungen . . . . W = B — 0,67 Linie.

Wiederum sich trennend gingen sie auf verschiedenen Wegen nach

3) Tirschenreüth,

wo nach 5 Beobachtungen am 13ten und 14ten September . . . . W = B — 0,48 Linien war. Ferner befanden sich beide Beobachter am 19, 20, 21 und 22ten September in

4) Waldsassen;

im Mittel aus 5 Beobachtungen ergab sich die Gleichung . . . . W = B — 0,31 Linie.

Nimmt man das arithmetische Mittel aus den eilf reüther und tirschenreüther Beobachtungen so ergiebt sich dieselbe Kollimation wie sie in Goldkronach gefunden wurde; zieht man aber die Vergleichungen von Waldsassen mit in Rechnung, so vermindert sie sich um 0,068 Linie. Aber es ist kein Grund vorhanden, anzunehmen, daß sich der Gang und der relative Stand des Gefäßbarometers während der Reise vom 6ten bis 19ten September wesentlich verändert hätten; wol aber dürfte die kleinere Kollimation in Waldsassen nur als eine Anomalie zu betrachten sein, um so mehr, da ähnliche und noch kleinere Abweichungen in der langen Beobachtungsreihe von Goldkronach vorkommen. Wir können daher im Mittel aus allen bisher gemachten Vergleichungen,

70 an der Zahl, wo die Summe der Abweichungen 38,92 Linien beträgt, als zweiten Werth der Kollimation setzen W = B — 0,55 Linie (β).

Diese Größe ist gültig für alle Messungen des Hauptmanns von Brand in den Tagen vom 7ten bis 25ten September 1819. Denn es heißt in seinem Tagebuche beim 26ten September auf der Station Redwitz: „das Barometer hatte Quecksilber Verlust erlitten." Am 1ten Oktober traf Hr. v. Brand

5) Auf der Kösseine

mit dem Hauptmann Weiß zusammen. Das Gefäßbarometer, welches bisher einen höhern Stand gehabt hatte als das Heber-Barometer, stand jetzt niedriger. Vier Beobachtungen gaben für den mittlern Werth der Kollimation . . W = B + 0,64 Linien (γ) womit alle Messungen verbessert werden müssen, welche Herr von Brand in dem fast vierwöchentlichen Zeitraume vom 26ten September bis 22ten Oktober um 1½ Uhr Nachmittags, angestellt hat. Bei der Beobachtung um 4 Uhr des zuletzt genannten Tages (auf der Warte bei Hof) lesen wir in seinem Tagebuche: „Es wurde wieder Quecksilber-Abgang bemerkt." Die Größe dieses Verlustes ergab sich durch Vergleichung mit dem Heber-Barometer in Goldkronach am 23ten Oktober Abends und am 24ten Oktober Morgens zu 0,22 Linie seit der kösseiner Beobachtung; und es stellt sich die Gleichung für die Zeit vom 22ten Oktober 4 Uhr Nachmittags bis 24ten Oktober 7 Uhr Morgens auf W = B + 0,86 Linie (δ).

An dem zuletzt genannten Tage reis'te Herr von Brand nach Baireüth, um sein Barometer auffüllen zu lassen. Am 27sten Oktober traf er in

6) Goldkronach

wieder ein. Eine Reihe von 29 Vergleichungen, welche daselbst in den vier letzten Oktober- und an eilf Tagen des Novembers gemacht wurden, geben die Kollimation des Gefäßbarometers für den Zeitraum vom 27ten Okt. bis 27ten Novbr. W = B — 0,02 Linie (ε).

Am 27ten November reis'te Herr von Brand von Goldkronach ab, um sich über Kulmbach nach dem Frankenwalde zu begeben. Einen Tag später folgte ihm Hauptmann Weiß eben dahin. Während dieser Reise die bis zum 5ten December dauerte, kamen sie an vier Orten zusammen, und zwar in

7) Seübelsdorf, Stadtkronach, Teüschnitz und Wurzbach,

wo das Gefäßbarometer mit dem Heberbarometer vierzehn Mal verglichen wurde. Ersteres mußte auf der Reise nach Kulmbach wiederum Quecksilber verloren haben, obwol es Hauptmann von Brand in seinem Tagebuche nicht angemerkt hat, denn die, sich ziemlich gleich bleibende, Kollimation betrug, im Mittel aus jenen 14 Vergleichungen . . . . B = W + 0,12 Linie (φ). welche für den angeführten Zeitraum von acht Tagen in Anwendung gebracht werden muß.

Daß diese sechs Korrektionsgrößen nun auch für die Vergleichung der Brand'schen Beobachtungen mit denen in Baireuth gültig sind, darf kaum erinnert werden, da W = G ist.

Während der Vermessungsreise im Jahre 1820 bediente sich Hauptmann von Brand des Heber-Barometers, welches das Jahr vorher von Weiß gebraucht worden war. Damals harmonirte es, wie oben erwähnt, vollkommen mit dem Gerstnerschen Stations-Barometer, und es ließ sich, da es auf der Reise in die Winterquartiere nach München und beim Wiederausrücken aus denselben keinen Unfall erlitten hatte, erwarten, daß es auch jetzt noch mit diesem gleichen Gang haben werde. In der That fand sich diese Vermuthung bestätigt, als Herr von Brand am 30sten Juli 1820 nach Baireuth kam, wo mehrere Vergleichungen, die Herr Gerstner an diesem und dem folgenden Tage vornahm, zeigten, daß B = G sei.

Das winklersche Heber-Barometer Nr. 7, welches ich bei meinen Messungen gebrauchte, hatte in den Jahren 1825 bis 1828 nicht die mindeste Störung erlitten. Nennen wir es B', so stellt sich die Gleichung desselben mit dem Stationsbarometer des Herrn Gerstner (G), so wie mit dem Barometer im königl. topographischen Büreau in München (T), ferner mit dem des Herrn Geheimen Konferenz-Raths von Hoff in Gotha (H) und dem des Herrn Hofraths Reichard in Lobenstein (R) folgender Maßen:

B' = G + 0,40 Lin. beobachtet im Oktober 1828.
= T + 0,19 Lin. beobachtet im Januar und Oktober 1828 von dem Herrn Lieutenant Klein.
= H + 0,05 beobachtet im September 1825.
= R + 0,76 Lin beobachtet im Oktober 1828.

Außer diesen Barometern verglich ich während meiner Reisen in den Jahren 1825 und 1828 noch folgende mit dem Winkler Nr. 7.

1) Gotha, Wohnung des Herrn Prof. Kries, den 10ten Sept. 1825. 6 Uhr Abends.

Gefäßbarometer von Hrn. Kries 325,70 Lin. bei 15° R.
Reisebarometer v. Berghaus . 325,60 " " 15° "

2) **Seeberger Sternwarte**, den 11. September 1825, 12 Uhr Mittags.

Zwei Gefäßbar. der Sternwarte	729,72 MM.	bei 19°,7 C.	
	323,57 Lin.	bei 17 ,0 R.	
Reisebarometer von Berghaus .	324,21 Lin.	bei 17 ,0 R.	

3) Sternwarte bei München, d. 11. Okt. 1828 um $8\frac{1}{4}$ U. M.

Gefäßbarometer der Sternwarte	321,55 Lin.	bei 10° R.
Heberbarometer der Sternwarte	321,50 Lin.	bei 10 R.
Reisebarometer von Berghaus .	321,32 Lin.	bei 10 R.

4) Utzschneiders Institut in München, den 11. Oktober 1828 um $8\frac{1}{4}$ Uhr Morgens.

Utzschneiders Gefäßbarometer	321,50 Lin.	bei 12°,0 R.
Reisebarometer v. Berghaus	321,88 Lin.	bei 9 ,8 R.

Dr. Friedrich Hoffmann beobachtete an einem mikroskopischen Heber-Barometer aus der Werkstatt von Pistor und Schiek in Berlin. Am 11. Nov. 1826 wurde dasselbe mit dem Stationsbarometer des Hrn. Gerstner verglichen. Drei Beobachtungen gaben der Reihe nach folgende Differenzen:

Hoffmanns Barometer $H' = G + 0{,}38$ Linie
$G + 0{,}56$ „
$G + 0{,}47$ „

Mittel $H' = G + 0{,}47$ Linie.

Dieser Kollimationsfehler ist bei der Berechnung der von Hoffmann gemessenen Höhenunterschiede zur Korrektion der korrespondirenden Barometerstände in Baireuth gebraucht worden.

Herr Mädler beobachtete an einem, in der Werkstatt von Pistor und Schiek verfertigten Gefäßbarometer; dieses Instrument ist mit der Nr. 33 bezeichnet. Der Beobachter war ohne Unfall über den Thüringer Wald gewandert; als er aber aus dem Werrathale hinauf stieg zum Plateau von Franken erlitt das Barometer eine wesentliche Veränderung. Am 19 April 1827 fand Hr. Mädler den Stand der Instrumente

Um $11\frac{1}{4}$ Uhr M. Eingang von Meiningen 321,15 15°,3 R. 10°,8 R.
Um 2 Uhr A. Wasserscheide b. Henneberg 312,50 15 ,2 R. 11 ,1 R.

Hiernach würde der Wassertheiler gegen 640 Fuß über Meiningen liegen; dies widersprach dem Augenschein und der Reisende mußte deshalb vermuthen, daß Luft ins Vacuum gedrungen sei, während er das Barometer von Meiningen bis zum Henneberg trug. Um die Größe der Depression und den Kollimationsfehler des Instruments kennen zu lernen, stellte Hr. Mädler folgende Vergleichungen an, (wobei sein Barometer mit M bezichnet ist):

Würzburg, April 21. M = 322,70 bei 14,0 R.
Schöns Barometer 326,70 bei 14,0

Baireúth, April 24. M = {319,35 bei 15,0 ; 319,30 bei 15,0}

Gerstners Barometer {322,56 bei 15,0 ; 322,45 bei 15,1}

Berlin, April 30. M = 331,70 bei 12,0
Mädlers Stationsbar. 336,00 bei 12,0

Also Depression in Berlin = 4,30 par. Linien.

Die Röhre reicht bis 31 Zoll, die Größe des Vacuums war also 40,30 Linien.

Da sich die Depression wie die Dichtigkeit der eingedrungenen Luft, und diese umgekehrt wie die Länge des Vacuums verhält, so ist die Depression y vom Barometerstande x abhangig, nämlich $= \frac{4{,}30 \,.\, 40{,}30}{372 - x}$ Linien. Mit dieser Formel erhält man folgendes Täfelchen für die Größe der Depression:

x	y	x	y
312	2,89	321	3,38
313	2,94	322	3,45
314	2,99	323	3,52
315	3,04	324	3,61
316	3,10	325	3,70
317	3,15	326	3,79
318	3,21	327	3,88
319	3,26	328	3,97
320	3,32	329	3,06

Das Barometer M zeigte in Würzburg 322,70
Depression aus obiger Tafel . . . . + 3,50

Wirklicher Stand von M 326,20
Schöns Barometer S stand auf 326,70

Daher Kollimationsfehler . . . . M = S — 0,50

Mädlers Reisebarometer zeigte in Baireúth 319,30
Depression aus der Tafel . . . . + 3,28

Wirklicher Stand von M. 322,58
Gerstners Barometer G stand auf 322,49

Mithin ist der Kollimationsfehler . . . . M = G + 0,09

Diese Korrektionsgrößen sind bei den Würzburger und Baireüther Beobachtungen und die berechneten Depressionen vor aller Korrektion bei den Reisebeobachtungen des Hrn. Mädler angebracht, und damit die Höhen berechnet worden.

Was die gebrauchten Thermometer, zur Bestimmung der Quecksilberwärme betrifft, so ergiebt sich aus den angestellten Vergleichungen, daß sie sämmtlich mit dem Thermometer an dem Stationsbarometer zu Baireüth, also auch unter sich, harmonirten. Das detaschirte Thermometer, welches ich zur Beobachtung der Luftwärme gebrauchte, stand mit dem Gerstnerschen Instrumente ebenfalls auf gleicher Höhe. Derselbe Fall fand Statt zwischen den detaschirten Thermometern von Weiß und v. Brand; wie sich diese Instrumente, dann die von Hoffmann und Mädler zu Gerstners Luft-Thermometer verhielten, geht aus den hypsometrischen Tagebüchern zwar nicht hervor, doch läßt sich annehmen, daß eine Verschiedenheit nicht vorhanden war, weil diese sonst ohne Zweifel aufgezeichnet worden wäre; denn in den Tagebüchern der verschiedenen Beobachter ist fast kein Umstand, der auf die Beobachtung von Einfluß sein konnte, unberücksichtigt geblieben, sie sind mit der größten Genauigkeit und Klarheit geführt, was von Seiten des Berechners, der die Masse von Zahlen zu verarbeiten hatte, nicht laut genug anerkannt werden kann. Doch wäre es wünschenswerth gewesen, daß die Beobachter die Richtung des Windes aufgezeichnet hätten, über deren Wirkung auf das hypsometrische Resultat einige Andeütungen weiter unten eingeschaltet werden.

Die Kreüz- und Querzüge, welche Weiß und v. Brand im Jahre 1819 über das Fichtelgebirge 2c. gemacht haben, indem der eine hier, der andere dort verweilte, gewähren den Vortheil, daß sich die Barometer-Beobachtungen dieser Offiziere, für viele Fälle, gegenseitig als korrespondirende betrachten und gebrauchen lassen. Die dadurch entstehende doppelte, zuweilen dreifache Berechnung eines einzigen Punktes ist nicht gescheüt worden, um kein Mittel zur Prüfung der Resultate unbenutzt zu lassen. In wie weit letztere unter sich harmoniren gehet zur Genüge aus den nachfolgenden Tafeln hervor.

Hr. Mädler hat seine Beobachtungen selbst berechnet, indem er dieselben, außer mit Baireüth, auch mit den korrespondirenden Beobachtungen des Professors Schön zu Würzburg verglich. Die Höhe des Barometers daselbst ist hierbei zu 546,8 pariser Fuß über dem Meere angenommen worden.

Es war Anfangs die Absicht alle von Hoffmann und mir auf der äußern Bergebene des Fichtelgebirgs gemessenen Punkte auch mit den nächsten Stationen der meteorologischen Anstalten im Großherzogthum Sachsen-Weimar zu vergleichen. Diese Stationen sind Jena und Ilmenau. Allein da die Reisebarometer mit den Instrumenten dieser Stationen nicht verglichen worden, so gab ich diesen Plan auf, und versuchte nur an einem Punkte, welche Höhe aus diesem Verfahren hervorgehen würde. Aus der Rechnung folgte für die absolute Höhe von Berg, verglichen mit Baireüth 322,7 Toisen

- Jena . 323,7 —
- Ilmenau 325,9 —

Die Bestimmung durch Baireüth weicht von dem Mittel aus Jena und Ilmenau um 2 Toisen ab, eine Differenz, die bei dem Resultat von nur einer Beobachtung, (wie dies bei Berg der Fall ist), durchaus als unerheblich betrachtet werden muß; doch ist es bemerkenswerth, daß die ilmenauer Bestimmung bis $\frac{1}{10}$ Toise mit derjenigen harmonirt, welche Reichard aus seiner Beobachtung vom Jahre 1807 hergeleitet hat.*)

Baireüth ist von den entlegensten Punkten des nivellirten Landstrichs neün deütsche Meilen entfernt. Der Ahorn-Berg ist einer dieser Punkte. Er gehört nicht mehr dem Fichtelgebirg an, sondern den nordwestlichen Auslaüfern des Böhmerwaldgebirges; er liegt an den Quellen der böhmischen Waldnab und der Wondreb. Vierzehn Barometerbeobachtungen von Weiß und v. Brand, verglichen mit denen des Hrn. Gerstner in Baireüth geben die Höhe des Ahorn-Berges über dem Meere . . . . 402,8 Toisen.

Aus zwei Reihen der von Bonne und Brousseaud wechselseitig beobachteten Zenithdistanzen findet Lieutenant Kellner die Höhe des Ahorn-Berges 266,41 und 268,89, im Mittel 267,65 baierische Ruthen oder . . . . 400,8 Toisen.

So daß die Differenz zwischen der barometrischen Methode und der trigonometrischen . . . . 2,0 Toisen

beträgt, die sich aber nur auf 0,15 T. stellt, wenn man das zweite Resultat der Dreieckmessung allein zur Vergleichung zieht, was, mit Rücksicht auf die oben mitgetheilten Bemerkungen des Lieut. Klein gleich zulässig sein dürfte. Doch hiervon abgesehen, ist die Harmonie beider Zahlen überraschend genug, wenn man bedenkt, daß die geodätische Linie von München, die barometrische von Baireüth ausgeht, beide also von entgegengesetzten, ihrer absoluten Höhe nach unabhangigen, Fundamentalpunkten.

---

*) Er fand nämlich, von der absoluten Höhe von Ebersdorf ausgehend, 326,06 Toisen; s. Monatl. Korresp. von Zach, XVI. Band.

8.

Diskussion der Höhe der Haupt- oder Kardinalpunkte.

Nr. 1.

Höhenbestimmung von Baireùth.

Um die gemessenen Höhen auf den Meereshorizont reduciren zu können, war es vor allen Dingen nöthig, die absolute Erhöhung des Stationsbarometers in Baireùth genau auszumitteln. Herr Gerstner berechnete dieselbe aus dem mittlern Barometer- und Thermometerstande der sechs ersten Jahre seiner Beobachtungs-Reihe, mit den Argumenten:

Höhe der Quecksilbersaùle . . . . 324,85665 pariser Linien,
Temperatur des Merkurs . + 14°,15741 R.,
Temperatur der Luft . . . . + 6°,19241 R.,

und mit Zugrundelegung des Barometerstandes am Meere = 338,2 Linien, so wie beider Temperaturen = + 10° R, zu 1053,608 pariser Fuß *).

In der ersten Ausgabe dieser Schrift fand ich die absolute Höhe von Baireùth, aus den mittlern Ständen der funfzehn Jahre 1814 bis 1828, und zwar der

Höhe der Quecksilbersaùle . . . . 324,7021 Linien,
Temperatur des Merkurs . . . + 10°,00 R.,
Temperatur der Luft . . . . . + 6°,43 R.,

ebenfalls mit Benutzung der Größe 338,2 für den Barometerstand am Meere, 1037,82 pariser Fuß, wofür in runder Zahl 1038 Fuß oder 173 Toisen gesetzt wurden. Dieses Resultat bedarf aber gegenwärtig einer kleinen Korrektion, da die Beobachtungsreihe des Hrn. Gerstner um die drei vollen Jahre 1829, 1830 und 1831, so wie um die acht ersten Monate des Jahrganges 1832 vergrößert worden ist. Wir haben demnach:

---

*) Schreiben des Hrn. Gerstner an Hrn. von Lindenau, vom 11. Jan. 1820; abgedruckt in Zach's Corresp. astron. etc. Vol. XIII., p. 566, Gènes 1825.

Mittlere Baro- und Thermometerhöhen in Baireuth;
Gerstners meteorologisches Kabinet im Hause Nr. 4. vor dem Ziegelthore, im zweiten Stock.

Jahr.	Barometerstand bei 10° R.	Temperatur der Luft.		Zahl der Beobachtungen.
		Reaumür	Centigrade	
1814	324,6987	+ 5°,59	+ 6°,98	1084
1815	324,6668	6 ,05	7 ,56	1072
1816	323,6721	5 ,58	6 ,97	964
1817	324,1062	6 ,69	8 ,36	991
1818	325,0226	6 ,84	8 ,55	1021
1819	324,3484	7 ,02	8 ,77	1091
1820	324,8600	6 ,06	7 ,57	1098
1821	324,7500	6 ,76	8 ,45	1095
1822	325,4813	8 ,37	10 ,46	1095
1823	324,3022	6 ,58	8 ,22	1095
1824	324,2803	6 ,93	8 ,66	1098
1825	325,1464	6 ,29	7 ,86	1095
1826	325,1509	5 ,86	7 ,32	1095
1827	324,4098	6 ,06	7 ,57	1095
1828	324,8380	6 ,45	8 ,61	1098
1829	324,2827	4 ,43	5 ,53	1095
1830	324,6300	5 ,83	7 ,28	1095
1831	324,4034	6 ,64	8 ,30	1095
Mittel	324,6583	+6 ,335	+7°,918	aus 19362 Beob.

Setzt man den, auf die Normaltemperatur von 10° R. reduzirten Barometerstand am Meere 338,20 Linien (der für den Parallelkreis von Latitudo 50° N. als allgemein gültig angenommen werden kann) und die (aus der Temperatur von Baireuth mit 1° R. für jede achtzig Toisen Erhöhung hergeleitete) Temperatur der Luft am Meere = 8°,448 R oder 10°,56 C., so giebt die, nach fünf verschiedenen Formeln geführte Rechnung folgende Resultate für die Höhe von Baireuth, und zwar nach

La Place	173,925	Toisen,	1043,550	par. F.
Lindenau	173,635	—	1041,810	—
Oltmanns	173,468	—	1040,808	—
De Luc	173,046	—	1038,276	—
Benzenberg ...	173,083	—	1038,498	—
Mittlerer Werth .	173,431	Toisen,	1040,588	par. F.

In diese Berechnung sind die mittleren Baro- und Thermometerstände, welche sich aus den Beobachtungen während der ersten acht Monate des Jahres 1832 so ergeben;

	Bei 10° R.	R.		Bei 10° R.	R.
Januar	325,9193	.2,01	Mai	324,5427	8,61
Februar	326,7291	0,08	Juni	324,0344	12,11
März	324,4578	2,39	Juli	325,0841	13,05
April	225,3631	6,60	August	325,2592	14,20

nicht aufgenommen worden, weil Hr. Gerstner sie mit folgender Bemerkung begleitet: „Aus diesen Beobachtungen geht hervor, „daß wir ein schönes Frühjahr und nicht nur einen schönen, sondern „auch zum gedeihlichen Wachsthum, beinahe aller Früchte, einen „gesegneten Sommer hatten, wo in dieser Zeit der mittlere „Barometerstand um ½ Linie höher war als der ganzjährige. Da „ich aber die Erfahrung gemacht, daß der hiesige mittlere Baro„meterstand alle Jahre sich gleich bleibt, und höchstens nur um „wenige Zehntheile einer Linie im ganzen Jahre differirt, so „schließe ich, daß wir in den letzten vier Monaten des laufenden „Jahres einen Zeitraum erhalten werden, der einen, um so viel „tiefern Barometerstand in sich faßt, um das Gleichgewicht her„zustellen. Daher wird dieser eintretende Zeitraum auch schlechtes „Wetter zur Folge haben. Vorausgesetzt, wenn die Natur nicht „ein Anderes gebietet"*).

Um zu sehen, ob und wie sich die obige Zahl für die absolute Höhe von Baireüth auch durch korrespondirende Beobachtungen bestätige, wurden die Barometer-Beobachtungen des Hrn. Gerstner mit denen verglichen, welche Herr Prof. Hallaschka, im k. k. Conviktgebaüde zu Prag angestellt hat. Beide Punkte lassen sich um so mehr vergleichen, als nur ein geringer Breitenunterschied zwischen ihnen besteht, denn Prag liegt in Latitudo 50° 5′ N., und Baireüth in Lat. 49° 56′ N., daher Differenz 8 Minuten.

Die Beobachtungen des Hrn. Hallaschka beginnen mit dem Monat Mai 1817; doch zerfallen sie in zwei, für den gegenwärtigen Zweck wesentlich zu unterscheidende, Reihen: die erste Reihe, welche vom Jahre 1817 bis zum Schluß des Jahres 1823 reicht, umfaßt nämlich nur zwei tägliche Beobachtungen: bei Sonnenauf-

*) Schreiben des Herrn Gerstner vom 4. September 1832.

gang und um 1 oder 2 Uhr Nachmittags; die zweite Reihe, die mit dem 1sten Januar 1824 beginnt, zählt dagegen vier Tagesbeobachtungen: um 8 Uhr Morgens, 12 Uhr Mittags, 3 Uhr Nachmittags und 10 Uhr Abends *). Die Beobachtungen nur von dieser zweiten Reihe können daher hier in Betracht kommen, und zwar blos die Resultate aus drei Stunden, nämlich 8, 12 und 10 Uhr, weil Hr. Gerstner ebenfalls drei Tagesbeobachtungen hat, die mit jenen nahe zusammenfallen; in der Regel um 7 Uhr Morgens, 1 Uhr Nachmittags und 9 Uhr Abends. Die prager Beobachtung um 3 Uhr muß deshalb und um so mehr bei der Berechnung ausgeschlossen werden, weil sie der kleinsten Ordinate in der Kurve der täglichen Oscillationen des Quecksilbers entspricht, die für Baireüth aus unmittelbarer Wahrnehmung nicht bekannt ist. Die Erscheinung, daß die atmosphärische Ebbe um 3 Uhr Nachmittags eintrete, bestätigt sich vollkommen durch die Beobachtungen des Herrn Hallaschka. Nennt man den mittlern Barometerstand aus allen vier Tagesbeobachtungen = z, und den mittlern Barometerstand um 3 Uhr Nachmittags = z′, so ist nach den Jahresmitteln von

1824 $z' = z - 0{,}115$ pariser Linie.
1825 $z' = z - 0{,}175$ „ „
1826 $z' = z - 0{,}175$ „ „
1827 $z' = z - 0{,}160$ „ „

Mittel $z' = z - 0{,}156$ pariser Linie.

Bevor die prager Barometerstände mit den Baireüthern verglichen werden können, ist es erforderlich, die Kollimation der Instrumente zu untersuchen. Während meiner Anwesenheit in Prag, im Juni 1827, hatte Herr Professor und Astronom David die Gefälligkeit mein Winklersches Heberbarometer Nr. 7 mit dem vom Professor Hallaschka verfertigten Barometer an der k. k. Sternwarte im Clementin zu vergleichen. Diese Beobachtungen stellen sich so:

*) Hallaschkas Sammlung astronomischer, meteorologischer und physik. Beobachtungen. Prag, 1830.

		Hallaschka.	Berghaus.	Diff.	Temper.
Juni 2.	12 Uhr	27 . 6,28	27 . 6,45	0,17	17 ,2 R.
	3 „	27 . 5,90	27 . 6,15	0,25	17 ,0
Juni 3.	4 „	27 . 5,17	27 . 5,35	0,18	16 ,5
	12 „	27 . 4,96	27 . 5.15	0,20	17 ,3
	3 „	27 . 5,30	27 . 5,50	0,20	17 ,2

Mittlere Differenz aus 5 Vergleichungen . 0,20 pariser Linie; um welche Größe das Winklersche Reisebarometer höher steht als das Hallaschka'sche an der k. k. Sternwarte zu Prag. Bezeichnet man das letztere mit H″, und das erstere, wie oben, mit B′, so ist die Gleichung beider Barometer, welche den Kollimationsfehler ausdrückt:

$$B' = H'' + 0{,}20 \text{ pariser Linie.}$$

Es ist aber, wie wir oben gesehen haben:

$$B' = G + 0{,}40 \text{ pariser Linie.}$$

Mithin, da die Beschaffenheit des Winkler Nr. 7 in dem Zeitraum vom Juni 1827 bis Oktober 1828 nicht die mindeste Störung erlitten hatte:

$$H'' + 0{,}20 = G + 0{,}40 \text{ pariser Linie.}$$

Oder, auf kürzern Ausdruck gebracht:

$$G = H'' + 0{,}20 - 0{,}40 = H'' - 0{,}20 \text{ pariser Linie.}$$

Dieser Werth für die Kollimation gilt nun zwar für das Barometer an der k. k. Sternwarte im Clementin; allein da es von Hallaschka verfertigt ist, so läßt sich wol ohne Bedenken annehmen, daß dasjenige Instrument, an welchem er selbst im Conviktgebaüde beobachtet, bei gleicher absoluter Höhe gleiche Barometerhöhen mit jenem gebe, und wir können demnach sagen: Um die Prager Beobachtungen von Hallaschka mit den Baireüther Beobachtungen von Gerstner zu vergleichen, ist es erforderlich, die ersteren um 0,20 par. Linie zu vermindern. Dies vorausgeschickt stellen sich die auf die Normaltemperatur von 10° R. reducirten Barometerstände und die Luftwärme, in Centigraden ausgedrückt, so wie die aus diesen Argumenten hergeleiteten Höhenunterschiede folgender Maßen:

Jahr.	Prag, Conviktgebaüde.		Baireüth, meteor. Kab.		Höhen-Unterschied in Toisen.
	Barometer.	Temperatur.	Barometer.	Temperatur.	
1824	329,932	11,37	324,280	8,66	73,625
1825	330,629	10,70	325,146	7,86	71,049
1826	330,791	8,85	325,151	7,32	72,749
1827	329,949	9,70	324,410	7,57	71,772
1828	330,459	9,82	324,838	8,61	72,860

Der Höhenunterschied zwischen Hallaschkas Barometer im Conviktgebaüde zu Prag und dem Barometer auf Gerstners meteorologischen Kabinet zu Baireüth stellt sich daher im Mittel aus einer fünfjährigen Beobachtungsreihe, die im Ganzen 5481 Beobachtungen umfaßt, auf . . . . 72,411 Toisen.
Die absolute Höhe von Prag ist . . . . 102,099 —

Folglich ist das meteorologische Kabinet zu Baireüth über dem Meere . . . . 174,510 Toisen.

Dies Resultat weicht von der, aus der Vergleichung mit dem mittlern Barometerstand am Meere gefundenen Höhe um + 1 Toise ab; allein die zuletzt genannte Höhe kann nur als eine genäherte betrachtet werden, indem das obige aus achtzehnjährigen Beobachtungen hergeleitete barometrische Medium von Baireüth ebenfalls nur einen genäherten Werth darbietet. Denn, da Herr Gerstner nur an drei Tagesstunden beobachtet, die, wie gesagt, in der Regel auf 7 Uhr Morgens, 1 Uhr Nachmittags und 9 Uhr Abends fallen (zuweilen auch auf 8 Uhr Morgens und 10 Uhr Abends), so folgt daraus, daß die aus diesen Stunden berechnete Barometer-Mittelzahl zu groß sei, weil in ihr das, während der angeführten Tagesperiode auf die Stunde 3 Uhr Nachmittags fallende Minimum der Quecksilberhöhe als Argument nicht enthalten ist. Zur Bestimmung der Größe dieses Arguments benutzen wir die schönen und zahlreichen Beobachtungen von Hallaschka in Prag; nennen wir den mittlern Barometerstand, welcher aus den drei Tagesstunden hergeleitet ist, $= z$, und die Barometerhöhe um drei Uhr Nachmittags, die der atmosphärischen Ebbe entspricht, wie oben $= z'$, so ist nach den Beobachtungen vom Jahre

1824	$z' = z - 0{,}153$	pariser Linie.
1825	$z' = z - 0{,}333$	, ,
1826	$z' = z - 0{,}233$	, ,
1827	$z' = z - 0{,}213$	, ,
Mittel	$z' = z - 0{,}233$	pariser Linie.

Für Baireüth ist $z = 324{,}6583$, folglich $z' = 324{,}4250$; woraus sich nunmehr die wahre mittlere Barometerhöhe von Baireüth ergiebt, die wir m nennen wollen, nämlich:

$$m = \frac{z + z'}{2} = 324{,}5416 \text{ par. Lin. bei } 10^\circ \text{ R.}$$

Mit diesem Element erhält man, den Barometerstand am Meere und die Temperaturen wie oben gesetzt, die absolute Erhöhung von Gerstners meteorologischem Kabinet über die Meeresfläche, nach der Formel von

La Place	175,533	Tois.,	1053,198	par. Fuß
v. Lindenau	175,240	—	1051,440	— —
Oltmanns	175,073	—	1050,438	— —
De Luc	174,650	—	1047,900	— —
Benzenberg	174,689	—	1048,134	— —
Mittlerer Werth	175,037	Tois.,	1050,222	par. Fuß,

den wir als definitiv betrachten, und als Fundamentalgröße für das Nivellement des Fichtelgebirges zum Grunde legen.

Aus den Barometerbeobachtungen, welche ich am 5. und 6. September 1825 in Baireüth anstellte, ergab sich die Höhe meines Standpunktes im Gasthof zum goldenen Anker, zweiter Stock, zu 180,2 Toisen über dem Meere *). Diese Zahl bedarf aber gegenwärtig einer Korrektion, weil sich die absolute Höhe von Jena, auf welche sie sich stützt, seitdem durch Dr Schrön's neüere Rechnungen = 74,20 Toisen ergeben hat, während sie im Jahre 1825 um zwei Toisen größer angenommen ward. Hiernach stellen sich diese Beobachtungen, dir ich mit der Vergleichung mit Prag (Conviktgebaüde) vermehre, und die daraus hergeleiteten Resultate folgender Maßen:

*) Hertha, VIII. Band, geogr. Zeitung S. 140.

	Bar. bei 10° R.	Temp.	Höhenunterschied.	Abs. Höhe. Toisen.
Baireuth	322,20	10°,5		
Jena	329,96	12 ,5	+ 102,29	176,49
Weimar	327,60	14 ,0	+ 71,41	180,78
Ilmenau	317,16	11 ,2	— 67,48	179,12
Wartburg	319,60	10 ,6	— 34,56	174,00
Schöndorf	323,70	10 ,6	+ 19,89	178,26
Eisenach	326,80	12 ,0	+ 60,69	180,39
Berlin	334,16	12 ,2	+ 156,10	179,10
Prag	338,23	15 ,4	+ 79,94	182,04

Mittlere Höhe des goldenen Ankers in Baireuth, zweiter Stock . . . . 178,77.

Am 6. und 7 Januar 1828 beobachtete ich abermals in Baireuth, in demselben Gasthofe, aber im dritten Stock, wo das Barometer um zwei Toisen höher war, als auf dem Standpunkte von 1825. Mit den Beobachtungen des Ober-Inspektors Lohrmann im mathematischen Salon zu Dresden (Absolute Höhe 60,25 Toisen über dem Meere) verglichen, geben die auf den Gefrierpunkt reducirten Barometerhöhen im Mittel folgende Werthe:

Baireuth	323,51	— 6°,5	+ 118,20	178,45 Tois.
Dresden	333,54	— 9 ,4		

Nach den Beob. von 1825, auf den 3. Stock reducirt 180,77 Tois.

Mittlere Höhe des goldenen Ankers in Baireuth, dritter Stock . . . . 179,61 Tois.

Dr. Friedrich Hoffmann wohnte während seines Aufenthalts in Baireuth ebenfalls im Gasthofe zum goldenen Anker, und zwar zwei Treppen hoch. Nach Beobachtungen, welche er daselbst am 6., 7., 8. und 9. November 1826 anstellte, war der mittlere auf 10° R. reducirte Barometerstand und die Temperatur der Luft:

Goldener Anker, dritter Stock	322,79	2°,7
Gerstners meteorologisches Kabinet . .	323,22	2 ,6

Hieraus folgt der in Toisen ausgedrückte Höhenuntersch. von 6,260
Die absolute Höhe von Gerstners Kabinet ist 175,037

Mithin ist der goldene Anker, dritter Stock, über dem Meere 181,297
Nach meinen Beobachtungen von 1825 u. 1828 beträgt d. Höhe 179,610

Daher besteht zwischen beiden Resultaten eine Differenz von nur 1,687 Toisen, und es ist das Mittel. . . . 180,453

Es scheint aber Hoffmanns Messung den Vorzug zu verdienen, weil sie mit Gerstners Beobachtung unmittelbar verglichen worden ist, und wir können daher für die

Absolute Höhe von Baireuth

unbedenklich folgende Werthe ansetzen

	Toisen.	Par. Fuß.
Gasthof zum goldenen Anker, dritter Stock	181,297	1087,78
Gerstners meteorologisches Kabinet	175,037	1050,22
Brückenfahrt über den Main bei der Kaserne	171,487	1028,72
Wasserspiegel des rothen Mains an der Kasernenbrücke	169,881	1019,28.

Zur Bestimmung der Höhe seines Kabinets über dem mittlern Wasserstande des rothen Mains bei der gedachten Brücke führte Herr Gerstner zwei verschiedene Messungen aus, die eine mit einer keith'schen Merkurial-Waage, die andere vermittelst des Barometers; die Beobachtungen der zuletzt genannten Methode stellen sich auf nachstehende Weise:

1818.	Gerstners meteorol. Kabinet um 2 Uhr Nachmittags.			Am rothen Main, Kasernenbrücke um 2 Uhr Nachmitt.		
	Barometer.	Temperatur R.		Barometer.	Temperatur R.	
		des Quecksilb.	der Luft.		des Quecksilb.	der Luft.
4. Aug.	328,03	15°,75	18°,00	328,49	17°,50	18°,00
5. "	328,00	17 ,75	20 ,50	328,47	20 ,00	20 ,25
6. "	327,28	18 ,00	20 ,75	327,77	20 ,75	21 ,00
7. "	325,50	19 ,00	22 ,25	325,99	21 ,50	21 ,75
8. "	326,20	18 ,50	17 ,50	326,68	17 ,50	17 ,75
9. "	326,28	18 ,00	19 ,00	326,77	18 ,50	18 ,75
Mittel	326,88	17°,83	19°,667	327,36	19°,29	19°,58

Mit diesen Daten fand Hr. Gerstner, indem er die Lindenauische Formel zum Grunde legte *), die Erhöhung seines Kabinets über den mittlern Wasserpaß des rothen Mains an der Kasernenbrücke 30,6 par. Fuß; das Nivellement mit dem Quecksilber-Niveau, hin und zurück, gab 31,28, daher im Mittel 30,94 pariser Fuß.

*) Schreiben an Hrn. von Lindenau vom 11. Januar 1820.

Nr. 2.

Höhenbestimmung von Goldkronach.

Das Städtchen Goldkronach liegt unter dem südwestlichen Rande des Fichtelgebirgs, unmittelbar am Fuße desselben, noch keine volle drei Stunden im NO. von Baireüth. Weiß und von Brand schlugen bei der Vermessung des Fichtelgebirgs ihr Hauptquartier in Goldkronach auf. Sie verweilten daselbst in den Monaten August, September, Oktober, November und December 1819 an ein und neünzig Tagen, und beobachteten während derselben den Stand der hypsometrischen Instrumente dreihundert und zwölf Mal. Doch hielten sie sich dabei nicht an bestimmte Stunden. Es ist daher bei der Berechnung das arithmetische Mittel der täglichen Beobachtungen mit dem Mittel der genau korrespondirenden Beobachtungen des Hrn. Gerstner in Baireüth verglichen worden, und es ergeben sich demnach 91 Höhenbestimmungen (60 nach Weiß, 31 nach v. Brand), die mit den Elementen in den folgenden Tafeln zusammengestellt sind.

Weder der eine noch der andere Beobachter giebt in seinem Tagebuche an, auf welchen Punkt des Städtchens ihre Beobachtungen sich beziehen. Dies bewog Hrn. Gerstner, nach Goldkronach zu reisen und nähere Forschung darüber anzustellen; er schreibt mir in dieser Beziehung: „Weiß und v. Brand logirten „im rothen Adler, im ersten Stock, 24 Fuß höher als das Pfla„ster, und von da sind noch 10 Fuß bis auf den Wasserspiegel „des nahe vorbeifließenden Kronach-Bächlein, welches Neüdorf" (an der Straße von Baireüth nach Berneck) „bespült und sich bei „Lanzendorf mit dem weißen Maine vereinigt." *)

*) Brief vom 4. September 1832.

A. Beobachtungen des Hauptmanns Weiß.

1819.		Goldkronach.			Baireuth				Höhenunterschied in Toisen.
Monat und Tag	Stunde.	Barometer bei 10° R.	Temper. der Luft.	Wetter	Barometer bei 10° R.	Temperatur der Luft	Wetter	Wind.	
Aug. 23	1 U.	322,94	22,2	Heiter	326,61	22,5			
	2 =	322,93	23,2	Windig	326,57	22,5			
	5 =	322,69	20,5	Heiter	326,22	21,2			
	10 =	322,76	14,5	Ruhig	326,89	14,3			
	4 V.	322,83	20,1	Heiter	326,57	20,1	.	.	51,0
= 24	7 M.	322,55	18,1	Heiter	326,49	11,5			
	9 =	322,50	21,1	u. Wind	326,50	20,0			
	11 =	322,46	23,5	Ruhig	326,32	23,0			
	3 V.	322,50	20,9	Heiter	326,44	18,2	.	.	53,6
= 25	11 M.	320,73	23,1	Heiter	324,58	23,5			
	12 =	320,72	24,2	desgl.	324,50	23,8			
	12½ U.	320,52	16,6	Wolkig	324,46	24,0	Gew.		
	4½ =	320,43	21,1	Gewitt.	324,02	23,0	in der		
	9 =	320,33	16,2	Wolkig	324,12	16,3	Ferne		
	5 V.	320,54	20,2	Verm.	324,34	22,1	.	.	52,3
= 26	7 M.	320,26	17,5	Heiter	324,03	13,7			
	11 =	320,19	22,5	=	324,00	20,4			
	12 =	320,22	26,8	=	324,01	24,2			
	1 U.	320,21	26,2	=	324,01	25,0			
	3 =	320,24	23,0	=	324,10	24,0			
	9 =	320,24	17,2	Ruhig	324,61	16,3			
	6 V.	320,22	22,2	Heiter	324,12	20,6	.	.	53,8
= 27	7 M.	320,74	17,2	Trübe	324,81	18,7			
	9½ =	320,66	20,5	Heiter	324,80	19,2			
	1 U.	320,70	25,0	=	324,79	24,0			
	3 =	320,65	25,3	=	324,85	25,0			
	6 =	320,70	20,0	=	324,92	20,0			
	9 =	320,63	20,0	=	325,04	16,8			
	6 V.	320,68	21,3	Heiter	324,87	20,6	.	.	57,6
= 28	7 M.	320,71	15,6	Heiter	325,06	15,0			
	12½ U.	320,70	19,6	=	324,51	24,0			
	1½ =	320,70	22,7	=	324,51	25,0			
	3 =	320,62	24,0	=	324,35	24,7			
	4 =	320,61	24,6	=	324,26	24,0			
	8 =	320,53	20,2	=	324,09	15,0			
	6 V.	320,64	21,1	Heiter	324,49	21,4	.	.	53,0

1819.		Goldkronach.			Baireüth.				Höhen Unterschied in Toisen
Monat und Tag.	Stunde.	Barom. bei + 10° R.	Temperatur der Luft.	Wetter.	Barom. bei + 10° R.	Temperatur der Luft.	Wetter.	Wind.	
Aug. 29	7 M.	320,51	15,6	Heiter	323,89	16,2			
	12½ A.	320,17	21,2	desgl.	323,62	25,3			
	3 =	319,57	25,6	desgl.	323,59	26,0			
	7 =	319,45	20,0	Regen	323,58	18,0			
	4 B.	319,92	20,6	Verm.	323,66	21,3	.	.	48,5
= 30	7 M.	319,25	20,5	Heiter	322,96	16,2			
	1 A.	318,31	25,7	desgl.	321,47	25,0			
	5 =	317,08	24,0	desgl.					
				Trübe	320,95	24,0			
	7 =	316,71	19,8	Nachts					
				Gewit.	320,69	20,0			
	4 B.	317,84	22,5	Verm.	321,52	21,3	.	.	51,4
= 31	7 M.	316,58	18,3	Trübe	320,43	18,7			
	10 =	316,71	18,6	Regen	320,65	15,3			
	3 A.	317,02	16,6	desgl.	321,19	16,0			
	3 B.	316,77	17,8	Trübe	320,76	16,6	.	.	54,6
Spt. 1	7 M.	316,98	12,1	Regen	321,13	11,8			
	10 =	317,06	16,0	desgl.	321,15	13,0			
	12 =	317,07	14,3	Trübe	321,15	14,2			
	1 A.	317,13	14,8	desgl.	321,18	15,0			
	9 =	318,22	9,2	desgl.	322,62	10,0			
	5 B.	317,25	13,2	Trübe	321,44	12,8	.	.	56,5
= 2	7 M.	319,84	9,7	Heiter	323,81	8,4			
	1 A.	319,94	15,0	Regen	323,70	15,2			
	3 =	320,43	12,1	Gewit. Schlos.	323,80	11,2			
	9 =	321,02	12,1	Heiter	324,89	9,0			
	4 B.	320,31	12,2	Verm.	324,05	10,9	.	.	49,8
= 3	7 M.	320,77	14,1	Totales	324,82	13,1	Regen		
	12 =	320,74	18,0	Regen=	324,59	18,5	desgl.		
	1 A.	320,58	19,3	Wetter	324,49	19,0	desgl.		
	9 =	320,70	16,7		324,03	15,2	Trübe		
	4 B.	320,80	17,0	Regen	324,48	16,4	Regen	.	49,8
= 4	7 M.	321,53	16,2	Trübe	324,43	16,8	Trübe		
	12½ =	321,83	20,0	desgl.	325,43	20,9	Klar		
	1½ A.	321,76	23,1	desgl.	325,68	22,8	Trübe		
	4 =	321,88	19,6	desgl.	325,48	17,8	Regen		
	4 B.	321,75	19,7	Trübe	325,50	19,6	Trübe	.	51,3

1819.		Goldkronach.			Baireuth.				Höhen-Unterschied in Toisen.
Monat und Tag.	Stunde.	Barom. bei + 10° R.	Temperatur der Luft.	Wetter.	Barom bei + 10° R.	Temperatur der Luft.	Wetter.	Wind.	
Spt. 5.	8 M.	322,31	16,1	Heiter	326,20	16,2	Nebel		
	12 =	322,25	22,5	desgl.	325,65	22,0	Trübe		
	2½ A.	321,49	23,0	Wolkig	325,20	23,5	Bew.		
	9 =	321,31	16,3	Heiter	325,07	13,7	Heiter		
	3 B	321,84	19,5	desgl.	325,53	18,8	Verm.	.	50,3
= 6	8 M.	320,79	18,7	Heiter	324,40	11,5	Heiter		
	12 =	320,68	23,7	Gewit.	324,32	24,0	desgl.		
	2 A.	320,78	23,9	Heiter	324,26	19,7	Gew.		
	5 =	321,04	17,8	Verm.	324,82	13,3	Trübe		
	8½ =	321,71	14,7	desgl.	325,39	12,7	Trübe		
	5 B.	321,00	19,8	Verm.	324,64	16,2	Verm.	.	49,3
= 7	8 M.	323,60	13,0	Nebel	327,30	10,2	Nebel	S.	
	11½ =	323,47	18,2	Heiter	327,39	17,0	Heiter	=	
	2 B.	323,53	15,6	Heiter	327,34	13,6	Heiter	=	50,8
= 29	5 A.	321,29	20,6	Heiter	325,02	19,3	Schön	=	
	7 =	321,36	16,2	Trübe	325,68	14,2	desgl.	=	
	8 =	321,36	16,0	desgl.	325,09	16,5	desgl.	=	
	3 B.	321,30	17,6	Verm.	325,06	16,6	desgl.	=	51,3
= 30	7 M.	21,43	16,3	Trübe	325,87	17,0	Trübe	=	
	9 =	321,43	17,9	desgl.	326,18	18,5	Trübe	=	
	2 B.	321,43	17,0	desgl.	326,02	17,7	Trübe	=	63,5
Okt. 5	2½ A.	317,17	20,9	Regen	320,99	19,8	Trübe	S.	
	5 =	317,11	20,0	Gewit.	321,06	10,0	Gewit.	SW.	
	7 =	317,15	19,3	Regen	321,94	8,1	Regen	W.	
	½ =	319,00	18,5	desgl.	322,81	6,2	Trübe	NW.	
	4 B.	317,60	19,7	desgl.	321,70	11,0	Trübe	W.	55,9
= 6	8 M.	321,97	16,9	Trübe	325,72	7,2	Trübe	N.	
	0 =	322,19	16,8	Regen	326,32	7,8	desgl.	N.	
	2 A.	322,24	16,0	desgl.	326,23	8,3	desgl.	NW.	
	8½ =	322,14	15,6	desgl.	325,98	8,0	desgl.	W.	
	4 B.	322,13	16,6	desgl.	326,06	7,8	desgl.	N.	52,4

1819		Goldkronach.			Baireuth.				Höhen-Unterschied in Toisen.
Monat und Tag.	Stunde.	Barom. bei +10° R.	Temperatur der Luft.	Wetter	Barom. bei +10° R.	Temperatur der Luft.	Wetter	Wind	
Okt. 7	8 M.	320,32	7,5	Regen	324,05	7,5	Regen	S.	
	11 =	320,30	8,5	desgl.	324,10	7,8	desgl.	W.	
	1 A.	320,27	8,3	desgl.	324,01	8,3	desgl.	W.	
	3 =	320,23	8,7	desgl.	324,07	8,7	desgl.	SW.	
	9 =	320,17	9,2	desgl.	324,01	9,0	desgl.	SW.	
	5 B.	320,26	8,2	desgl.	324,05	8,0	desgl.	SW.	50,1
= 8	7 M.	320,28	11,0	Regen	324,50	10,0	Regen	N.	
	10 =	321,12	11,7	desgl.	325,22	11,2	Trübe	=	
	12½ A.	321,55	12,6	Trübe	325,25	12,3	desgl.	=	
	2 =	321,57	13,1	desgl.	325,35	13,0	Schön	=	
	4 B.	321,13	12,1	desgl.	325,08	11,6	Trübe	=	52,9
= 9	7 M.	323,34	3,7	Heiter	327,68	2,2	Heiter	N.	
	11 =	323,33	13,6	desgl.	327,57	10,6	desgl.	SO.	
	2 A.	323,34	13,0	Verm.	327,06	13,4	desgl.	=	
	4 =	323,27	12,7	Heiter	326,85	12,6	desgl.	=	
	3 B.	323,31	10,0	Heiter	327,19	9,7	desgl.	=	51,3
= 16	11 M.	323,08	9,8	Trübe	327,26	9,0	Trübe	O.	
	1 A.	322,72	10,3	desgl.	326,85	10,0	desgl.	O.	
	4 =	322,14	10,1	desgl.	326,08	10,0	desgl.	NO.	
	3 B.	322,64	10,0	desgl.	326,73	9,6	desgl.	O.	54,0
= 22	7 A.	317,05	7,0	Sturm	321,27	6,9	Trübe	S.	
	9 =	317,55	2,5	Regen	321,89	3,3	desgl.	=	
	2 B.	317,30	4,8	desgl.	321,58	5,1	desgl.	=	56,3
= 23	8 M.	317,29	1,6	Schnee	321,32	2,5	Schnee	S.	
	9 =	317,28	1,8	desgl.	321,39	3,7	Regen	=	
	2 A.	316,90	4,9	Regen	320,86	5,6	Trübe	=	
	3 =	316,37	5,6	desgl.	320,59	6,2	desgl.	=	
	10 =	314,61	6,2	desgl.	319,34	5,8	Regen	=	
	5 B.	316,49	4,0	desgl.	320,70	4,7	Regen	=	55,4
= 24	8 M.	314,65	6,2	Regen	319,01	5,6	Regen	SW.	
	11 =	314,89	9,3	desgl.	318,94	10,0	desgl.	=	
	12½ A.	314,91	10,7	desgl.	318,95	11,3	desgl.	=	
	1½ =	314,93	11,0	desgl.	318,94	11,5	desgl.	=	
	5 =	315,02	9,7	desgl.	318,90	10,0	desgl.	=	
	5 B.	314,88	9,4	desgl.	318,95	9,7	desgl.	=	54,9

1819		Goldkronach.			Baireuth.				Höhen-Unterschied in Toisen.
Monat und Tag.	Stunde.	Barom. bei +10° R.	Temperatur der Luft.	Wetter	Barom. bei +10° R.	Temperatur der Luft.	Wetter	Wind	
Okt. 25	8 M.	314,95	9,0	Wolkig	318,35	6,2	Trübe	SO.	
	11 =	314,56	15,0	Trübe	318,88	10,5	desgl.	S.	
	12½ A.	314,54	15,6	Regen	318,72	12,9	desgl.	=	
	3 =	315,66	10,9	Regen	319,94	10,5	Regen	=	
	3 B.	314,92	12,6	Trübe	319,22	10,0	Trübe	S.	58,3
= 26	8 M.	319,44	5,0	Regen	323,77	5,3	Trübe	SO.	
	12 =	319,48	6,2	desgl.	323,65	6,6	desgl.	=	
	7 A.	319,37	5,6	desgl.	323,34	5,0	desgl.	=	
	3 B.	319,43	5,6	desgl.	323,58	5,6	desgl.	=	54,0
= 27	7 M.	318,72	3,0	Trübe	322,74	5,5	Nebel	SO.	
	12 =	318,48	9,0	Heiter	322,67	6,2	Heiter	O.	
	3 A.	318,12	7,2	desgl.	322,18	7,6	desgl.	SO.	
	5 =	318,12	4,7	desgl.	322,21	6,2	desgl.	=	
	7 =	318,32	5,0	desgl.	322,22	5,0	desgl.	=	
	5 B.	318,35	5,8	desgl.	322,50	5,5	desgl.	=	54,7
= 28	9 M.	318,72	3,7	Nebel	322,34	3,0	Trübe	SO.	
	12 =	319,01	6,5	Trübe	323,30	5.6	desgl.	NO.	
	3 B.	318,86	6,1	Trübe	322,82	4,3	desgl.	O.	51,6
= 30	9 M.	317,41	6,0	Trübe	321,37	3,7	Trübe	SO.	
	12 =	317,48	10,1	Regen	321,46	7,2	desgl.	O.	
	2 B.	317,44	8,0	Trübe	321,42	5,4	desgl.	SO.	52,4
= 31	9 M.	319,30	7,3	Trübe	323,00	7,2	Regen	O.	
	12 =	319,51	8'0	Regen	323,58	8,5	desgl.	NW.	
	9 A.	320,51	7,0	desgl.	324,55	7,0	Trübe	SW.	
	3 B.	319,77	7,4	desgl.	323,71	7,5	Regen	W.	51,7
Nov. 1	12 M.	321,58	8,3	Regen	325,01	6,5	Trübe	SO.	
	8 A.	319,65	6,2	desgl.	323,66	6,0	Regen	=	
	3 B.	320,61	7,2	desgl.	324,23	6,2	Trübe	=	48,3
= 2	8½ M.	318,61	9,8	Regen	322,79	7,7	Regen	SO.	55,1
= 4	9 M.	321,94	5,0	Heiter	326,12	2,2	Heiter	SO.	
	12 =	321,94	9,0	desgl.	326,23	7,5	desgl.	SO.	
	1 A.	321,76	8,3	desgl.	326,09	6,2	desgl.	S.	
	4 =	321,48	6,0	desgl.			desgl.	=	
	5 =	321,31	4,6	desgl.			desgl.	=	
	6 =	321,31	3,6	desgl.	325,2	1,3	Nebel	=	
	6 B.	321,62	6,1	desgl.	325,9	4,3	Heiter	=	55,2

1819	Goldkronach.				Baireuth.				Höhen-Unterschied in Toisen.
Monat und Tag.	Stunde.	Barom. bei +10° R.	Temperatur der Luft.	Wetter	Barom. bei +10° R.	Temperatur der Luft.	Wetter	Wind.	
Nov. 5	8 M.	320,30	2,0	Heiter	324,44	0,5	Reif	SO.	
	9 =	320,09	5,2	desgl.	324,53	0,9	Heiter	=	
	12 =	319,67	12,3	desgl.	323,80	6,0	desgl.	=	
	1 A.	319,30	9,1	Trübe	323,68	6,0	Trübe	=	
	5 =	318,06	7,2	Regen	322,24	6,0	Regen	=	
	7½ =	318,21	6,5	desgl.	322,23	5,0	Trübe	=	
	6 B.	319,29	7,0	Verm.	323,48	3,9	Verm.	=	55,1
= 6	9 M.	318,52	7,5	Regen	322,42	6,0	Trübe	SW.	
	11 =	319,31	6,2	desgl.	323,36	5,8	Regen	=	
	7 A.	319,48	7,1	desgl.	323,65	6,2	Trübe	NW.	
	3 B.	319,10	6,9	desgl.	323,14	6,0	desgl.	W.	54,9
= 7	9 M.	318,27	7,2	Regen	322,21	7,1	Trübe	SO.	
	12 =	317,95	8,1	desgl.	322,00	9,0	Regen	=	
	3 A.	317,54	8,5	desgl.	321,40	9,2	desgl.	=	
	9 =	317,65	6,3	desgl.	321,52	5,3	desgl.	=	
	4 B.	317,85	7,5	desgl.	321,78	7,6	desgl.	=	51,9
= 8	9 M.	317,67	7,1	Regen	321,56	7,2	Trübe	SO.	
	12 =	317,37	7,1	desgl.	321,45	7,2	desgl.	=	
	3 A.	316,23	7,1	desgl.	320,32	7,0	desgl.	=	
	4 B.	317,09	7,1	desgl.	321,11	7,1	desgl.	=	53,1
= 9	9 M.	317,30	4,1	Schnee	321,33	3,1	Regen	N.	
	12 =	318,11	5,7	desgl.	322,44	4,3	Trübe	=	
	2 A.	318,27	6,1	Trübe	322,49	5,3	desgl.	=	
	7 =	319,23	5,0	desgl.	323,50	4,0	desgl.	=	
	4 B.	318,22	5,2	desgl.	322,28	4,2	desgl.	=	52,8
= 10	9 M.	318,90	5,1	Regen	323,23	3,7	Trübe	SO.	
	12 =	318,32	5,7	desgl.	322,47	5,5	desgl.	=	
	2 A.	318,17	6,0	desgl.	322,20	6,2	desgl.	=	
	5 =	317,64	4,5	Trübe	321,57	4,6	desgl.	=	
	4 B.	318,25	5,2	Regen	322,37	5,0	desgl.	=	53,8
= 11	9 M.	317,31	2,3	Bewkt.	321,75	1,6	Trübe	SO.	
	9 =	317,57	4,6	Verm.	321,84	2,7	desgl.	=	
	12 =	317,56	6,3	Heiter	321,99	5,3	desgl.	=	
	4 A.	318,11	4,6	Trübe	322,21	3,0	desgl.	NO.	
	4 B.	317,64	4,4	Verm.	321,95	3,1	desgl.	SO.	56,0

1819		Goldkronach.			Baireuth.				Höhen-Unterschied in Toisen.
Monat und Tag.	Stunde.	Barom. bei +10° R.	Temperatur der Luft.	Wetter	Barom. bei +10° R.	Temperatur der Luft.	Wetter	Wind	
Nov. 12	9 M.	319,40	2,2	Trübe	323,78	0,9	Trübe	SO.	
	11 =	319 78	3 1	desgl.	324 07	1 9	desgl.	=	
	6 A.	319 71	0 4	desgl.	323 46	.0 3	desgl.	=	
	3 B.	319 63	1 9	desgl.	323 77	0 8	desgl.	=	53,0
= 13	7½ M.	318 60	2 2	Trübe	322 35	.2 2	Regen	O.	
	3 A.	317 62	5 1	desgl.	321 48	5 9	Trübe	SO.	
	2 B.	317 84	3 6	desgl.	321 92	1 8	desgl.	SO.	52,9
= 14	9 M.	319 17	5 0	Trübe	323 16	4 2	Trübe	NO.	
	11 =	319 18	5 5	desgl.	323 12	5 3	desgl.	N.	
	2 A.	319 19	6 0	Regen	322 72	5 1	desgl.	=	
	3 B.	319 18	5 5	Trübe	323 00	4 8	desgl.	=	49,7
= 15	10 M.	319 68	1 8	Nebel	323 70	3 4	Trübe	N.	
	2 A.	319 50	4 0	desgl.	323 52	3 4	desgl.	W.	
	2 B.	319 59	2 9	Trübe	323 61	3 4	desgl.	NW.	51,9
= 16	9 M.	318 49	3 3	Trübe	322 66	2 8	Trübe	SO.	
	11 =	318 52	5 0	desgl.	322 54	4 7	desgl.	=	
	3 A.	318 45	3 6	desgl.	322 44	4 0	desgl.	=	
	3 B.	318 48	3 9	desgl.	322 41	3 8	desgl.	=	50,8
= 17	9 M.	318 79	2 0	Nebel	322 58	0 9	Trübe	SO.	
	11 =	319 25	10 6	Heiter	323 19	4 4	Heiter	=	
	9 A.	320 34	1 1	desgl.	323 99	.0 3	desgl.	=	
	3 B.	319 46	4 6	desgl.	323 25	1 6	desgl.	=	48,9
= 18	9 M.	321 05	2 0	Nebel	323 13	1 5	Heiter	SO.	
	3 A.	321 17	3 1	Verm.	325 11	2 2	Trübe	O.	
	2 B.	321 11	2 5	desgl.	325 12	1 8	Verm.	SO.	51,3
= 19	8 M.	321 30	0 6	Schnee	325 00	0 0	Schnee	NO.	
	11 =	321 23	1 0	desgl.	325 54	1 1	desgl.	=	
	2 A.	321 19	3 1	desgl.	825 50	2 8	desgl.	=	
	9 =	321 11	2 7	Regen	324 82	1 5	Trübe	SO.	
	4 B.	321 21	1 9	Schnee	325 21	1 3	Schnee	NO.	51,1

1819.		Goldkronach.			Baireuth.				Höhen-Unterschied in Toisen.
Monat und Tag.	Stunde.	Barom. bei +10° R.	Temperatur der Luft.	Wetter	Barom. bei +10° R.	Temperatur der Luft.	Wetter	Wind	
Nov. 20	6 M.	318,73	1,7	Trübe	322,88	0,9	Trübe	SO.	
	11 =	318 56	5 0	desgl.	322 85	2 9	desgl.	NO.	
	2 A.	318 38	4 0	desgl.	322 23	2 5	desgl.	=	
	9 =	317 94	2 5	desgl.	321 60	2 0	desgl.	=	
	4 B.	318 40	3 3	desgl.	322 39	2 0	desgl.	=	51,6
= 23	3 A.	313 93	4 9	Regen	317 97	5 3	Regen	SO.	53,4
= 24	9 M.	318 95	. 2 7	Regen	313 11	. 2 0	Heiter	SW.	
	12 =	318 85	. 0 1	desgl.	323 02	0 9	desgl.	=	
	2 B.	318 90	. 1 4	desgl.	323 06	. 0 6	desgl.	=	53,0
= 25	8 M.	319 08	. 1 7	Nebel	323 37	. 0 3	Trübe	SW.	
	2 A.	319 09	. 0 7	desgl.	322 92	0 3	Schnee	S.	
	2 B.	319 09	. 1 2	desgl.	323 15	0 0	Trübe	=	54,5
= 26	8 M.	318 78	. 5 5	Schnee	322 75	. 4 0	Trübe	O.	
	12 =	318 62	. 1 0	desgl.	322 61	. 2 5	desgl.	=	
	2 B.	318 70	. 2 2	desgl.	322 68	. 3 2	desgl.		50,3
								SO.	
= 27	8 M.	319 62	. 8 3	Heiter	323 75	. 7 5	Trübe	=	
	10 =	319 98	. 3 7	desgl.	324 26	. 5 3	desgl.	=	
	1 A.	320 17	. 2 0	Schnee	324 51	. 3 7	desgl.	=	
	5 =	320 68	. 3 3	desgl.	324 99	. 3 7	desgl.	=	
	8½ =	320 64	. 5 6	desgl.	325 09	. 5 0	desgl.	=	
	5 B.	320 22	. 4 6	Trübe	324 32	. 5 0	desgl.	=	51,2
= 28	8 M.	320 97	.10 6	Heiter	325 65	. 8 0	Trübe	SO.	
	12 =	321 40	. 5 0	desgl.	325 64	. 5 3	desgl.	=	
	3 B.	321 19	. 7 8	desgl.	325 65	. 6 6	desgl.	=	53,9
Dec. 7	6 A.	321 52	. 2 1		325 57	. 1 9	Trübe	SO.	
	7 =	321 53	. 2 1		325 67	. 5 0	desgl.	=	
	2 B.	321 52	. 2 1		325 62	. 3 4	desgl.	=	51,6
= 8	8 M.	321 01	.12 5		325 31	.12 2	Trübe	SO.	
	10 =	320 82	. 9 6		325 43	.11 9	desgl.	=	
	1 A.	320 68	. 9 0		325 27	.11 1	Schnee	NO.	
	3 B.	320 83	.10 3		325 33	.11 7	Trübe	O.	54,7
Mittlerer Höhenunterschied									52,90

Unter diesen sechszig Höhen-Bestimmungen beträgt das Maximum 63,5 Toisen, es folgt aus den Beobachtungen vom 30. September; das Minimum von 48,3 Toisen ergiebt sich aus den Beobachtungen vom 1. November: Unterschied zwischen dem Maximum und Minimum 15,2; Mittel aus beiden 55,9 Toisen; Differenz gegen die wahre Mittelzahl + 3,0 Toisen.

Zieht man aus den Höhenbestimmungen eines jeden der fünf Monate die arithmetische Mittelzahl und vergleicht dieselbe mit dem Endresultat sämtlicher Beobachtungen, so stellt sich folgende Vergleichungs-Tafel dar:

Monat.	Summe der Beobachtungen.	Zahl der Höhenbestimmungen.	Mittlere Höhe.	Abweichung gegen das allgemeine Mittel.
August	41	9	52,87	— 0,03
September	33	9	52,51	— 0,39
Oktober	55	15	53,72	+ 0,82
November	77	25	52,54	— 0,36
Dezember	5	2	53,15	+ 0,25
	211	60	52,90	

B. Beobachtungen des Hauptmanns v. Brand.

1819.		Goldkronach.			Baireüth				Höhen-unter-schied in Toisen.
Monat und Tag	Stunde.	Barometer bei 10° R.	Temper. der Luft.	Wetter	Barometer bei 10° R.	Temperatur der Luft	Wetter	Wind.	
		(Koll. G=B—0,57)							
Aug. 23	12½ U.	322,70	22,2	Heiter	326,65	22,3			
	1½ =	322 60	22 0	Windig	326 55	22 5			
	5 =	322 38	20 5	Heiter	326 22	21 2			
	10 =	322 41	14 5	Ruhig	326 89	14 3			
	4 B.	322 52	19 8	Heiter	326 57	20 1	.	.	55,2
= 24	7 M.	322 38	18 1	Heiter	326 49	11 5			
	9 =	322 50	21 1	u. Wind	326 50	20 0			
	2 B.	322 44	19 6	Heiter	326 49	18 7	.	.	54,6
= 26	7 M.	320 44	17 5	Heiter	324 03	13 7			
	12 =	320 33	26 8	desgl.	324 01	24 2			
	1 U.	320 31	26 2	desgl.	324 01	25 0			
	3 =	320 29	23 0	desgl.	324 10	24 0			
	9 =	320 41	17 2	desgl.	324 61	16 3			
	5 B.	320 94	22 1	Heiter	324 15	20 6	.	.	52,9
= 27	7 M.	320 98	17 2	Trübe	324 81	18 7			
	9½ =	320 94	20 5	Heiter	324 80	19 2			
	1 U.	320 01	25 0	desgl.	324 79	24 0			
	3 =	320 95	25 3	desgl.	324 85	25 0			
	6 =	320 90	20 0	desgl.	324 92	20 0			
	9 =	320 86	20 0	desgl.	325 04	16 8			
	6 B.	320 36	21 3	Heiter	324 87	20 6	.	.	53,9
= 28	7 M.	320 98	15 6	Heiter	325 06	15 0			
	9 =	320 95	19 6	desgl.	324 51	17 5			
	12½ =	320 85	19 6	desgl.	324 51	24 0			
	1½ U.	320 75	22 7	desgl.	324 51	25 0			
	2½ =	320 58	24 6	desgl.	324 43	24 7			
	4¼ =	320 27	24 5	desgl.	324 20	24 7			
	5 =	320 31	23 1	desgl.	324 00	24 7			
	8 =	320 39	20 2	desgl.	324 09	15 0			
	8 B.	320 63	21 2	Heiter	324 44	21 2	.	.	52,4
= 29	7 M.	320 11	15 6	Heiter	323 89	16 2			
	12½ U.	319 95	21 2	desgl.	323 62	25 3			
	3 =	319 57	25 6	desgl.	323 59	26 0			
	4 =	319 53	25 5	Wolkig	323 57	25 5			
	7 =	319 43	20 0	Regen	323 55	18 0			
	5 B.	319 72	21 5	Verm.	323 64	22 0	.	.	54,1

1819.		Goldkronach.			Baireuth.				Höhen-Unterschied in Toisen.
Monat und Tag.	Stunde.	Barom. bei +10° R.	Temperatur der Luft.	Wetter	Barom. bei +10° R.	Temperatur der Luft.	Wetter	Wind.	
		Kollim. G—B—0,57							
Aug.30	7 M	319,04	20,5	Heiter	322,96	16,2			
	1 A.	318 10	25 7	desgl.	321 47	25 0			
	5 =	317 05	24 0	desgl.	320 95	24 0			
	7 =	316 65	19 8	Trube	320 69	20 0			
	4 B.	317 71	22 5	Verm.	321 52	21 3	•		53,1
= 31	7 M.	316 90	18 3	Trübe	320 43	18 7			
	10 =	317 07	18 6	Regen	320 65	15 3			
	3 A.	317 53	16 6	desgl.	321 19	16 0			
	3 B.	317 16	17 8	Trübe	320 76	16 6	•	•	49,4
Spt. 1	7 M.	317 08	12 1	Regen	321 13	11 8			
	10 =	317 16	16 0	=	321 15	13 0			
	12 =	317 48	14 3	Trübe	321 15	14 2			
	1 A.	317 75	14 8	desgl.	321 18	15 0			
	9 =	319 13	9 2	desgl.	322 62	10 0			
	5 B.	317 72	13 2	desgl.	321 44	12 8	•	•	50,1
= 3	7 M.	320 71	14 1	Regen	324 82	13 1	Regen		
	12 =	320 62	18 0	desgl.	324 59	18 5	desgl.		
	1 =	320 47	19 3	desgl.	324 49	19 0	desgl.		
	9 =	320 57	16 7	desgl.	324 03	15 2	desgl.		
	4 B.	320 59	17 0	desgl.	324 48	16 4	desgl.	•	52,7
= 4	7 M.	321 62	16 2	Trübe	325 43	12 8	Trübe		
	12½ A.	321 69	22 0	desgl.	325 43	20 9	Klar		
	1½ =	321 54	23 1	desgl.	325 68	22 8	Trübe		
	4 =	321 79	19 6	desgl.	325 48	17 8	Regen		
	4 B.	321 66	19 7	desgl.	325 50	19 6	Trübe	•	52,4
= 5	8 M.	322 15	16 1	Heiter	326 20	16 2	Nebel		
	12 =	322 06	22 5	desgl.	325 65	22 0	Trübe		
	2½ A.	321 39	23 0	Wolk.	325 20	23 5	Bew.		
	9 =	321 08	16 3	Heiter	325 07	13 7	Heiter		
	4 B.	321 67	19 5	desgl.	325 53	18 8	Verm.	•	52,6
= 6	8 M.	320 48	18 7	Heiter	324 40	11 5	Heiter		
	12 =	320 37	23 7	Gew.	324 32	24 0	desgl.		
	2 A.	320 36	23 9	Heiter	324 26	19 7	Gewit		
	3 B.	320 44	22 1	Verm.	324 33	18 4	Verm.	•	53,4

1819.		Goldkronach.			Baireuth.				Höhen-Unterschied in Toisen
Monat und Tag.	Stunde.	Barom. bei +10° R.	Temperatur der Luft.	Wetter	Barom. bei +10° R.	Temperatur der Luft.	Wetter	Wind.	
		(Koll. G=B—0,02)							
Okt.27	7 A.	318,39	5,0	Heiter	322,42	5,0	Heiter	SO.	50,0
„ 28	9 M.	318,72	3 7	Nebel	322 34	3,0	Trübe	SO.	
	12 „	319 01	6 5	Trübe	323 30	5 6	desgl.	NO.	
	2 B.	318 86	6 1	Trübe	322 82	4 3	desgl.	O.	51,6
„ 30	9 M.	317 57	6 0	Trübe	321 37	3 7	Trübe	SO.	
	12 „	317 62	10 1	Regen	321 46	7 2	desgl.	O.	
	2 B.	317 59	8 0	Trübe	321 42	5 4	desgl.	SO.	50,5
„ 31	9 M.	319 33	7 3	Trübe	323 00	7 2	Regen	O.	
	12 „	319 59	8 0	Regen	323 58	8 5	desgl.	NW.	
	9 A.	320 53	7 0	Regen	324 55	7 0	Trübe	SW.	
	3 B.	319 81	7 4	Regen	323 71	7 5	Regen	W.	51,1
Nov. 1	12 M.	320 69	8 3	Regen	325 01	6 5	Trübe	SO.	56,5
„ 2	8½ M.	318 66	9 8	Regen	322 79	7 7	Regen	SO.	54,4
„ 4	9 M.	321 92	5 0	Heiter	326 12	2 2	Heiter	SO.	
	12 „	321 89	9 0	desgl.	326 23	7 5	desgl.	„	
	6 A.	321 29	3 6	desgl.	325 20	1 3	Nebel	S.	
	3 B.	321 70	5 8	desgl.	325 85	3 6	Heiter	SO.	53,5
„ 5	8 M.	320 31	2 0	Heiter	324 44	.0 5	Reif	SO.	
	9 „	320 08	5 2	desgl.	324 53	0 9	Heiter	„	
	2 B.	320 19	3 6	desgl.	324 48	0 2	desgl.	„	54,8
„ 8	9 M.	317 67	7 1	Regen	321 56	7 2	Trübe	SO.	
	12 „	317 38	7 5	desgl.	321 45	7 2	desgl.	„	
	3 A.	316 29	7 1	desgl.	320 32	7 0	desgl.	„	
	3 B.	317 11	7 2	desgl.	321 11	7 1	desgl.	„	52,7
„ 9	8 M.	317 19	3 3	Schnee	321 00	3 0	Trübe	N.	
	9 „	317 58	4 1	Regen	321 33	3 1	Regen	„	
	12 „	318 50	5 7	desgl.	322 44	4 3	Trübe	„	
	4½ A.	318 95	5 2	Trübe	323 03	5 5	desgl.	„	
	8 „	319 56	5 3	desgl.	323 51	5 0	desgl.	„	
	5 B.	318 35	4 7	desgl.	322 26	4 2	desgl.	„	51,0

1819		Goldkronach.			Baireuth.				Höhen-Unterschied in Toisen.
Monat und Tag.	Stunde.	Barom. bei +10° R.	Temperatur der Luft.	Wetter	Barom. bei +10° R.	Temperatur der Luft.	Wetter	Wind	
		(Koll. G=B—0,02)							
Nov. 10	9 M.	318,90	5,1	Regen	323,23	3,7	Trübe	SO.	
	8½ A.	317 32	3 2	Trübe	321 45	3 4	desgl.	SO.	
	2 B.	318 11	4 1	Trübe	322 34	3 5	desgl.	SO.	54,9
= 11	9 M.	317 54	4 6	Verm.	321 84	2 7	Trübe	SO.	
	9 A.	318 84	3 3	Trübe	323 18	1 1	desgl.	N.	
	2 B.	318 19	3 9	Trübe	322 51	1 9	desgl.	O.	55,9
= 12	9 M.	319 71	2 2	Trübe.	323 78	0 9	Trübe	SO.	
	12 =	319 73	3 1	desgl.	323 93	2 0	desgl.	SO.	
	1 A.	319 78	4 2	desgl.	323 80	3 1	desgl.	SO.	
	3 B.	319 74	3 2	desgl.	323 83	2 5	desgl.	SO.	52,6
= 20	8 M.	318 60	1 1	Trübe	322 90	·0 9	Schnee	SO.	
	9 =	318 43	1 7	desgl.	322 88	0 9	Trübe	SO.	
	11 =	318 53	5 0	desgl.	322 85	2 9	desgl.	NO.	
	2 A.	318 16	4 0	desgl.	322 23	2 5	desgl.	NO.	
	9 =	317 42	2 5	desgl.	321 60	2 0	desgl.	NO.	
	5 B.	318 23	2 8	desgl.	322 49	1 5	desgl.	NO.	54,7
= 21	8 M.	314 95	3 2	Regen	318 98	4 0	Regen	S.	
	3 A.	313 84	4 9	desgl.	317 97	5 3	desgl.	SO.	
	9½ =	314 43	4 6	desgl.	318 48	2 2	desgl.	SO.	
	3 B.	314 40	4 2	desgl.	318 48	5 8	desgl.	SO.	53,5
= 22	8 M.	314 59	3 2	Trübe	318 68	2 8	Trübe	SO.	
	12 =	314 45	3 7	desgl.	318 87	3 9	desgl.	S.	
	2 B.	314 52	3 4	desgl.	318 77	3 3	desgl.	SO.	55,6
= 23	8 M.	317 12	0 0	Trübe	321 21	.0 6	Trübe	SW.	
	12 =	317 36	1 5	Schnee	321 48	1 0	desgl.	SW.	
	2 B.	317 24	0 8	Trübe	321 34	0 2	desgl.	SW.	52,7
= 27	9 M.	319 49	·6 0	Heiter	324 06	.7 2	Trübe	SO.	
	10 =	319 72	·3 7	desgl.	324 26	.5 3	desgl.	SO.	
	2 B.	319 60	·4 8	desgl.	324 16	.6 2	desgl.	SO.	55,7
Mittlerer Höhenunterschied									53,18

Das Maximum dieser ein und dreißig Höhenbestimmungen fällt auf den 1. November mit 56,5 Toisen; das Minimum findet am 27. Oktober Statt und beträgt 50,0 Toisen; Differenz zwischen beiden 6,5 Toisen und Mittel 53,25 Toisen, was der wahren Mittelzahl sehr nahe steht. Es findet in dieser Beobachtungsreihe des Freiherrn von Brand kein so bedeütendes Schwanken Statt, als in der des Hauptmanns Weiß. Sondert man die gegenwärtige Reihe in Rücksicht auf den zweifachen Kollimationsfehler des Gefäßbarometers in zwei Theile, so hat man den Höhenunterschied aus dem ersten Theile der Reihe [Kollim. 0,57) = 52,83 Toisen; aus dem zweiten Theile [Kollim. 0,02] = 53,42 Toisen; es ergiebt sich mithin eine Differenz zwischen beiden Resultaten von 0,59 T., die so unbeträchtlich ist, daß man daraus den Schluß ziehen kann: Der Kollimationsfehler sei in seinen beiden Werthen genau bestimmt. Entwickelt man nun auch aus dieser Reihe des Freiherrn v. Brand die monatlichen Mittelzahlen der Höhe, so stellen sich dieselben im Vergleich mit dem Endresultat folgender Maaßen:

Monat.	Summe der Beobachtungen.	Zahl der Höhenbestimmungen.	Mittlere Höhe.	Abweichung gegen das allgemeine Mittel.
August	37	8	53,20	+ 0,02
September	20	5	52,24	— 0,94
Oktober	8	4	50,80	— 2,38
November	36	14	54,17	+ 0,99
	101	31	53,18	

Diese Tafel zeigt nicht so genügende Abweichungen als die gleichnamige Tabelle der Beobachtungen des Hauptmanns Weiß; nichts destoweniger unterliegt es keinem Zweifel, daß beiden Beobachtungs-Reihen ein gleicher Werth beigelegt werden könne; demnach setzen wir den Höhenunterschied zwischen den Barometern in Goldkronach und Baireüth, im Mittel aus 312 Beobachtungen und 91 Berechnungen, 52,9978, oder in runder Zahl . . . = 53,0 Toisen.

Die Witterung war während der ganzen Beobachtungsreihe größtentheils trübe, mit Regen und Schnee untermischt. Vollkommen heiteres Wetter, an beiden Stationen gleichförmig und die ganze Tagperiode hindurch, kommt an zehn Tagen vor. Die Beobachtungen an diesen heitern Tagen geben folgende Höhenunterschiede:

	Nach Weiß;	v. Brand.
23. August	51,0	55,2
24. August	53,6	54,6
26. August	53,8	52,9
27. August	57,6	53,9
28. August	53,0	52,3
7. September ...	50,8	...
9. Oktober	51,3	...
27. Oktober	54,7	50,0
4. November ...	55,2	53,5
17. November ...	48,9	...
Mittel	52,99	53,21

Die erste Mittelzahl harmonirt vollkommen mit dem allgemeinen Mittel, die zweite weicht nur unbedeûtend davon ab. Nimmt man für diese zehn heiteren Tage den mittlern Werth aus den Weiß'schen sowohl als Brand'schen Beobachtungen, so erhällt man den Höhenunterschied 53,08, was mit dem Gesammt-Medium bis auf weniger als einen halben Fuß übereinstimmt.

Für die August- und die beiden ersten Septembertage findet sich in dem meteorologischen Tagebuch des Hrn. Gerstner die Beschaffenheit der Witterung nicht aufgezeichnet. Erst mit dem 3. September konnte die Rubrik des Wetters auch für die Station Baireûth ausgefüllt werden. Man sieht, daß die Witterung in Goldkronach fast durchgängig mit der in Baireûth korrespondirte; nur einige Ausnahmen zeigen sich, und zwar am 5. September, wo in Goldkronach eine fast völlig heitere, in Baireûth dagegen eine vermischte Beschaffenheit des Himmels Statt fand; am 29. Sept. in Goldkronach bewölkt und trübe, in Baireûth dagegen helles Wetter; ferner am 6. Oktober in Goldkronach Regen, in Baireûth trübe, ohne zum Niederschlag zu kommen. Den 23. Oktober hatte man während der Vormittagsstunden in Goldkronach heftiges Schneegestöber, auf der untern Station Regen mit Schneeflocken untermischt. Den 9. November auf der obern Station Schnee, auf der untern Regen; den 19. November an beiden Orten Schnee; den 25. November in Goldkronach Nebel, in Baireüth gleichzeitig Schnee; den 27. November in Goldkronach Schnee, in Baireüth trübe Witterung. rc. rc.

Was den Gang der Temperatur betrifft, so sollte man vermuthen, daß, da Goldkronach um 4 Minuten nördlicher, und um 318 Fuß höher liegt als Baireüth, jenem Orte eine geringere Luftwärme angehöre als diesem. Die Beobachtungen zeigen aber gerade das Gegentheil, denn sie geben für Goldkronach eine mittlere Temperatur von 9°,01, für Baireüth 8°,40. Wenn man auch einzuraümen geneigt sein mögte, diese Erscheinung wenigstens zum Theil auf Rechnung eines möglichen Kollimationsfehlers der Thermometer und unvermeidlicher Irrthümer im Beobachten selbst (wo insbesondere der Standort des Wärmemessers von Einfluß ist) zu schreiben; so läßt es sich auf der andern Seite wol nicht verkennen, daß die Lage von Goldkronach, am Fuße der, unmittelbar hinter der Stadt aufsteigenden Gebirgshöhen, einer Reflektion der Sonnenstrahlen ausgesetzt sei, wodurch die Temperatur erhöht wird; Baireüth dagegen liegt auf der freien Thalfläche des Mains, nur von unbedeütenden Höhen in der unmittelbaren Nähe umgeben. Da Baireüth eine Jahreswärme hat, welche derjenigen nahe gleich ist, die aus den obigen Thermometer-Beobachtungen hervorgeht, so läßt sich daraus auf die Jahreswärme von Goldkronach schließen; wir können daher füglich sagen, diese betrage etwa 9° C. oder 7°,2 R. (unter Lat. 50°,0′ N.). Bemerkenswerth ist es, daß die beobachteten Kältegrade für Goldkronach einen größern Werth geben als für Baireüth: für jene Station 3°,29, für diese 3°,05 C.

Weiß und v. Brand haben die Windrichtung in ihren barometrischen Tagebüchern nicht aufgezeichnet; sehr vollständig (mit Ausnahme der August- und sechs ersten September-Tage) ist dagegen in dieser Beziehung das meteorologische Journal von Gerstner. Es geht daraus hervor, daß im Lauf der goldkronacher Beobachtungen der Wind meistens aus dem südlichen Quartiere blies, von SW. über S. nach SO., und zwar ist der SO. der vorherrschende. Die nördlichen Winde kommen nur an sechs Tagen vor; die Beobachtungen an diesen Tagen geben nachstehende Höhenunterschiede:

6. Oktober . . .	52,4	
8. Oktober . . .	52,9	
9. November . .	51,9	(Medium aus Weiß's u. v. Brand's Beob.)
14. November . .	49,7	
19. November . .	51,1	
20. November . .	51,1	(desgleichen)

Mittel = 51,85 Toisen bei nördlichen Winden.

Vergleicht man diese Zahl mit dem aus allen Beobachtungen (wo die Windrichtung angegeben ist) hervorgehenden mittlern Höhenunterschiede 53,22 Toisen (Medium aus den Beobachtungen von Weiß und v. Brand), so zeigt sich eine Differenz von 1,37 Toisen oder 8,22 Fuß, die dem Effekt der nördlichen Winde zugeschrieben werden kann.

Die Beobachtungen, welche bei südlichen Winden angestellt worden sind, geben den Höhenunterschied: nach den Beobachtungen von Weiß 53,74 aus 31 Berechnungen, nach denen des Freiherrn v. Brand 53,50 aus 13 Berechnungen; im Mittel aus 44 Resultaten 53,71 Toisen; daher Differenz gegen die nördlichen Winde + 1,86 Toisen, gegen das Mittel der Höhenbestimmungen, bei denen die Windrichtung angegeben ist + 0,49 Toisen, gegen das allgemeine Medium aus allen Beobachtungen + 0,71 Toisen.

Mit der bekannten Höhe von Baireüth (Gerstners Stationsbarometer) stellt sich endlich die absolute Höhe von Goldkronach über dem Meere folgender Maaßen:

Barometerort im rothen Adler, erster Stock	228,034	Toisen.
Straßenpflaster vor dem rothen Adler . . .	225,701	—
Niveau des Kronach-Bächleins	224,034	—

Nr. 3.

Höhenbestimmung von Fröbershammer.

Fröbershammer liegt am weißen Main im Gebirgsthale zwischen dem Ochsenkopf und den Schnee Berg. Weiß beobachtete hier im Oktober 1819 an zwölf Tagen, v. Brand im August 1820 an neün Tagen.

Da die Temperatur der Luft bei den Beobachtungen dieser zwei Epochen einen verschiedenen Einfluß anzudeüten scheint, so sind in den folgenden Tafeln die Höhenunterschiede ohne die Wärme-Korrektion und mit derselben aufgeführt worden; die Korrektion enthält zu gleicher Zeit die Verbesserung wegen der geographischen Breite und Verminderung der Schwere.

Doch ist die Zahl der Beobachtungen zu gering und die Tagestunden, an welchen sie angestellt worden, sind zu unregelmäßig um diese Höhenbestimmungen von Fröbershammer zur Entwickelung eines allgemeinen Gesetzes über den Einfluß der Tagesstunde, auf das Barometer-Resultat benutzen zu können. Daß dieser Einfluß abhangig sei von der Temperatur der Luft leuchtet ein; vollkommen bestätigt wird das auch durch die schönen Beobachtungen, welche Horner auf dem Rigi in zwei verschiedenen Jahreszeiten veranstaltet hat.

Beilaüfig möge hier angemerkt werden, daß ähnliche Erfahrungen, auf verschiedenen Punkten des deütschen Berglandes gesammelt, sehr wünschenswerth sein dürften, zur Vervollkommnung des barometrischen Höhenmessens, nicht minder zur Vervollkommnung der Meteorologie überhaupt nnr der Klimatologie Deütschlands insbesondere.

A. Nach den Beobachtungen von Weiß, im Oktober 1819.

Tag	Stunde	Fröbershammer.		Baireuth		Höhenunterschied in Toisen			Baireuth	
		Barom. bei +10° R.	Temperatur der Luft C.	Barom. bei +10° R.	Temperatur der Luft C.	Ohne Wärme-Korr.	Kor. +	Mit Wärme-Korr.	Wetter	Wind
3	9 A.	312,70	13,2	323,63	9,4	140,4	6,8	147,2	Heiter	SO.
4	6½ M.	311,52	9,6	323,03	9,0	148,2	5,9	154,1	Heiter	SO.
	9 A.	311,30	15,0	322,48	15,0	143,5	9,0	152,5	Trübe	=
5	7 M.	310,57	11,5	322,19	13,3	150,0	7,9	157,9	Trübe	SW.
9	10 A.	315,65	3,0	327,28	4,0	147,7	2,4	150,1	Heiter	SO.
10	7 M.	315,32	4,0	327,20	3,4	151,0	2,6	153,6	Heiter	SO.
11	7 M.	315,21	1,9	326,83	0,0	147,9	0,8	148,7	Reif	SO.
	8 =	315,06	4,7	327,00	2,2	151,9	2,5	154,4	Heiter	=
17	8 M.	311,32	4,0	323,11	6,3	153,1	2,2	155,3	Regen	SO.
	11 =	311,53	6,5	323,33	7,2	151,9	3,5	155,4	Trübe	NO.
	12½ A.	311,73	6,5	323,41	6,4	150,3	4,3	154,6	=	=
	3 =	311,72	6,5	323,39	6,2	150,1	4,2	154,3	Regen	=
	4 =	311,94	6,5	323,56	6,2	149,4	4,2	153,6	=	=
	9½ =	313,00	6,0	324,29	6,2	144,8	3,9	148,7	=	=
18	7 M.	312,72	7,1	324,35	7,0	149,1	4,6	153,7	Trübe	NO.
	8 =	312,81	7,3	324,44	7,5	149,2	4,8	154,0	=	=
	11 =	312,95	7,7	324,56	9,5	148,9	5,5	154,4	=	=
	1 A.	312,91	8,7	324,43	10,6	147,8	6,1	153,9	=	=
	4 =	312,89	8,9	324,20	10,6	145,1	6,2	151,3	=	=
	6 =	313,00	8,3	324,59	9,7	148,6	5,7	154,3	=	=
	8 =	313,05	7,6	324,67	9,2	148,9	5,6	154,5	=	=
19	8 M.	312,99	6,3	324,62	6,5	149,1	4,3	153,4	Trübe	NO.
	9 =	313,05	6,5	324,67	6,5	148,9	4,5	153,4	Regen	O.
	1 A.	312,98	7,1	324,56	7,2	148,6	4,4	153,0	=	NO.
	3 =	312,96	6,9	324,54	6,2	148,5	4,3	152,8	=	=
	6 =	312,97	6,1	324,51	6,2	148,0	4,2	152,2	=	=

Tag	Stunde	Fröbershammer		Baireüth		Höhenunterschied in Toisen			Baireüth	
		Barom. bei +10° R.	Temperatur der Luft C.	Barom. bei +10° R.	Temperatur der Luft C.	Ohne Wärme-Korr.	Kor. +	Mit Wärme-Korr.	Wetter	Wind
20	7 M.	312,64	4,6	324,44	4,7	151,4	3,2	154,6	Trübe	O.
	8 =	312 63	5 5	324 43	5 6	151 4	3 8	155 2	desgl.	O.
	7 A.	312 36	6 2	324 00	7 0	149 5	4 5	153 9	Heiter	SO.
	8½ =	312 55	6 6	324 18	7 0	149 2	4 4	153 6	Trübe	SO.
21	7 M.	311 88	7 5	323 70	7 5	152 1	4 8	156 9	Trübe	SO.
	8 =	311 91	8 1	323 75	8 0	152 2	5 3	157 5	desgl.	=
	9 =	311 94	8 1	323 59	9 6	149 9	5 3	155 2	desgl.	=
	10 =	311 82	9 3	323 44	10 8	149 5	6 4	155 9	desgl.	=
	11 =	311 83	9 3	323 38	13 7	148 6	7 2	155 8	Heiter	=
	8 A.	310 85	9 0	323 35	9 0	148 4	6 8	155 2	desgl.	=
	9 =	310 64	8 7	322 16	8 9	148 8	5 4	155 2	desgl.	=
22	8 M.	310 10	6 3	321 96	7 5	153 4	4 7	158 1	Regen	SO.
	10½ =	310 09	6 2	321 94	7 5	153 3	4 5	157 8	desgl.	SO.
	1 A.	310 19	5 1	321 96	8 7	152 2	4 6	156 8	Heiter	S.
	2 =	310 08	7 1	321 74	8 7	150 8	6 1	156 9	desgl.	S.
Mittel aus 41 Beoabachtungen						149,30	4,82	154,12	Toisen.	

B. Beobachtungen des Hauptmanns v. Brand.
im August 1820.

Tag	Stunde	Fröbers-Hammer Barom. bei +10° R.	Fröbers-Hammer Temperat. der Luft C.	Baireuth Barom. bei +10° R.	Baireuth Temperat. der Luft C.	Höhenunterschied in Toisen: Ohne Wärme-Korr.	Kor. +	Mit Wärme-Korr.	Baireuth Wetter	Baireuth Wind
17	8 M.	314,26	18,5	325,41	23,1	142,4	12,3	154,7	Heiter	S.
19	6 A.	310 19	20 9	321 57	22 5	147 2	13 1	160 3	Trübe	W.
20	8 M.	311 92	13 3	323 40	15 0	147 6	8 7	156 3	desgl.	NW.
	10½ =	312 52	15 7	323 75	17 1	144 2	9 9	154 1	desgl.	N.
	2 A.	312 49	17 2	324 11	19 3	149 1	11 2	160 3	desgl.	=
	6 =	312 89	18 1	324 40	20 0	147 6	11 7	159 3	desgl.	=
21	8 M.	312 89	15 0	324 55	17 0	149 5	10 0	159 5	Heiter	SO.
	2 A.	312 77	21 9	324 30	24 1	147 9	14 0	161 9	Bewlkt.	=
24	10 M.	315 59	18 0	326 79	19 5	142 5	10 9	153 4	Trübe	NW.
26	2 A.	312 49	21 6	323 76	23 4	144 8	13 5	158 3	desgl.	N.
27	10 M.	312 20	17 7	323 65	18 7	147 1	11 0	158 1	Verm.	SW.
	2 A.	312 00	17 8	323 43	21 2	147 0	11 9	158 9	desgl.	=
	4 =	311 97	19 1	323 42	23 0	147 3	12 8	160 1	desgl.	=
28	9 M.	312 79	16 0	324 26	18 4	147 2	10 5	157 7	desgl.	SO.
	1 A.	313 37	19 7	324 76	20 9	146 0	12 1	158 1	desgl.	SW.
	3 =	313 24	21 0	324 40	22 3	143 1	11 8	154 9	desgl.	S.
	7 =	312 49	15 6	323 68	16 9	143 7	9 7	153 4	Heiter	O.
29	7 M.	312 26	13 6	323 81	15 0	148 3	8 9	157 2	Regen	SW.
	11 =	312 69	16 1	323 90	20 0	143 9	10 8	154 7	Trübe	W.
	6 A.	312 77	16 7	324 15	20 2	146 0	11 2	157 2	desgl.	=
Mittel aus 20 Beobachtungen . . .						146,12	11,30	157,42	Toisen.	

Vergleicht man die Resultate dieser beiden Beobachtungsreihen, so fällt es vor Allem auf, daß die, aus den Sommer-Beobachtungen hergeleitete Höhe größer ist als die aus den Herbst-Beobachtungen; die Differenz beträgt 3,3 Toisen oder nahe $\frac{1}{[illegible]}$ der ganzen Höhe. Nach dem, was oben über die Kollimation der verglichenen Barometer gesagt wurde, kann die Anomalie weder in diesem Umstande ihre Begründung finden, noch in einem Irrthume beim Beobachten, der, allerdings nicht unmöglich, doch immer nur von unbedeütendem Einfluß sein kann. Man könnte vielleicht annehmen daß diese Differenz von einer Art Compensation-Exceß im Faktor für die Korrektion der Temperatur herrühre, wenn man nämlich den Coefficienten, nach Laplace, zu $\frac{1}{250}$ bis $\frac{1}{266/25}$ für das hunderttheilige Thermometer substituirt; allein dies würde nur eine Verbesserung von etwa $\frac{1}{360}$ der ganzen Höhe veranlassen. Ob der Feüchtigkeits-Zustand der Luft hier wirksam sei, läßt sich bei den mangelnden Hygrameter-Betrachtungen nicht ermessen; auf jeden Fall sind aber die Beobachtungen in zu geringer Zahl, um daraus über die in Rede seiende Anomalie ein entscheidendes Resultat herleiten zu können. Legt man der Beobachtungsreihe des Hauptmanns v. Brand denselben Werth bei, als der von Weiß (es ist kein Grund vorhanden, dies nicht zu thun) so beträgt der Höhenunterschied zwischen dem Barometerstandpunkte auf Fröbershammer und dem meteorologischem Kabinet von Gerstner, im Mittel aus 61 Beobachtungen . . . . 155,77 Toisen.

In den vorstehenden Tabellen sind die Beobachtungen und berechneten Höhenunterschiede nach der kronologischen Folge aufgeführt; stellt man aber die letztern (mit der Wärme- rc. Korrektion) nach den Tagesstunden zusammen, ohne auf die Verschiedenheit der Jahreszeit Rücksicht zu nehmen, so erhalten wir folgende Uebersicht:

Stunden	7.	8.	9.	10.	11.	12.	1.	2.	3.	4.	6.	7.	8.	9.
Okt. 3.	.	.	.	.	.	.	.	.	.	.	.	.	.	147,2
4.	154,1	.	.	.	.	.	.	.	.	.	.	.	.	152,5
5.	157,9	.	.	.	.	.	.	.	.	.	.	.	.	.
9.	.	.	.	.	.	.	.	.	.	.	.	.	.	150,1
10.	153,6	.	.	.	.	.	.	.	.	.	.	.	.	.
11.	148,7	154,4	.	.	.	.	.	.	.	.	.	.	.	.
17.	.	155,3	.	.	155,4	154,6	.	.	154,3	153,6	.	.	.	148,7
18.	153,7	154,0	.	.	154,4	.	153,9	.	.	151,3	154,3	.	154,5	.
19.	.	153,4	153,4	.	.	.	153,0	.	152,8	.	152,2	.	.	.
20.	154,6	155,2	.	.	.	.	.	.	.	.	.	153,9	153,6	.
21.	156,9	157,5	155,2	155,9	155,8	.	.	.	.	.	.	.	155,2	154,2
22.	.	158,1	.	157,8	.	.	156,8	155,9	.	.	.	.	.	.
Aug. 17.	.	154,7	.	.	.	.	.	.	.	.	.	.	.	.
19.	.	.	.	.	.	.	.	.	.	.	160,3	.	.	.
20.	.	156,3	.	154,1	.	.	.	160,3	.	.	159,3	.	.	.
21.	.	159,5	.	.	.	.	.	161,9	.	.	.	.	.	.
24.	.	.	.	153,4	.	.	.	.	.	.	.	.	.	.
26.	.	.	.	.	.	.	.	158,3	.	.	.	.	.	.
27.	.	.	.	158,1	.	.	.	158,9	.	160,1	.	.	.	.
28.	.	.	157,7	.	.	.	158,1	.	154,9	.	.	153,4	.	.
29.	157,2	.	.	.	154,7	.	.	.	.	.	157,2	.	.	.
Mit. m.	154,6	155,8	155,4	155,8	155,1	154,6	155,4	159,0	154,0	155,0	156,6	153,6	154,4	150,5

Allgemeines Mittel . . . . M = 155,77 aus 61 Beobachtungen.

Maximum 161,9; Minimum 147,2; Differenz 14,7 Toisen.

Diese Tafel zeigt, daß um zwölf Uhr Mittags nur eine, um sieben Uhr Abends nur zwei, und um 9 Uhr Morgens, so wie um drei Uhr Abends drei Beobachtungen gemacht worden sind; diese Beobachtungen verhalten sich demnach zu der ganzen Reihe wie 1 : 21, 2 : 21, 3 : 21; und es kann daher nur ein Versuch sein, wenn man die Media m mit der Zahl M vergleicht, wo sich die Abweichung jener von dem allgemeinen Mittel, entweder mit dem Zeichen +, oder mit dem Zeichen — folgender Maßen ergiebt:

$m^7 = M - 1,17$	$m^2 = M + 3,23$
$m^8 = M + 0,03$	$m^3 = M - 1,77$
$m^9 = M - 0,37$	$m^4 = M - 0,77$
$m^{10} = M + 0,03$	$m^6 = M - 0,17$
$m^{11} = M - 0,67$	$m^7 = M - 2,17$
$m^{12} = M - 3,11$	$m^8 = M - 3,37$
$m^1 = M - 0,37$	$m = M - 5,27$

Die Beobachtung um acht Uhr oder um zehn Uhr Vormittags steht dem allgemeinen Mittel am nächsten, denn ihr Resultat weicht noch nicht um $\frac{2}{10}$ eines Fußes von demselben ab. Indessen gewährt diese Vergleichung keine Regelmäßigkeit im Gange der Differenzen; anders stellt sie sich, wenn blos die Oktober-Beobachtungen in Rechnung genommen werden; dann geben alle Vormittags-Beobachtungen die Höhe größer als M, fast alle Nachmittags-Beobachtungen dagegen kleiner.

Der Gang der Witterung auf Fröbershammer korrespondirte im Ganzen genommen mit dem in Baireüth; das Wetter war während beider Beobachtungsreihen fast durchgängig trübe, abwechselnd mit Regen.

Den Höhenberechnungs-Tabellen ist die Windrichtung hinzugefügt worden, wie sie in Baireüth von Hrn. Gerstner aufgezeichnet wurde. Diese Rubrik gewährt in Bezug auf das, was schon bei der Station Goldkronach bemerkt wurde, ein interessantes Resultat. Sie zeigt, daß die südlichen Winde (namentlich der SO., im Oktober 1819) die vorherrschenden waren: es wurden 33 südliche, 21 nördliche, 4 Ost- und 3 Westwinde in Baireüth beobachtet und ohne auf die beiden zuletzt genannten Rücksicht zu nehmen, stellen sich die mittleren Höhenunterschiede bei den zwei ersten Windrichtungen folgender Maßen:

156,3 bei. S.	155,1 bei N.
Differ. der N. gegen S. = — 1,20 T.;	der N. gegen M = — 0,67 T.
Bei Goldkronach war sie . — 1,86 „	. . . . — 0,71 „
Mittel = — 1,53 T.	. . . . — 0,69 T.,

die: mit Rücksicht auf das Mittel aus den Höhen von Goldkronach und Fröbershammer:

im ersten Falle $\frac{1}{67}$ der ganzen Höhe; im zweiten Falle $\frac{1}{150}$ d. ganzen Höhe.

Ist es gestattet einen Schluß zu ziehen aus einer so kurzen Reihe von Beobachtungen, die für jeden Windstrich nicht eine gleiche Anzahl darbietet, die ferner nur auf der einen, und zwar untern Station, und nicht auch an der andern, obern, Station korrespondirend angestellt worden sind, so würden die obigen Differenzen und Verhältnißzahlen mit andern Worten so heißen:

1) Barometer-Beobachtungen bei nördlichen Winden angestellt geben die Höhen um den 67sten Theil der ganzen Höhe niedriger als Barometer-Beobachtungen, die bei südlichen Winden gemacht wurden.

2) Höhenbestimmungen, aus Barometer-Beobachtungen hergeleitet, die nur bei südlichen, oder nur bei nördlichen Winden angestellt worden sind, müssen, um sie auf wahre Höhen H zurückzuführen, verbessert werden:

   α) entweder, indem man die gefundene Höhe H' um ihren 67sten Theil korrigirt, bei südlichen Winden negativ, bei nördlichen positiv, wodurch sich die Höhe H'' ergiebt; dann ist $H_\alpha = \frac{H' + H''}{2}$; oder es wird, durch ein kürzeres Verfahren,

   β) die gefundene Höhe H' um den 150sten Theil ihres Werthes mit dem Zeichen + bei nördlichen, und mit dem Zeichen — bei südlichen Winden verbessert, um die wahre Höhe $H\beta$ zu erhalten.

Da indessen das Resultat, welches durch Anwendung des Verfahrens α) gefunden wird etwas abweicht von der Methode β), so wird man vielleicht am richtigsten operiren, wenn beide Methoden mit einander verbunden werden, insbesondere wenn in der Beobachtungsreihe (zweiter Fall) auch O. und W. Winde vorkommen; alsdann hat man endlich die wahre Höhe $H = \frac{H\alpha + H\beta}{2}$.

Um auf die Bestimmung von Fröbershammer zurückzukommen, so haben wir den Höhenunterschied zwischen dem Barometer daselbst und dem Gerstner'schen Kabinet zu Baireüth 155,77
Gerstners Kabinet ist über dem Meere 175,04

Barometer in Fröbershammer über dem Meere, in Toisen . 330,81
oder in pariser Fuß . . 1984,86

Das Instrument hing während der Weiß'schen sowol als v. Brand'schen Beobachtungsreihe 16 Fuß über dem Hofe, und 30,5 Fuß über dem untern Weiher, mithin stellt sich die absolute Höhe von

Fröbershammer, Erdboden des Hofes auf 1968,86 p. Fuß.
— — Niveau des untern Weihers . . 1954,36 —

Am 25. Oktober 1826 beobachtete Hoffmann das Barometer auf der Main-Brücke bei Fröbershammer um 4¼ Uhr Nachmittags, in einer Höhe von sechs Fuß über dem Wasserspiegel; eine halbe Stunde später beobachtete er in Bischofsgrün. Diese Beobachtungen sind:

	Barom.	Temp.	Höhenunterschied,
Fröbershammer	312,52	+ 10°,0	— 28,46 T. 170,8 Fuß
Bischofsgrün	310,43	8,4	

Die Höhe von Bischofsgrün über dem Meere ist nach Hoffmanns Beobachtungen, wie wir weiter unten sehen werden, 2105,6 Fuß, mithin:

Fröbershammer, Mainbrücke über dem Meere 1934,8 p. Fuß.
— — Niveau des Mains daselbst 1928,8 —

Diese einzelne Messung scheint mit den zahlreichen Beobachtungen der Herren Weiß und v. Brand sehr gut zu harmoniren, in so fern diejenige Brücke gemeint ist, welche unterhalb des untern Weihers von Fröbershammer bei der Einöde Birnstängel über den Main führt.

Nr. 4.

Höhenbestimmung des Ochsenkopfes.

Auf dem Ochsenkopf hat Weiß im Oktober 1819 dreißig Barometer-Beobachtungen angestellt; das Jahr darauf beobachtete v. Brand daselbst siebenzehn Mal im August; endlich Hoffmann im Oktober 1826 ein Mal. Da sich hier die Erscheinung wiederholt, welche bei der Station Fröbershammer bemerkt wurde, daß nämlich die August-Höhen, bei größerer Luftwärme, einen größern Werth geben, so stellen wir die gefundenen Niveau-Unterschiede ohne die Korrektion wegen der Luft-Temperatur und mit derselben unter einen Gesichtspunkte.

Tag	Stunde	Ochsenkopf: Barom. bei + 10° R.	Ochsenkopf: Temperat. der Luft C.	Baireuth: Barom. bei + 10° R.	Baireuth: Temperat. der Luft C.	Höhenunterschied in Toisen: Ohne Wärme-Korr.	Höhenunterschied in Toisen: Kor. +	Höhenunterschied in Toisen: Mit Wärme-Korr.	Baireuth: Wetter	Baireuth: Wind
A. Beobachtungen von Weiß, im Oktober 1819.										
3	1½ A.	299,70	19,5	324,17	22,5	320,7	27,9	348,6	Heiter	SO.
	4 "	299 47	18 1	324 13	21 5	323 3	26 4	349 7	desgl.	"
	6 "	299 36	14 6	32[illegible] 89	16 6	321 7	21 0	342 7	desgl.	"
4	10 M.	298 18	13 1	322 96	15 6	326 2	19 7	345 9	Heiter	SO.
	11½ "	298 13	15 0	322 80	18 7	324 8	22 9	347 7	desgl.	"
	12 "	298 10	15 0	322 68	19 3	323 7	23 2	346 9	desgl.	"
	3 A.	297 82	15 0	322 54	20 6	325 8	24 1	349 9	desgl.	SW.
	4½ "	297 69	13 3	322 46	20 0	326 6	20 7	347 3	desgl.	W.
	9 "	297 54	11 1	322 40	17 5	327 9	19 7	347 6	Trübe	NW.
10	10 M.	301 24	6 3	327 42	8 9	340 5	11 1	351 6	Heiter	SO.
	12 "	301 17	7 5	327 16	12 2	338 1	14 3	352 4	desgl.	"
	1 A.	301 17	9 0	327 06	12 8	336 8	15 6	352 4	desgl.	"
	3 "	301 15	8 5	326 83	13 4	334 3	15 6	349 9	desgl.	"
	4½ "	301 19	6 9	326 75	12 5	332 8	14 9	347 7	desgl.	"
	5 "	300 87	4 8	326 67	11 1	336 1	12 9	349 0	desgl.	"
11	10 M.	301 18	7 5	327 01	9 5	336 1	12 4	348 5	Heiter	SO.
	12½ A.	301 09	7 0	326 81	12 2	334 9	13 8	348 7	desgl.	"
	2½ "	301 14	9 0	326 57	13 1	331 3	15 9	347 2	desgl.	"
	5 "	300 82	4 7	326 58	10 9	335 7	11 4	347 1	desgl.	"
20	10½ M.	298 82	4 7	324 44	8 7	336 1	9 9	346 0	Heiter	NO.
	11½ "	298 82	4 7	324 46	10 0	336 4	10 5	346 9	desgl.	SO.
	1 A.	298 78	4 0	324 45	10 6	336 7	10 8	347 5	desgl.	"
	2 "	298 66	5 0	324 36	10 9	337 3	11 7	349 0	desgl.	"
	3 "	298 50	4 7	324 32	10 9	339 0	11 5	350 5	desgl.	"
	4 "	298 40	5 5	324 32	9 6	340 3	11 2	351 5	desgl.	"
	5 "	298 40	3 1	324 15	7 8	338 1	8 3	346 4	desgl.	"
21	2 A.	297 60	8 3	322 81	14 6	332 2	16 2	348 4	Heiter	S.
	3 "	297 44	7 9	322 82	21 5	334 6	10 0	354 6	desgl.	SO.
	4 "	297 31	7 7	322 65	13 1	334 2	15 9	350 1	desgl.	S.
	5 "	297 26	6 2	322 61	11 1	334 4	12 5	346 9	desgl.	SO.
B. Beobachtung von Hoffmann, im Oktober 1826.										
24	3½ A.	301,06	10,6	326,79	10,6	335,1	15,0	350,1	Trübe	SO.
Mittel aus 31 Beobachtungen . . .						332,62	16,04	348,66	Toisen.	

C. Beobachtungen des Hauptmanns v. Brand, im August 1820.										
Tag	Stunde	Ochsenkopf		Baireuth		Höhenunterschied in Toisen			Baireuth	
		Barom. bei +10° R.	Temperat. der Luft C.	Barom. bei +10° R.	Temperat. der Luft C.	Ohne Wärme Korr.	Kor. +	Mit Wärme Korr.	Wetter	Wind
12	9 M.	301,38	20,4	326,27	26,3	324,2	31,2	355,4	Bewkt.	NO.
	10 „	301,43	20,6	326,10	27,4	321,5	31,8	353,3	desgl.	S.
	12 „	301,16	22,2	325,74	29,3	320,5	33,8	354,3	desgl.	„
	3 A.	300,98	21,0	325,61	28,5	321,2	32,6	353,8	desgl.	„
	4 „	300,99	21,0	325,63	27,2	321,5	31,8	353,3	desgl.	„
	6 „	300,76	20,1	325,38	25,6	321,5	30,3	351,8	Heiter	„
17	10 M.	300,39	18,5	325,31	25,2	322,6	28,9	354,5	Heiter	S.
	12 „	300,28	21,2	325,20	27,4	325,8	36,0	361,8	desgl.	SW.
	$1\frac{1}{2}$ A.	300,07	17,7	325,09	29,3	327,2	31,7	358,9	Verm.	„
18	9 M.	299,55	19,1	324,16	23,0	312,6	27,9	350,5	Heiter	SO.
	$12\frac{1}{2}$ A.	299,45	24,8	323,80	30,0	319,4	35,1	354,5	Verm.	„
	$7\frac{1}{2}$ „	298,69	21,1	323,02	25,0	319,9	28,8	348,7	Heiter	„
19	6 M.	297,14	19,0	322,19	23,0	330,7	28,7	359,4	Trübe	NW.
	9 „	296,74	19,0	321,91	25,5	332,7	30,4	363,1	desgl.	„
	$1\frac{1}{2}$ A.	297,16	17,5	321,59	26,0	322,8	28,9	351,7	Verm.	W.
21	$10\frac{1}{2}$ M.	299,54	16,0	324,43	20,8	326,2	25,0	351,2	Heiter	SO.
	11 „	299,45	16,8	324,37	21,7	326,6	29,9	356,5	Schön	„
Mittel aus 17 Beobachtungen . . .						324,11	30,75	354,86	Toisen.	

Gruppirt man die gefundenen Höhenunterschiede (mit der Wärme-Korrektion) zwischen dem Ochsenkopf und Gerstners Stations-Barometer in Baireuth nach den Beobachtungsstunden, so erhält man folgende Uebersicht, wobei die halbstündigen Zeiten jedes Mal der vorhergehenden vollen Stunde zugezählt und die Beobachtungen um 6 Uhr Morgens und $7\frac{1}{2}$ Uhr Abends weggelassen werden, weil diese nur ein Mal vorkommen.

Stunden	9.	10.	11.	12.	1.	2.	3.	4.	5.	6.
Okt. 3.	.	.	.	.	348,6	.	.	349,7	.	342,7
4.	.	345,9	347,7	346,9	.	.	349,9	347,3	.	347,6
10.	.	351,6	.	352,4	352,4	.	349,9	347,7	349,0	.
11.	.	348,5	.	348,7	.	347,2	.	.	347,1	.
20.	.	346,0	346,9	.	347,5	349,0	350,5	351,5	346,4	.
21.	.	.	.	.	.	348,4	354,6	350,1	346,9	.
24.	.	.	.	.	.	.	350,1	.	.	.
Aug. 12.	355,4	353,3	.	354,3	.	.	353,8	353,3	.	351,8
17.	.	354,5	.	361,8	358,9	.	.	.	.	.
18.	350,5	.	.	354,5	.	.	.	.	.	.
19.	363,1	.	.	.	351,7	.	.	.	.	.
21.	.	351,2	356,5	.	.	.	.	.	.	.
Mitt. m.	356,3	350,1	350,3	353,1	351,8	348,2	351,1	349,9	347,3	347,3

Allgemeines Mittel M′ = 350,50 aus 46 Beobachtungen.

Maximum 363,1; Minimum 342,7; Differenz 20,4;

Oktober Mitt. m.	348,0	347,3	349,3	349,5	348,2	351,0	349,3	347,3	345,1

Mittel der Oktober-Beobachtungen = 348,66 Toisen.

Da in den August-Beobachtungen des Hrn. v. Brand nur wenige Nachmittagsstunden vorkommen, so können nur die Oktober-Beobachtungen von Weiß und Hoffmann mit einander verglichen werden. Vergleicht man deren Media m der neun einzelnen Stunden mit dem allgemeinen Mittel M, so stellen sich folgende Gleichungen dar.

$$m^{10} = M - 0{,}66 \text{ Toisen}$$
$$m^{11} = M - 1{,}36 \quad ,$$
$$m^{12} = M + 0{,}64 \quad ,$$
$$m^{1} = M + 0{,}84 \quad ,$$
$$m^{2} = M - 0{,}46 \quad ,$$
$$m^{3} = M + 2{,}34 \quad ,$$
$$m^{4} = M \mp 0{,}64 \quad ,$$
$$m^{5} = M - 1{,}36 \quad ,$$
$$m^{6} = M - 3{,}56 \quad ,$$

Es zeigen diese Gleichungen, daß die Beobachtung um zwei Uhr Nachmittags am wenigstens von der Mittelzahl abweicht; in der ganzen Reihe, mit Einschluß der August-Beobachtungen, steht ihr das Resultat von eilf Uhr Vormittags am nächsten. Hätte man zufolge obiger Gleichungen $M = \frac{m^{10} + m^{12}}{2}$ oder $M = \frac{m^{10} + m^{3}}{2}$ genommen, so würde man ebenfalls den Höhenunterschied, aus den Oktober-Beobachtungen, der Wahrheit nahe erhalten haben.

Zieht man aus sämmtlichen Beobachtungen, acht und vierzig an der Zahl, das arithmetische Mittel, so hat man den Höhenunterschied zwischen den Ochsenkopf und Gerstners Kabinet in Baireuth = 350,85 Toisen.

Nun aber gehet aus den Beobachtungs- und Berechnungstabellen hervor, daß die südlichen Winde, auf der untern Station, die vorherrschenden waren; namentlich war es der SO. während der Oktober-Reihe; in dieser spricht es sich auch bestimmt aus, daß die nördlichen Winde kleinere Höhen geben als die entgegengesetzten Winde; nicht so in der August-Reihe, wo mit zwei NW. Winden Höhen verbunden sind, welche größer als das Medium sind. Ist man geneigt diese Höhen als eine Anomalie zu betrachten, so darf man sie bei Feststellung des wahren Höhenunterschiedes H zuverlässig außer Acht lassen. Berücksichtigen wir daher nur die Resultate welche bei südlichen Winden gefunden worden sind, so ergiebt sich die mittlere Höhe aus 41 Beobachtungen = 350,505 Toisen = H′, und, mit Rücksicht auf die erste der oben (S. 216) mitgetheilten Formeln

$$H'' = H' \frac{H'}{67} = 350{,}505 - 5{,}231 = 345{,}274$$ für N. Winde;

mithin

$$H_\alpha = \frac{H' + H'}{2} = \frac{350{,}505 + 345{,}274}{2} = \frac{695{,}779}{2} = 347{,}889 \text{ T.}$$

und nach der zweiten Formel

$$H_\beta = H' - \frac{H'}{150} = 350{,}505 - \frac{350{,}505}{150} = 350{,}505 - 2{,}336 = 347{,}169 \text{ T.}$$

Wir haben daher als Endresultat für die barometrisch bestimmte Höhe des Ochsenkopfs über Gerstners meterologischem Kabinet zu Baireüth

$$H = \frac{H_\alpha + H_\beta}{2}$$ . . . . = 347,53 Toisen,

Weiß und Gerstner berechneten aber auch diesen Niveau-Unterschied aus zehnfach gemessenen Zenithabständen, und fanden ihn so . . . . 347,38 „

Medium der barometrischen- und trigonometrischen Messung . . . . 347,45 Toisen,

ein Resultat, daß in seiner gegenseitigen Kontrolle nichts zu wünschen übrig läßt.

Mit der bekannten Höhe von Baireüth findet sich daher:

Absolute Höhe des Ochsenkopfs über dem Meere 522,487 Toisen, oder in pariser Fuß 3134,92

Höhe des Ochsenkopfs über dem Wasserspiegel des rothen Mains an der Kasernenbrücke in Baireüth 2115, 6

Höhe des Ochsenkopfs über Goldkronach, am Fuße des Gebirges 1789, 2

Höhe des Ochsenkopfs über dem, an seinem Fuße gelegenen untern Weiher bei Fröbershammer 1180, 6

Nr. 5.

Höhenbestimmung von Reüth.

Reüth liegt an der Straße von Baireüth nach Tirschenreüth, am südlichen Rande der Weißensteiner-Bergkette. Der Beobachtungspunkt war im Schlosse, 16′ über dem Hofe, und etwa 10 Toisen über dem Bache.

1819		Reüth.			Baireüth.				Höhen-Unterschied in Toisen.
Monat und Tag.	Stunde.	Barom. bei +10° R.	Temperatur der Luft.	Wetter	Barom. bei +10° R.	Temperatur der Luft.	Wetter	Wind	
A. Beobachtungen des Hauptmanns Weiß.									
Spt. 8	4 A.	322,61	17,1	Heiter	327,91	17,5	Heiter	.	
	10 =	322 74	9 1	desgl.	328 05	9 2	desgl.	.	
	2 B.	322 67	13 1	desgl.	327 98	13 2	desgl.	.	70,4
9	7 M.	322 45	12 2	Heiter	328 00	8 1	desgl.	.	
	9 =	322 31	15 3	desgl.	327 87	14 3	desgl.	.	
	2 B.	322 38	13 7	desgl.	327 93	11 2	desgl.	.	73,4
10	7 M.	321 99	14 8	Heiter	326 96	11 5	desgl.	.	
	8 =	321 86	15 5	desgl.	326 88	15 0	desgl.	.	
	2 B.	321 92	15 2	desgl.	326 92	13 2	desgl.	.	66,7
B. Beobachtungen des Hauptmanns v. Brand. (Kollimation des Gefäß-Barom. = —0,55).									
Spt. 7	9½ A.	322,65	12,6	Verm.	327,95	10,5	Bewkt.	.	
	11¼ =	323 01	9 0	Heiter	328 20	9 0	desgl.	.	
	2, B.	322 83	10 8	desgl.	328 07	9 7	desgl.	.	68,6
8	6¼ M.	322 85	5 6	Heiter	328 02	8 0	Heiter	.	
	8 =	322 71	10 6	desgl.	327 90	13 2	desgl.	.	
	9 =	322 37	15 3	desgl.	327 80	16 0	desgl.	.	
	12 =	322 79	17 0	Verm.	328 24	18 3	desgl.	.	
	2 A.	322 64	17 3	desgl.	327 93	20 5	desgl.	.	
	4 =	322 65	16 8	Heiter	327 91	17 5	desgl.	.	
	10 =	322 75	6 9	desgl.	328 05	9 2	desgl.	.	
	7 B.	322 68	12 6	desgl.	327 98	14 7	desgl.	.	70,4
9	6½ M.	322 60	11 1	desgl.	328 00	7 5	Heiter	.	
	8 =	322 47	13 0	desgl.	327 90	15 0	desgl.	.	
	10 A.	323 17	15 5	desgl.	328 67	15 5	desgl.	.	
	11½ =	322 29	15 4	desgl.	327 65	15 0	desgl.	.	
	4 B.	322 63	13 7	desgl.	328 05	13 1	desgl.	.	71,8

1819		Reüth.			Baireüth.				Höhen-Unterschied in Toisen.
Monat und Tag.	Stunde.	Barom. bei +10° R.	Temperatur der Luft.	Wetter	Barom. bei +10° R.	Temperatur der Luft.	Wetter	Wind	
Spt. 10	7½ M.	321,77	14,7	Trübe	326,96	11,3	Heiter	.	
	8½ M.	321 71	15 8	desgl.	326 99	14 0	desgl.	.	
	2 B.	321 74	15 2	desgl.	326 97	12 6	desgl.	.	69,9
„ 24	8 A.	319 14	7 7	Heiter	324 05	16 1	desgl.	NO.	
	10½	319 04	6 2	desgl.	324 00	12 0	desgl.	NO.	
	2 B.	319 09	6 9	desgl.	324 02	14 0	desgl.	NO.	65,6
„ 25	6½ M.	318 50	2 5	desgl.	324 06	6 1	desgl.	SO.	
	9 „	318 84	12 6	desgl.	323 92	12 5	desgl.	SO.	
	2 B.	318 67	7 6	desgl.	323 99	9 3	desgl.	SO.	70,2
C. Beobachtungen des Hauptmanns v. Brand, im Jahre 1820, mit dem Heber-Barometer.									
Juli 16	5 A.	320,18	24,3	.	325,70	24,2	Heiter	SW.	76,7
„ 17	8 M.	319,17	25,0	.	324,50	23,0	desgl.	SO.	74,4
Mittel aus 27 Beobachtungen und 11 Berechnungen									70,73

Aus den sechs Messungen von Weiß folgt der Höhenunterschied um 0,57 Toise kleiner. Die Erhöhung des Barometers über dem Niveau des bei Reüth vorüberfließenden Baches wurde von den Beobachtern im Jahre 1819 auf ungefähr zehn Toisen geschätzt. Das Jahr darauf maaß Hr. v. Brand diese Erhöhung, am 16ten Juni, indem das Barometer 0,66 Toise über dem Bach am Weiher hing. Die Beobachtung stellt sich mit der nahe korrespondirenden im Schlosse Reüth so:

5½ Uhr Nachmittags; am Bache . . . . . . 321,13 + 23,1
5 Uhr Nachmittags; im Schlosse Reüth. . 320,18 24,3

Dies giebt einen Höhenunterschied der Barometer von 13,26 Toisen; es ist mithin das Barometer im Schlosse 13,92 Toisen über dem Niveau des Baches und der Schloßhof von Reüth 11,26 Toisen über demselben Wasserpaß. Und es stellt sich, mit Rücksicht auf die Seehöhe von Baireüth, die absolute Höhe von

Reüth, Barometer-Ort im Schlosse, auf . . . . 245,77 T.
— Erdboden des Schloßhofes . . . . 243,11 —
— Niveau des Baches beim Weiher . . . . . 231,85 —

Nr. 6.

Höhenbestimmung von Tirschenreüth.

Beobachtungsort: war in der Post, das Barometer 15 Fuß über dem Pflaster des Platzes. In den Tagebüchern des Herrn Weiß und von Brand ist die relative Höhe des Platzes über dem Niveau der böhmischen Waldnab nicht angegeben; betrachtet man indessen den topographischen Atlas des königl. baierischen General-Quartiermeister-Staabes, so dürfte man nicht viel fehlen, wenn man jene Höhe zu etwa 2 Toisen annimmt.

1819.		Tirschenreuth.			Baireuth.				Höhen-Unterschied in Toisen.
Monat und Tag.	Stunde.	Barom. bei +10° R.	Temperatur der Luft.	Wetter	Barom. bei +10° R.	Temperatur der Luft.	Wetter	Wind.	
A. Beobachtungen von Weiß.									
Spt. 13	8 A.	322,11	14,3	Trube	327,68	15,0	Heiter	.	+74,4
- 14	8 M.	322 79	16 2	Heiter	328 16	12 5	Neblich	.	
	9 =	322 81	18 1	desgl.	328 25	18 5	Heiter	.	
	1 A.	322 78	20 6	desgl.	328 18	21 8	desgl.	.	
	4 =	322 55	20 5	desgl.	328 19	21 0	desgl.	.	
	7 =	322 40	16 0	desgl.	328 25	16 5	desgl.	.	
	9 =	322 39	13 4	desgl.	328 30	10 0	desgl.	.	
	6 B.	322 61	17 5	desgl.	328 23	16 7	desgl.	.	75,6
= 15	7 M.	322 06	11 3	desgl.	327 82	12 5	desgl.	NO.	75,9
= 23	8 A.	320 05	10 8	Trübe	325 97	6 0	desgl.	NO.	77,6
= 24	6 M.	319 39	4 0	Heiter	325 57	5 0	desgl.	NO.	
	8 =	319 34	8 7	desgl.	325 51	6 2	desgl.	NO.	
	9 =	319 25	13 5	desgl.	325 39	10 5	desgl.	NO.	
	3 B.	319 33	8 7	desgl.	325 49	7 2	desgl.	NO.	80,7
B. Beobachtungen von v. Brand. (Kollim. des Gefäßbarom. — 0,55.)									
Spt. 10	6 A.	320,44	18,1	Heiter	326,36	20,0	Heiter	.	
	8 =	320 36	16 5	desgl.	326 30	17 5	desgl.	.	
	2 B.	320 40	17 3	desgl.	326 33	18 7	desgl.	.	80,6
= 11	7 M.	319 95	17 0	desgl.	325 93	10 9	desgl.	.	
	9 =	320 05	19 5	desgl.	325 74	18 0	desgl.	.	
	2 B.	320 00	18 2	desgl.	325 83	14 5	desgl.	.	73,4
= 12	9 A.	320 17	14 0	.	325 91	11 5	desgl.	.	76,4
= 13	7 M.	321 19	15 0	.	327 00	15 0	desgl.	.	
	12 =	321 50	22 5	.	327 14	20 6	desgl.	.	
	1 A.	321 48	22 2	.	327 12	21 5	desgl.	.	
	3 =	321 50	21 0	Gewit.-Wolken	327 20	21 6	desgl.	.	
	9 =	322 05	14 3	Trübe	327 83	12 5	desgl.	.	
	5 B.	321 54	19 0	.	327 26	18 1	desgl.	.	77,5

1819.		Tirschenreüth.			Baireüth.				Höhen-Unterschied in Toisen.
Monat und Tag.	Stunde.	Barom. bei +10° R.	Temperatur der Luft.	Wetter	Barom. bei +10° R.	Temperatur der Luft.	Wetter	Wind.	
Spt.14	8 M.	322,68	16,2	Heiter	328,19	12,5	Nebel	.	
	9 =	322 70	18 2	desgl.	328 25	18 5	Heiter	.	
	1 A.	322 68	20 6	desgl.	328 18	21 8	desgl.	.	
	4 =	322 57	20 5	desgl.	328 19	21 0	desgl.	.	
	4 B.	322 66	18 9	desgl.	328 20	18 4	desgl.	.	74,9
= 16	9 A.	316 08	15 0	.	321 90	14 7	desgl.	S.	79,3
= 17	6 M.	316 57	14 5	.	322 47	14 0	Trübe	S.	
	8 =	316 98	19 7	.	322 08	15 3	desgl.	S.	
	8½ =	316 98	20 7	.	322 09	15 6	desgl.	S.	
	3 B.	316 84	18 3	.	322 21	14 9	desgl.	S.	84,0
= 22	6 A.	322 28	11 1	Heiter	328 60	11 5	Heiter	NO.	
	7 =	322 28	10 0	desgl.	328 49	10 5	desgl.	NO.	
	8 =	322 28	8 7	desgl.	328 37	9 0	desgl.	NO.	
	3 B.	322 28	9 9	desgl.	328 48	10 0	desgl.	NO.	81,2
= 23	7 M.	320 82	9 5	Nebel	326 83	10 0	Trübe	NO.	
	9 =	320 82	12 0	Trübe	326 85	12 3	desgl.	NO.	
	10 =	320 67	12 1	desgl.	326 68	12 6	desgl.	NO.	
	11½ =	320 56	12 3	desgl.	326 63	13 5	desgl.	NO.	
	1 A.	320 28	13 7	desgl.	326 57	14 3	desgl.	NO.	
	5 B.	320 61	11 9	desgl.	326 71	12 5	desgl.	NO.	80,9
Mittel aus 38 Beobachtungen und 14 Berechnungen									78,03

Hiernach beträgt die absolute Höhe über dem Meere von

Tirschenreüth, Barometer-Niveau in der Post . . 253,07 T.

— , Straßenpflaster des Marktplatzes . . 250,57 —

— , Niveau der Waldnab . . . . 248,5 —

Nr. 7.

Höhenbestimmung von Waldsassen,

im Wondreb-Thale, an der Straße von Eger nach Ambreg.

1819.		Waldsassen.			Baireüth.				Höhen-Unterschied in Toisen.
Monat und Tag.	Stunde.	Barom. bei +10° R.	Temperatur der Luft.	Wetter	Barom. bei +10° R.	Temperatur der Luft.	Wetter	Wind	
A. Beobachtungen von Weiß.									
α) Beobachtungsort beim Klosterwirth, 2ter Stock.									
Spt. 18	12 M.	321,40	20,6	Heiter	326,81	19,5	Heiter	NW.	
	2 A.	321,45	20,9	desgl.	326,60	21,4	desgl.	NW.	
	7 =	321,54	14,0	desgl.	326,33	15,0	desgl.	NW.	
	3 B.	321,46	18,5	desgl.	326,58	18,6	desgl.	NW.	+69,5
= 19	7 M.	321,11	11,0	.	326,22	12,5	Trübe	W.	
	8 =	321,19	12,0	Trübe	326,24	14,0	Trübe	W.	
	10 A.	320,29	13,7	desgl.	325,43	13,0	Trübe	S.	
	3 B.	320,86	12,2	Trübe	325,96	13,2	Trübe	SW.	68,8
= 20	6 M.	320,54	9,0	Nebel	325,70	8,3	Heiter	NO.	
	7 A.	321,57	8,7	Heiter	326,50	10,4	desgl.	N.	
	2 B.	321,05	8,8	desgl.	326,10	9,3	desgl.	N.	66,3
Mittlere Höhe des Klosterwirthshauses aus 8 Beobachtungen .									68,2
Baireüth ist über dem Meere									175,0
Absolute Höhe des Klosterwirthshauses, nach Abzug von 15 Fuß									240,7
β) Beobachtungsort beim Hofwirth, 2ter Stock.									
Spt. 21	8 M.	322,97	8,1	Nebel	328,87	7,1	Heiter	N.	
	1 A.	323,02	15,0	Regen	328,85	11,5	desgl.	NO.	
	5 =	323,57	13,7	Trübe	328,89	10,0	Trübe	NO.	
	3 B.	323,19	12,3	desgl.	328,87	9,5	Verm.	NO.	74,5
= 22	7 M.	323,88	0,5	Heiter	329,44	2,5	Heiter	NO.	70,1
Mittlerer Höhenunterschied aus 4 Beobachtungen									72,3
Baireüth ist über dem Meere									175,0
Absolute Höhe des Hofwirths in Waldsassen, Barometerort . .									247,3
Das Barometer hing 15 Fuß über dem Erdboden, dieser daher									244,8

1819		Waldsassen.			Baireüth.				Höhen-Unterschied in Toisen.
Monat und Tag.	Stunde.	Barom. bei +10° R.	Temperatur der Luft.	Wetter	Barom. bei +10° R.	Temperatur der Luft.	Wetter	Wind	
B. Beobachtungen des Herrn v. Brand. γ) Beobachtungsort: bei Schedelwolf. Kollimat. des Gefäßbarometers = —0,55 Linien.									
Spt. 19	9 A.	319,95	12,9	Trübe	325,43	13,0	Trübe	S.	
	11 =	320 02	11 6	Trübe	325 50	11 6	Trübe	=	
	2 B.	319 98	12 2	Trübe	325 46	12 3	Trübe	=	73,1
= 20	6 M.	320 55	7 0	Trübe	325 70	8 3	Heiter	NO.	
	7 =	320 96	10 0	Trübe	325 94	8 5	desgl.	=	
	7 A.	321 57	8 1	.	326 50	10 4	desgl.	N.	
	10 =	321 87	6 9	.	326 80	8 0	desgl.	=	
	4 B.	321 24	8 0	Trübe	326 23	8 8	desgl.	=	65,3
= 21	6 M.	322 69	6 2	Trübe	328 80	6 8	desgl.	=	
	7	322 79	6 3	Trübe	328 87	7 1	desgl.	=	
	12 =	323 16	11 1	Regen	328 85	11 5	desgl.	NO.	
	6 A.	323 66	8 0	Trübe	328 89	8 8	Trübe	=	
	9 =	323 80	6 0	Trübe	329 45	2 5	Heiter	=	
	10 =	323 86	2 5	Trübe	329 52	2 0	desgl.	=	
	6 B.	323 32	6 7	Trübe	329 06	6 4	Verm.	=	74,3
= 22	7 M.	323 77	1 2	Heiter	329 44	2 5	Heiter	=	
	8 =	323 86	4 2	desgl.	329 50	4 5	desgl.	=	
	2 B.	323 81	2 7	desgl.	329 47	3 5	desgl.	=	71,9
Mittlerer Höhenunterschied aus 14 Beobachtungen . . .									71,15
Baireüth ist über dem Meere									175,04
Absolute Höhe des Barometers beim Schedelwolf									246,19
Das Barom. hing auch hier 15′ über dem Erdboden, dieser mithin									243,69

Nr. 8.

Höhenbestimmung von Ober-Rößlau.

Ober-Rößlau liegt auf dem innern Plateau des Fichtelgebirges, an der Eger. Der Standpunkt war im Burghofschlosse, 12 Fuß über dem Hofraum. Beobachter: Hauptmann v. Brand. Kollimation des Gefäßbarometers + 0,64 Linie.

1819		Ober-Rößlau.			Baireuth.				Höhen-Unterschied in Toisen.
Monat und Tag.	Stunde.	Barom. bei +10° R.	Temperatur der Luft.	Wetter	Barom. bei +10° R.	Temperatur der Luft.	Wetter	Wind.	
Okt. 4	6 M.	314,46	4,8	Nebel	323,00	8,5	Heiter	SO.	
	7 „	314 46	6 1	Heiter	323 03	9 1	desgl.	SO.	
	10 A.	313 64	15 0	Trübe	322 43	15 0	Trübe	SW.	
	3 B.	314 19	8 6	Verm.	322 82	10 8	Verm.	S.	115,3
„ 5	7 M.	313 35	12 9	Trübe	322 19	12 0	Trübe	SW.	
	9 „	313 31	16 5	Verm.	322 08	14 1	desgl.	SW.	
	2 A.	312 53	15 6	Regen	321 09	17 0	desgl.	S.	
	5 „	311 99	13 7	Gewit.	321 06	10 0	Gewit.	NW.	
	6 „	312 07	11 1	Regen	321 15	8 0	Regen	NW.	
	9 „	314 01	6 8	Trübe	322 81	6 1	Trübe	N.	
	10 „	314 46	6 7	desgl.	323 60	6 0	desgl.	N.	
	7 B.	313 10	11 9	desgl.	322 00	10 7	desgl.	W.	120,0
„ 6	7 M.	315 95	6 0	Regen	325 10	6 5	Trübe	N.	
	8 „	316 39	7 7	desgl.	325 50	7 0	desgl.	N.	
	9 „	316 61	7 2	Trübe	325 72	7 1	desgl.	N.	
	10 „	316 84	9 7	Verm.	326 32	7 7	desgl.	N.	
	11 „	316 88	9 8	Trübe	326 36	7 7	desgl.	N.	
	12 „	316 91	8 7	Regen	326 37	8 7	desgl.	W.	
	1 A.	316 92	8 7	Trübe	326 40	8 2	desgl.	W.	
	2 „	316 91	8 5	desgl.	326 23	8 2	desgl.	W.	
	3 „	316 93	7 5	Regen	326 20	8 3	desgl.	W.	
	4 „	316 93	8 0	Trübe	326 18	8 7	desgl.	W.	
	6 „	316 85	7 3	desgl.	326 10	8 0	desgl.	W.	
	8½ „	316 72	6 4	desgl.	325 90	7 5	desgl.	W.	
	10 „	316 48	5 0	Regen	325 65	7 0	desgl.	W.	
	13 B.	316 71	7 7	Trübe	326 00	7 6	Trübe	NW.	122,0

1819		Ober-Rößlau.			Baireuth.				Höhen-Unterschied in Toisen.
Monat und Tag.	Stunde.	Barom. bei +10° R.	Temperatur der Luft.	Wetter	Barom. bei +10° R.	Temperatur der Luft.	Wetter	Wind	
Spt. 7	7 M.	315,01	6,5	Regen	324,03	7,1	Regen	S.	
	8 =	314 99	7 5	desgl.	324 05	7 3	desgl.	=	
	9 =	315 01	7 2	desgl.	324 08	7 5	desgl.	=	
	10 =	315 01	8 5	desgl.	324 10	7 6	desgl.	=	
	11 =	315 01	8 4	desgl.	324 10	7 8	desgl.	W.	
	12 =	315 01	8 5	desgl.	324 05	8 0	desgl.	=	
	2 A.	314 99	8 7	desgl.	324 01	8 3	desgl.	=	
	3 =	315 01	9 1	desgl.	324 03	8 5	desgl.	=	
	4 =	314 97	9 3	desgl.	324 07	8 7	desgl.	SW.	
	5 =	315 00	9 0	desgl.	324 05	8 5	desgl.	=	
	7½ =	314 99	9 1	desgl.	324 03	8 7	desgl.	=	
	9 =	314 95	9 0	desgl.	324 01	9 1	desgl.	=	
	10½ =	314 75	9 3	desgl.	323 80	8 0	desgl.	=	
	13 B.	314 98	8 5	desgl.	324 03	8 0	desgl.	=	119,7
Okt. 8	7 M.	315 15	10 7	Trübe	324 63	10 0	Regen	N.	
	8 =	315 37	10 1	Regen	324 75	10 1	Regen	=	
	9 =	315 58	10 7	Trübe	324 97	10 2	Regen	=	
	12 =	316 32	10 6	Verm.	325 23	12 0	Trübe	=	
	1 A.	316 42	12 6	desgl.	325 25	12 3	Trübe	=	
	5 =	316 73	11 9	Heiter	325 90	10 8	Heiter	=	
	9 =	317 85	6 5	desgl.	326 81	4 3	Heiter	=	
	7 B.	316 20	10 4	Trübe	325 36	10 0	Trübe	=	121,5
= 9	7 M.	318 25	3 1	Trübe	327 68	2 1	Heiter	=	120,7
Mittlerer Höhenunterschied aus 44 Beobachtungen . . .									119,86
Baireuth ist über dem Meere . .									175,04
Höhe des Barometers in Ober-Rößlau über dem Meere . .									294,90

Einige von den Beobachtungen des Hrn. v. Brand in Ober-Rößlau korrespondiren auch mit Beobachtungen des Hauptmanns Weiß auf Fröbershammer und in Goldkronach. Sie stellen sich, mit den Höhen, die daraus abgeleitet werden können, folgender Maßen:

Zeit.		Ober-Rößlau.			Fröbershammer.			Höhen-unterschied in Toisen.
Monat und Tag	Stunde.	Barometer bei 10° R.	Temper. der Luft	Wetter	Barometer bei 10° R.	Temperatur der Luft	Wetter	
Okt. 4	6½ M.	314,46	5,4	Heiter	311,52	9,6	Heiter . . .	.40,4
		313,64	15,0	Trübe	311,30	15,0	Trübe . . .	.33,3
„ 5	7 „	313,35	12,9	Trübe	310,57	11,5	Regen . . .	.39,0
Ober-Rößlau liegt tiefer als Fröbershammer								37,56
Fröbershammer ist über dem Meere								330,81
Mithin absolute Höhe von Ober-Rößlau								293,25

Zeit.		Ober-Rößlau.			Goldkronach.			Höhe.
Okt. 5	2 A.	312,53	15,6	Regen	317,17	20,9	Regen . . .	64,7
	5 „	311 99	13 7	Gewit.	317 11	20 0	Gew. . . .	70 9
	8½ „	314 01	6 8	Trübe	317 15	19 3	Regen . . .	42 8
„ 6	8 M.	316 39	7 7	Regen	321 97	16 9	Trübe . . .	75 1
	10 „	316 84	9 7	Verm.	322 19	16 8	Regen . . .	72 1
	2 A.	316 91	8 5	Trübe	322 24	16 0	desgl. . . .	71 7
	8½ „	316 72	6 4	desgl.	322 14	15 6	desgl. . . .	72 4
„ 7	8 M.	314 99	7 5	Regen	320 32	7 5	Regen . . .	70 7
	11 „	315 01	8 4	desgl.	320 30	8 5	desgl. . . .	70 4
	1 A.	315 00	8 5	desgl.	320 27	8 3	desgl. . . .	70 2
	3 „	315 01	9 1	desgl.	320 23	8 7	desgl. . . .	69 6
	9 „	314 95	9 0	desgl.	320 17	9 2	desgl. . . .	69 0
„ 8	7 M.	315 15	10 7	Trübe	320 28	11 0	Regen . . .	69 0
	12½ A.	316 37	11 6	Verm.	321 55	12 6	Trübe . . .	69 6
	2 „	316 42	12 6	desgl.	321 57	13 1	desgl. . . .	69 4
Mittlerer Höhenunterschied aus 15 Beobachtungen								68,5
Goldkronach ist über dem Meere								228,03
Mithin absolute Höhe von Ober-Rößlau								296,53

Stellt man die aus den verschiedenen Berechnungen gefundenen Resultate unter Einen Gesichtspunkt, so haben wir die

Absolute Höhe von Ober=Rößlau:

Durch Vergleichung mit Baireüth	294,90
Durch Vergleichung mit Fröbershammer	293,24
Durch Vergleichung mit Goldkronach	296,53
Höhe des Barometers im Mittel	294,89
Und der Hofraum des Schlosses von Ober=Rößlau . .	292,89

Die Höhe der Eger bei der Brücke zu Unter=Rößlau ist von drei Beobachtern gemessen worden; von dem Hauptmann v. Brand, von Hoffmann und von mir. Die Beobachtungen und berechneten Resultate stellen sich so:

Zeit.		Ort der Beobachtungen.	Barometer.	Temperatur.	Differenz.	Absolute Höhe.	Beobachter.
1819. Okt. 8	10 M.	Unter=Rößlau . .	316,84	11,0			Br.
		Ob.=Rößlau	315 85	11 1	,13,34	281,55	
		Goldkronach	321 12	11 7	57 46	285 49	
		Baireüth . .	325 09	10 8	109 92	284 96	
	11 =	Unter=Rößlau . .	316 98	10 0			Br.
		Ob.=Rößlau	316 32	10 6	,8 73	286 16	
		Baireüth . .	325 22	11 8	109 82	284 86	
1825. Sep. 4	12¼ A.	Unter=Rößlau . .	314 31	12 0			B.
		Frankenhammer . . .	312 83,	10 0	,20 33	285 13	
		Baireüth . .	322 42	14 0	109 83	284 87	
1826. Nov. 1	2 =	Unter=Rößlau . .	314 17	3 7			H.
		Baireüth . .	322 53	6 5	109 77	284 81	
Mittlere Höhe von Unter=Rößlau aus 4 Beobachtungen und 8 Vergleichungen						284 73	
Niveau der Eger daselbst						284 40	

Nr. 9.

Höhenbestimmung von Weißenstadt.

Am 4. und 5. September 1825 wurden von mir in Weißenstadt zehn Mal die hypsometrischen Instrumente beobachtet. Bei einer frühern Berechnung verglich ich diese Beobachtungen mit den korrespondirenden Beobachtungen in den meteorologischen Anstalten des Großherzogthums Sachsen-Weimar *), allein da mein Winklersches Reisebarometer Nr. 7 mit keinem der weimarischen Instrumente verglichen ist und ich seitdem durch die Güte des Hrn. Gerstner mit den gleichzeitigen Beobachtungen in Baireüth versehen worden bin, so schien es zweckmäßig die Rechnung auf's Neüe vorzunehmen und sie allein auf Baireüth zu gründen.

Der Standpunkt zu Weißenstadt war im zweiten Stock des Posthauses, der mit dem Fußboden der Kirche des Städchens in gleichem Horizont zu liegen scheint. Auf derselben Stelle hatte schon im Jahre 1807 Professor Bürg aus Wien, beobachtet. Ein Jahr später als ich, schlug Hoffmann sein hypsometrisches Observatorium auf demselben Standpunkte auf. Seine Wanderungen durch das Fichtelgebirge brachten ihn an sieben verschiedenen Tagen nach Weißenstadt; er beobachtete acht Mal, so daß sich die Höhenbestimmung auf 18 Beobachtungen stützt. Diese sind folgende:

*) Hertha. Bd. VIII., geographische Zeitung. S. 128. —

Zeit.		Weißenstadt.			Baireuth.				Höhen-Unterschied in Toisen.
Monat und Tag.	Stunde.	Barom. bei + 10° R.	Temperatur der Luft.	Wetter	Barom. bei +10° R.	Temperatur der Luft.	Wetter.	Wind.	
A. Beobachtungen von Berghaus.									
1825.									
pt. 4	2 A.	311,31	8,0	Regen	322,21	12,5	.	In Weißenstadt N. und NW.	146,6
	3 =	310 97	8 5	Trübe	322 32	12 0	.		153 0
	4 =	310 89	7 0	Regen	322 22	11 1	.		152 0
	5 =	310 94	6 8	Trübe	322 36	10 0	.		153 3
	6 =	311 00	6 5	desgl.	322 35	9 5	.		151 6
	7 =	310 92	6 0	desgl.	322 15	8 0	.		149 2
	8 =	310 87	6 0	desgl.	322 25	7 5	.		151 5
	9 =	310 93	5 5	desgl.	322 17	7 2	.		148 9
	10 =	310 95	5 0	Regen	322 35	6 0	.		150 6
= 5	6 M.	311 14	5 0	Verm.	322 46	6 0	.		149 0
B. Beobachtungen von Hoffmann.									
1826.									
Okt. 21	10 A.	316,69	3,7	.	327,87	2,8	Heiter	SO.	144 0
= 22	8 M.	316 46	2 5	.	327 89	1 2	Trübe	=	146 5
= 30	10 A.	315 30	2 5	.	326 42	4 3	desgl.	W.	143 9
= 31	8 M.	314 63	2 0	.	326 41	1 0	desgl.	N.	150 8
	10 A.	312 43	5 0	.	324 16	6 5	desgl.	S.	154 5
Nov. 1	8 M.	311 59	3 1	.	323 23	2 5	desgl.	SW.	152 4
= 4	10 A.	311 48	7 5	.	323 05	5 6	Heiter	SO.	153 3
= 5	8 M.	311 72	5 6	.	322 99	6 2	Trübe	S.	149 0
Mittlerer Höhenunterschied aus 18 Beobachtungen									150 00
Demnach ist das Posthaus zu Weißenstadt, zweiter Stock, oder das Kirchenpflaster, über dem Meere									325 04

(Die erste Beobachtungsreihe giebt den Höhenunterschied im Mittel aus 10 Beobachtungen 150,57, die zweite Reihe aus 8 Beobachtungen 149,3)

Am 5. November 1826 maaß Hoffmann die Höhe des Wasserspiegels der Eger bei Weißenstadt; das Barometer hing 5 Fuß über dem Niveau des Flusses bei der Brücke, über welche der Weg nach Wunsiedel führt. Mit dem Posthause in Weißenstadt und mit Baireúth verglichen, sind die Baro- und Thermometerstände der freien Luft diese:

Weißenstadt, an der Eger, um 10 Uhr Morg.	312''',97		6°,2
Weißenstadt, in der Post, um 8 Uhr Morgens	311	72	6 2
Baireúth, Gerstners meteorologisches Kabinet	333	05	8 0

Hiernach ist der Wasserspiegel der Eger bei Weißenstadt 17,55 T.
unter dem zweiten Stock des Posthauses, oder . . . . . 307,49 ,
über dem Meere; und 132,68 T. über Baireúth, oder
über dem Meere . . . . 307,72 ,

Mithin absolute Höhe der Eger bei Weißenstadt,
im Mittel aus zwei Berechnungen . . . . 307,60 T.

Nr. 10.

Über die Höhe des Schneebergs.

A. Beobachtungen von Bürg.

In der Diskussion, welche ich vor sieben Jahren über die Höhe des Schneebergs anstellte, hieß es, daß diese Höhe sehr schwankend sei *). Ich unterwarf damals alle bis dahin bekannt gewordenen auf dem Schneeberg angestellten Barometer-Beobachtungen einer neüen Rechnung, u. a. auch diejenigen, welche Bürg im August 1807 gemacht hat, als er diesen höchsten Gipfel des Fichtelgebirgs bestieg, um die geographische Breite und Länge desselben, letztere vermittelst der Pulversignale zu bestimmen, welche die Freiin von Matt auf Maria-Kulm, in Böhmen, veranstaltete. Diese Bürg'schen Barometer-Beobachtungen habe ich nicht allein mit Weißenstadt, sondern auch mit korrespondirenden Beobachtungen im Schödel-Wirthshause bei Engelhaus und im Stifte Tepl verglichen; allein da die Beobachtungen in Weißenstadt und auf dem Schneeberge mit einem und demselben Barometer gemacht

*) Hertha, a. a. O. S. 136.

sind, es dagegen unbekannt ist, wie sich dasselbe zu den Instrumente im Schödelwirthshause und in Tepl verhielt, so dürfte es unstreitig am rathsamsten sein, bei der zuerst genannten Vergleichung stehen zu bleiben und die beiden andern unberücksichtigt zu lassen. Es unterliegt keinem Zweifel, wie schon oben erwähnt, daß Bürg in Weißenstadt, ebenfalls im zweiten Stock des Posthauses gewohnt habe; denn dieses Haus hat nur in der gedachten Etage Logierstuben; seine Beobachtungen beziehen sich daher auf denselben Standpunkt, wo Hoffmann und ich beobachtet haben. Die Original-Beobachtungen von Bürg, welche Hr. v. Lindenau in Zachs Monatlicher-Korrespondenz bekannt gemacht hat, *) sind folgende:

1807.		Weißenstadt, Posthaus.		Schneeberg.		
August	Stunde	Barom. Zoll.	Thermom. R.	Stunde	Barom. Zoll.	Thermom. R.
11	$5\frac{1}{4}$ M.	26,299	17,3	$3\frac{3}{4}$ M.	25,088	18,75
12	$6\frac{1}{3}$ „	26,282	19,0	$3\frac{1}{3}$ A.	25,050	17,50

Die angegebenen Thermometerstände beziehen sich, für die Station Weißenstadt, unstreitig auf die Temperatur des Zimmers, mithin auch auf die des Quecksilbers, was um so wahrscheinlicher ist, als eine so hohe Luftwärme in den Morgenstunden auf den Plateau-Höhen des Fichtelgebirgs kaum denkbar ist. Die Thermometerstände auf dem Schneeberg erscheinen ebenfalls sehr hoch, müssen aber jeden Falls für die Temperatur des Barometers sowohl als der Luft betrachtet, und daraus die Luft-Temperatur für Weißenstadt abgeleitet werden. Keine dieser Beobachtungen korrespondirt genau; am besten noch die vom 11. August; zwischen den Beobachtungen des zweiten Tages liegt ein neunstündiger Zwischenraum, der eine, auf die Höhenbestimmung sehr nachtheilig einwirkende Aenderung im Steigen oder Fallen der Quecksilbersäule herbeiführen konnte. Sieht man indessen hiervon

*) Band XXI. S. 123.

ab, weil alle Mittel zu einer etwa erforderlichen Korrektion fehlen, so hat man den Höhenunterschied des Schneebergs und des Posthauses zu Weißenstadt:

Nach der Beobachtung vom 11. August 1807 .	215,22 Toisen.
Nach der Beobachtung vom 12. August . .	213,66 —
Das Mittel aus beiden Bestimmungen ist . . .	214,44 —
Das Posthaus in Weißenstadt ist über dem Meere	325,04 —
Mithin absolute Höhe des Schneebergs . . .	539,48 Toisen.

B. Beobachtungen des Hauptmanns v. Brand.

1819.	Schneeberg.					Baireuth.				Höhen-Unterschied in Toisen.
Monat und Tag.	Stunde.	Barom. bei + 10° R.	Temperatur der Luft.	Wetter.	Wind.	Barom. bei + 10° R.	Temperatur der Luft.	Wetter.	Wind.	
Okt. 2	9½ M.	299,98	15,0	H.	SW.	326,00	19,5	Heiter	S.	364,13
	11 =	300 02	18 1	H.	SW.	326 03	20 9	Heiter	=	367 12
	12 =	300 01	18 1	H.	S.	325 91	22 2	Heiter	=	366 31
	1 A.	299 87	20 2	H.	S.	325 68	23 4	Heiter	=	367 63
	3 =	299 72	18 7	H.	SW.	325 61	24 1	Heiter	=	368 44
	4 =	299 57	18 0	H.	SW.	325 39	23 4	Heiter	=	366 63
								Mittel		366,71

Die Windspalte dieser Tabelle zeigt, daß während der Beobachtungen südliche Winde wehten; der gefundene Höhenunterschied muß demnach wegen des Einflusses dieser Winde verbessert werden. Es ist mithin:

$$H' \text{ bei S.-Winden } \ldots\ldots\ldots\ldots = 366{,}71$$

$$H'' \text{ bei N.-Wind.} = H' - \frac{H'}{67} = 366{,}71 - \frac{366{,}71}{67} = 366{,}71 - 5{,}47 = 361{,}24$$

Und:

$$H\alpha = \frac{H'+H''}{2} = \frac{366{,}71 + 361{,}24}{2} \ldots\ldots\ldots = 363{,}97$$

Das Barometer war 6 Fuß unter der höchsten Spitze; also + 1,00

Daher:

Wahrer Höhenunterschied zwischen dem Schneeberge und Gerstners meteorologischem Kabinet	364,97
Baireuth ist über dem Meere	175,0ı
Absolute Höhe des Schneebergs	540,01

C. Beobachtungen des Hauptmanns Weiß.

Weiß fand im Jahre 1819 durch zehn Mal beobachtete Zenithabstände, daß der Schneeberg um 96,5 Fuß höher sei als der Ochsenkopf, *) oder in Toisen	16,08
Es ist aber die Höhe des Ochsenkopfs, nach der oben Seite 79 angestellten Diskussion, über dem Meere	522,49
Demnach: Absolute Höhe des Schneebergs . . .	538,57

D. Beobachtung von Hoffmann.

Am 28. Oktober 1826 beobachtete Hoffmann um 3 Uhr Nachmittags die hypsometrischen Instrumente auf dem höchsten Gipfel des Schneebergs. Diese Beobachtung stellt sich mit der korrespondirenden in Baireuth so:

Schneeberg.		Baireuth.		Höhe.
297,42	7,5	324,14	10,6 Heiter.	365,10
Gerstners Stations-Barometer ist über dem Meere				175,04
Folglich die absolute Höhe des Schneebergs				540,14 T.

Bei dem Barometerstande in Baireuth ist angenommen worden **) daß die Quecksilbersaüle in einen achtstündigen Zeitraum ein regelmäßiges Steigen gehabt habe: um 1 Uhr Abends stand sie auf 323,85, um 9 Uhr Abends auf 325,04, daher ein Steigen in 8 Stunden 1,19, oder in einer Stunde 0,148.

---

*) Nach einer Notiz des Hrn. Gerstner, der zu Folge Weiß auch Barometer-Beobachtungen auf dem Schneeberge angestellt haben soll; in den Original-Tagebüchern des letztern ist ihrer aber nicht Erwähnung geschehen. —

**) In der ersten Auflage dieser Schrift war bei Bestimmung desselben ein Irrthum vorgefallen.

Stellt man die gefundenen Höhen übersichtlich zusammen, so ergeben sich:

α) Barometer-Beobachtungen.

Nach Bürg's Messungen im Jahre 1807 . . 539,48
Nach v. Brands Messungen im Jahre 1819 . 540,01
Nach Hoffmann's Messung im Jahre 1826 . 540,14

β) Trigonometrische Messung

des Hauptmanns Weiß im Jahre 1819 . . 538,57

Die seltene Uebereinstimmung, welche sich in diesen vier Resultaten, — die auf Beobachtungen beruhen, welche von verschiedenen Personen, zu drei weit auseinander liegenden Zeiten angestellt worden sind, — zu erkennen giebt, spricht unleügbar für die Genauigkeit, und wir können daher im Mittel aus den Beobachtungen von Bürg, von Brand, Weiß und Hoffmann unbedingt setzen:

Absolute Höhe des Schneebergs üb. d. Meere {539,55 Toisen, 3237,3 Fuß.

Fast dieselbe Zahl (nämlich 3223 Fuß) hatte Hr. v. Lindenau aus Bürgs Beobachtungen, verglichen mit gleichzeitigen Beobachtungen auf der Sternwarte zu Paris, gefunden; ein wunderbares Zusammentreffen, wenn man die ungeheüre Entfernung (mindestens neünzig deütsche Meilen!) bedenkt, und ein Beweis, daß der Zustand der Atmosphäre am 11. und 12. August 1807 auf dem Schneeberge und in Paris von gleicher Beschaffenheit war.

Nr. 11.

Höhenbestimmung von Gefrees.

Im Gasthof zum Löwen, im zweiten Stock, 16 Fuß über dem Straßenpflaster, haben v. Brand, Hoffmann und Berghaus im Ganzen vier und zwanzig Mal die hypsometrischen Instrumente beobachtet. Diese Beobachtungen und die daraus hergeleiteten Resultate stellen sich folgender Maßen:

Zeit.		Gefrees.			Baireuth.				Höhen-Unterschied in Toisen.
Jahr, Monat und Tag	Stunde der Beob.	Barom. bei +10° R.	Temperatur der Luft.	Wetter	Barom. bei +10° R.	Temperatur der Luft.	Wetter	Wind	
1819	**A. Beobachtungen von v. Brand.**								
Okt. 23	11½ M.	315,03	6,1	Schnee	321,17	5,6	Trübe	S.	80,9
	12 =	314 94	5 7	Schnee	321 09	6 0	Trübe	=	81 1
	1 A.	314 47	5 7	Schnee	321 10	5 0	Trübe	=	87 3
	1½ =	314 47	5 6	Schnee	321 11	5 0	Trübe	=	87 4
Nov. 12	8 A.	317 26	1 9	Trübe	323 51	. 1 3	Trübe	SO.	80 0
= 13	2 M.	316 08	1 8	Trübe	322 60	. 1 3	Trübe	O.	83 7
1826	**B. Beobachtungen von Hoffmann.**								
Okt. 23	3 A.	320,92	12,2	.	327,58	13,0	Trübe	SO.	88 3
	5 =	321 55	10 0	.	328 05	10 2	Trübe	=	85 3
	10 =	321 00	5 0	.	328 50	8 4	Trübe	=	84 2
= 24	8 M.	320 40	4 6	.	327 47	6 2	Trübe	=	91 2
	9 =	319 85	5 0	.	327 38	6 6	Trübe	=	96 6
= 26	9½ A.	314 10	8 7	.	320 84	8 4	Trübe	NW.	89 8
= 27	9 M.	315 69	6 2	.	321 98	7 0	Regen	=	82 9
	1 A.	316 04	7 2	.	322 50	8 7	Regen	W.	85 5
	9 =	317 20	5 0	.	323 47	4 0	Trübe	NW.	81 6
= 28	7 M.	318 58	5 0	.	325 26	0 0	Trübe	=	85 8
= 29	3 A.	319 07	7 5	.	325 98	8 7	Trübe	W.	90 5
	6 =	319 04	7 0	.	325 80	8 0	Trübe	=	88 5
	9 =	318 82	6 3	.	325 41	8 1	Trübe	=	86 0
= 30	9 M.	317 73	5 0	.	324 30	7 2	Trübe	=	85 7
	11 =	318 09	6 3	.	324 79	8 1	Trübe	NW.	87 8
1828	**C. Beobachtungen von Berghaus.**								
Jan. 6	10 M.	316,80	. 6,0	Tr. SO.	323,47	. 5,8	Trübe	SO.	83 4
	11 =	316 68	. 5 0	desgl.	323 35	. 5 0	desgl.	=	83 8
	11¾ =	316 61	. 4 2	desgl.	323 28	. 4 2	desgl.	=	84 2
Mittel aus allen 24 Beobachtuugen									85 9

(Mittel aus den Beobachtungen von Brand 83,8; von Hoffmann 87,31; von Berghaus 83,8).

Das Barometer im Gasthof zum Löwen ist demnach über dem Meere . . . . 260,94 Toisen,
und das Straßenpflaster vor diesem Hause . . 258,28 —

Am 5ten September 1825 beobachtete ich bei der Kirche in Gefrees um 8 Uhr M. das Barometer 314''',62 und die Temperatur der Luft 6°,0. Gerstners Stationsbarometer stand gleichzeitig auf 322''',76,, Temperatur der Luft 8°,5. Dies giebt für die Höhe der Kirche zu Gefrees 107,5 Toise über Baireuth; es würde mithin die Kirche um beilaüfig 24 Toisen höher sein als der Gasthof zum Löwen, was, mit Rücksicht auf die Lokalität, nicht möglich ist. Diese Beobachtung von 1825 muß daher unberücksichtigt bleiben.

Am 29. Oktober 1826 fand Hoffmann den Barometerstand und die Temperatur der Luft an der Lübnitz-Brücke bei Gefrees 320,26 7,0;
die korrespondirende Beobachtung in Baireüth ist . 326,18 8,6;
hieraus ergiebt sich ein Höhenunterschied von 77,33 Toisen; und da das Barometer 1½ Fuß hoch über dem Wasserspiegel aufgehängt war, so folgt die Höhe des Niveau der Lübnitz bei Gefrees 252,12 Toisen über dem Meere.

Nr. 12.

Höhenbestimmung von Hof.

In Hof ist auf drei verschiedenen Standpunkten beobachtet worden: v. Brand und Weiß im brandenburger Gasthof, der in der Mitte der Stadt an der Hauptstraße gelegen ist; Mädler in einem Gasthofe am Marktplatze; Hoffmann und ich beobachteten im Gasthof zum goldenen Hirsch, welcher in der Vorstadt unmittelbar an dem Thore liegt, aus welchem die Straße nach Baireüth führt; dies ist der höchste Theil von Hof.

A. Im brandenburger Gasthof, 2ter Stock.

1819		Hof.			Baireüth.				Höhenunterschied in Toisen.
Monat und Tag	Stunde der Beob.	Barom. bei +10° R,	Temperatur der Luft	Wetter	Barom. bei +10° R.	Temperatur der Luft	Wetter	Wind	
α) Beobachtungen von v. Brand.									
Okt. 22	7 A,	315,32	5,9	Trübe	321,27	7,0	Trübe	S.	78,5
	9 =	315 77	3 5	Trübe	321 89	3 5	Trübe	=	79,5
= 23	6 M.	314 97	2 7	Trübe	321 32	2 5	Trübe	=	82,6
β) Beobachtungen von Weiß.									
Dec. 6	8 A.	319,36	. 1,2	Tr. O.	325,56	. 2,0	Trübe	SO.	78,2
= 7	5 M.	319,37	0,9	desgl.	325,61	. 0,9	Trübe	SO.	78,9
Mittel aus 5 Beobachtungen									79,54
Das Barometer hing 16 Fuß über dem Erdboden oder . . .									2,66
Höhenunterschied zwischen Baireüth und Hof									76,88
Gerstners Stationsbarometer ist über dem Meere									175,04
Absolute Höhe von Hof, brandenburger Gasthof									251,92

In Beziehung auf die Beobachtungen des Hauptmanns Weiß darf es nicht unbemerkt bleiben, daß in den Tagebüchern dieses Offiziers der Barometerstand in Hof zu 320 Linien angegeben ist; allein ich vermuthe hier einen Schreibfehler und habe es mir erlaubt, den obigen Stand zu substituiren; rechnet man mit der ursprünglichen Angabe, so wird die Höhe um 13 Toisen kleiner, was den Brandschen Beobachtungen, und den meinigen an der Saale, durchaus widerspricht.

B. Im Gasthof am Markte.

γ) Beobachtungen von Mädler.

1827 April		Hof		Baireuth.		Würzburg		Höhenunterschied mit	
Tag	Stunde	Barom. bei +10° R.	Temperatur	Barom. bei +10° R.	Temperatur	Barom. bei +10° R.	Temperatur	Baireuth	Würzburg
25	8 A.	318,86	6,1	325,36	8,0	331,90	9,0	87,47	171 20
	8½ =	318 86	6 7	325 39	7 5	331 95	8 7	87 85	171'70
26	5½ M.	319 42	5 0	325 45	4 0	332 07	7 0	80 93	164 64
	6 =	319 30	5 2	325 45	4 2	332 08	7 5	82 56	166 34
	6½ =	319 30	5 5	325 45	4 4	332 09	8 0	82 56	166 82
	7 =	319 59	5 9	325 45	4 5	332 10	9 0	78 64	163 63
Mittlere Höhenunterschiede								83,33	167,39
Die absolute Höhe von Baireuth und Würzburg								175,04	91,13
Höhe von Hof, Barometer=Niveau								258,37	258,52

Mittel aus beiden Bestimmungen . . . . 258,45 Toisen

Das Barometer hing 24 Fuß über dem Marktpflaster, mithin ist dieses über dem Meere . . . . 254,45 Toisen.

Die beiden Endresultate der Berechnung der Höhe von Hof mit den korrespondirenden Beobachtungen in Baireuth und Würzburg zeigen eine so schöne Uebereinstimmung, daß in dieser Beziehung nichts zu wünschen übrig bleibt, wenn es gleich auffallend ist, daß zwischen dem ersten und letzten Höhenunterschied eine Differenz von neun und acht Toisen besteht.

C. Im Gasthof zum goldnen Hirsch.

Zeit.		Hof.			Baireuth.				Höhen-Unterschied in Toisen.
Jahr, Monat und Tag	Stunde der Beob.	Barom. bei +10° R.	Temperatur der Luft	Wetter	Barom. bei +10° R.	Temperatur der Luft	Wetter	Wind	
1826	δ) Beobachtungen von Hoffmann.								
Spt. 23	9 M.	321,50	5,0	.	327 54	2,5	Heiter	NO.	
	11 =	321 31	10 0	.	327′38	7 5	Heiter	=	
	7 A.	320 41	6 5	.	327 04	5 5	Verm.	N.	
	9 =	320 46	4 0	.	326 95	2 7	Trübe	=	
= 24	7 M.	319 43	0 0	.	325 47	.0 5	Heiter	SO.	
Okt. 8	10 A.	320 55	6 0	.	326 56	8 0	Trübe	O.	
= 9	8 M.	318 86	7 0	.	325 09	7 2	desgl.	N.	
	10 =	318 54	7 0	.	324 93	7 6	desgl.	=	
	4 A.	317 77	8 0	.	324 37	8 0	desgl.	=	
	11 =	317 89	6 5	.	324 49	5 0	desgl.	=	
= 10	8 M.	318 04	7 0	.	324 63	5 5	desgl.	NW.	
	7 A.	319 10	4 0	.	325 93	3 5	desgl.	=	
= 11	8 M.	319 68	6 0	.	325 38	9 8	desgl.	SO.	
	10 =	320 07	7 0	.	325 42	8 4	desgl.	SO.	
	14 B.	319 54	7 5	.	325 94	7 2	.	.	83,58
1828	ε) Beobachtungen von Berghaus.								
Jan. 5	6 A.	317,00	.1,9	Tr. SO	323,55	.1,5	.	.	
	7 =	317 03	.1 9	desgl.	323 62	.1 6	.	.	
	8 =	317 06	.2 0	desgl.	323 59	.1 8	.	.	
	9 =	317 13	.2 0	desgl.	323 65	.2 0	.	.	
	10 =	317 22	.2 0	desgl.	323 75	.2 0	.	.	
= 6	5 M.	316 70	.7 0	desgl.	322 90	.3 7	.	.	
	6 B.	317 02	.2 8	.	323 51	.2 1	.	.	82,30
Okt. 7	11 M.	318 26	10 6	Trübe	324 65	11 5	.	.	
	11½ =	318 56	10 8	Heiter	324 85	12 5	.	.	
	2 B.	318 41	10 7	.	324 75	12 0	.	.	84,48
Mittlerer Höhenunterschied aus 22 Beobachtungen									83,45

Das arithmetische Mittel der Höhenunterschiede aus den von mir gemachten acht Beobachtungen weicht noch nicht um zwei Zehntel einer Toise von dem Resultate ab, welches aus den zahlreichern Beobachtungen von Hoffmann hervorgeht. Dieses schöne Uebereinstimmen von Beobachtungen, welche zu drei, weit aus einander liegenden, Zeiten und unter verschiedenem atmosphärischen Druck, in verschiedenen Jahreszeiten angestellt worden sind, ist zwar nur als zufällig zu betrachten, dürfte aber immer für die Richtigkeit der gefundenen Höhenunterschiede sprechen.

Da das Barometer im zweiten Stock, 15 Fuß über dem Erdboden hing, so ist der Gasthof zum goldenen Hirsch in Hof höher als Baireuth . . . . 80,95 Toisen, oder über dem Meere . . . . 256,0 Toisen.

Am 7. Oktober 1828 maaß ich die Erhöhung des Gasthofs zum Hirsch über dem Wasserspiegel der Saale. Die Beobachtungen sind:

An der Saalbrücke, um 10¾ Uhr Morgens . 319,55 11,1

Im Hirsch, zweiter Stock, um 11 Uhr Morg. 318,26 10,6,

hieraus ergiebt sich ein Höhenunterschied von 17,1 Toisen, und da das Barometer an der Saalbrücke 0,83 Toise über dem Wasserspiegel aufgehängt war, so ist die Höhe der Saale über dem Stationsbarometer in Baireuth 65,52 Toisen, und ihre absolute Höhe 240,56 Toisen über dem Meere.

Nr. 13.

Höhenbestimmung des Korn-Berges.

Zeit.		Korn-Berg.			Baireuth.				Höhen-Unterschied in Toisen.
Monat und Tag.	Stunde.	Barom. bei +10° R.	Temperatur der Luft.	Wetter	Barom. bei +10° R.	Temperatur der Luft.	Wetter	Wind	
		A. Beobachtungen des Hrn. v. Brand; mit dem Gefäßbarometer. Kollim. = +0,64.							
1819									
Okt. 12	12 M.	309,01	6,8	Heiter	327,71	8,8	Heiter	SO.	248,2
	1½ A.	308 97	8 5	desgl.	327 67	10 0	desgl.	=	249 5
	3 =	309 06	7 2	desgl.	327 80	9 8	desgl.	=	249 2
	5 =	309 27	3 2	desgl.	328 08	5 8	desgl.	=	246 2
= 13	12½ A.	308 84	6 8	desgl.	327 27	9 2	desgl.	O.	245 1
	1 =	308 59	7 2	desgl.	327 16	9 6	desgl.	=	247 4
	2½ =	308 39	7 6	Trübe	327 16	10 4	desgl.	SO.	250 7
	3½ =	308 27	8 1	Heiter	327 21	8 5	desgl.	=	252 4
	5 =	308 41	5 2	desgl.	326 96	7 6	desgl.	=	245 8
	6 =	308 45	3 5	desgl.	326 93	5 5	desgl.	=	242 7
= 14	11 M.	307 37	6 8	Trübe	326 13	9 6	desgl.	=	250 7
	12 =	307 39	8 5	B.SO.	326 11	11 5	desgl.	=	250 8
	12½ A.	307 38	9 7	Verm.	326 10	12 3	Trübe	=	252 8
	2 =	307 35	7 2	desgl.	326 04	12 8	desgl.	=	251 4
	3 =	307 39	7 0	desgl.	326 00	12 5	desgl.	=	250 2
	5 =	307 45	6 0	Trübe	326 10	10 6	desgl.	=	249 1
		B. Beobachtungen des Hrn. v. Brand, mit dem Heberbarometer.							
1820									
Aug. 31	6½ A.	307,80	11,7	.	325,29	14,2	Trübe	SO.	238,1
Spt. 1	8½ M.	307 59	11 1	Nebel	325 81	13 9	Heiter	O.	247 4
	1 A.	307 03	13 7	desgl.	325 41	17 8	Trübe	SO.	253 0
	6½ =	306 21	10 3	desgl.	325 20	14 7	desgl.	=	258 8
= 2	4 A.	305 66	12 5	Regen	324 23	17 5	desgl.	NW.	256 0
	6 =	305 62	10 0	Trübe	324 25	15 0	desgl.	=	254 4
	6½ =	305 57	7 1	desgl.	324 25	10 9	desgl.	=	252 3

1819		Korn-Berg.			Baireuth.				Höhen-unterschied in Toisen.
Monat und Tag.	Stunde.	Barom. bei +10° R.	Temperatur der Luft.	Wetter	Barom. bei +10° R.	Temperatur der Luft.	Wetter	Wind	
Spt. 3	2 A.	306,23	14,2	Nebel	324,32	17,2	Trübe	SW.	249,8
	6 =	306 18	8 7	Regen	324 76	12 3	Trübe	=	251,5
= 4	11 M.	307 82	10 6	Trübe	326 48	15 4	Trübe	=	253,5
	6½ =	307 83	9 2	desgl.	326 44	12 8	Heiter	=	250,9
= 5	8 M.	307 98	9 0	Nebel	326 56	7 2	desgl.	NW.	247 5
	12½ A.	307 71	12 9	Verm.	326 33	18 1	desgl.	N.	255 6
	6½ =	307 28	9 0	desgl.	326 29	14 0	desgl.	=	257 2
= 6	10½ M.	307 04	14 3	.	325 34	12 7	Trübe	=	249 8
	1½ A.	306 74	13 0	.	325 11	17 5	Heiter	NO.	252 6
	4 =	306 64	12 2	.	325 10	15 0	desgl.	=	252 4
	6½ =	306 40	9 0	.	325 09	12 0	desgl.	=	252 6
= 8	2½ A.	308 86	12 5	.	327 38	18 7	desgl.	=	253 3
	6½ =	308 98	8 5	.	327 65	13 5	desgl.	=	250 7
= 9	11 M.	310 30	11 5	.	328 54	17 5	desgl.	=	247 5
	7 A.	310 40	8 5	.	328 30	11 5	desgl.	=	238 8
= 12	12 M.	308 74	12 7	.	327 64	18 1	Trübe	=	247 8
	6 =	309 41	10 3	.	327 79	15 7	desgl.	=	248 7
1826	C. Beobachtung von Hoffmann.								
Okt. 16	10 M.	306,63	10,0	.	324,84	12,0	Heiter	SO.	246 7

Mittel aus 16 Beobachtungen mit dem Gefäßbarometer 248,88

Mittel aus 24 Beobachtungen mit dem Heberbarometer 250,84

Mittlerer Höhenunterschied aus allen 41 Beobachtungen . . . 250 0

Baireüth ist über dem Meere . . 175,0

Absolute Höhe des großen Korn-Berges 425,0

Nr. 14.

Höhenbestimmung von Spielberg.

Während Hauptmann v. Brand, mit den trigonometrischen Messungen auf den großen Kornberg beschäftigt war, hatte er sein Quartier in dem Försterhause zu Spielberg, einem Dorfe das am südlichen Fuße des Berges gelegen ist, aufgeschlagen. Zur Höhenbestimmung dieses Punktes hat er folgende drei und dreißig Barometerer-Beobachtungen angestellt. Das Instrument hing 4 Fuß über dem Boden.

Zeit		Spielberg.			Baireuth.				Höhen-Unterschied in Toisen.
Monat und Tag.	Stunde.	Barom. bei +10° R.	Temperatur der Luft.	Wetter	Barom. bei +10° R.	Temperatur der Luft.	Wetter	Wind	
A. Beobachtungen mit dem Gefäßbarometer. Coll. = + 0,64.									
1819.									
kt. 13	$7\frac{1}{2}$ A.	316,96	3,7	Heiter	326,91	5,5	Heiter	SO.	128,9
	8^{1} =	316 95	3 7	desgl.	326 90	5 4	desgl.	=	129 0
	$9\frac{1}{2}$ =	316 89	2 5	desgl.	326 89	2 3	desgl.	=	128 5
	10 =	316 85	2 5	desgl.	326 85	2 0	desgl.	=	128 4
= 14	7 M.	316 14	1 8	Nebel	326 38	3 1	Heiter	SO.	132 0
	$7\frac{1}{2}$ =	316 13	2 5	desgl.	326 36	4 2	desgl.	=	132 3
	8 =	316 23	2 6	desgl.	326 33	5 5	desgl.	=	130 9
	9 =	316 43	4 1	Trübe	326 30	6 2	desgl.	=	128 3
	$9\frac{1}{2}$ =	316 42	5 6	Heiter	326 26	7 0	desgl.	=	128 1
	10 =	316 42	7 6	desgl.	326 21	9 0	desgl.	=	129 0
B. Beobachtungen mit dem Heberbarometer.									
1820.									
Aug. 31	5 A.	316,38	19,2	.	326,06	16,8	Heiter	SO.	132,3
Spt. 1	6 M.	316 41	7 8	.	325 90	8 5	Heiter	O.	124 9
	7 =	316 43	10 7	.	325 93	10 3	desgl.	=	126 2
	8 =	315 50	12 4	.	325 25	13 0	desgl.	SO.	130 8

Zeit.		Spielberg.			Baireuth.				Höhen-Unterschied in Toisen.
Monat und Tag.	Stunde.	Barom. bei +10° R.	Temperatur der Luft.	Wetter	Barom. bei +10° R.	Temperatur der Luft.	Wetter.	Wind.	
Spt. 2	7 M.	315,68	13,0	.	324,19	15,0	Trübe	SO.	114,9
	11 =	315 58	13 1	Regen	324 27	17 0	desgl.	=	118 0
	3 A.	315 53	15 0	desgl.	324 25	19 5	desgl.	NW.	119 3
	8 =	314 89	10 3	Trübe	324 30	12 5	desgl.	=	125 8
= 3	7 M.	314 65	11 8	Trübe	324 36	13 5	Trübe	S.	130 7
	10 =	314 73	13 7	desgl.	324 43	15 0	desgl.	=	131 5
	1 A.	314 69	16 5	Nebel	324 32	17 8	desgl.	SW.	132 0
= 4	7 M.	315 78	9 3	.	326 53	12 5	Trübe	SW.	142 7
= 5	6 M.	316 84	8 1	Nebel	326 56	7 2	Heiter	NW.	127 4
= 6	7½ M.	315 73	11 8	.	325 52	5 0	Trübe	N.	129 2
	8 A.	315 61	9 0	Regen	325 09	8 2	Heiter	=	125 3
= 7	9 M.	315 93	15 6	.	325 65	13 0	Trübe	NO.	132 0
	3 A.	316 07	16 2	.	325 91	16 8	desgl.	=	133 8
= 8	7 M.	317 24	11 8	.	327 20	11 7	Heiter	NO.	132 3
	12 =	317 33	17 5	.	327 26	17 5	desgl.	=	135 9
= 9	8 M.	318 56	12 2	.	328 56	9 3	Heiter	N.	132 2
= 10	7 M.	319 27	11 0	.	329 37	8 4	Trübe	SO.	132 6
= 11	3 A.	317 84	15 7	.	327 52	15 0	Trübe	NW.	130 5
= 12	9 M.	319 66	17 0	.	327 71	16 0	Trübe	NO.	136 0
Mittler Höhenunterschied aus 33 Beobachtnngen									129 44
Baireuth ist über dem Meere . . .									175 04
Absolute Höhe des Försterhauses in Spielberg									304,48
Erdboden daselbst									303 68

Nr. 15.

Höhenbestimmung von Sophienreüth.

Das Dorf Sophienreüth liegt auf der außern Bergebene des Fichtelgebirgs, im Landgerichtsbezirk Selb, anderthalb Stunden von dem Markte dieses Namens, gegen NW. entfernt. Hauptmann von Brand hat hier im Oktober 1819 die hypsometrischen Instrumente fünf und vierzig Mal beobachtet; das Barometer war das Gefäßbarometer und dessen Kollimation = + 0,64 Linie. Der Standpunkt ist in den meteorologischen Tagebüchern nicht näher nachgewiesen; das Barometer hing aber in einer Höhe von 26 Fuß über dem Erdboden.

1819		Sophienreüth.			Baireüth.				Höhen-Unterschied in Toisen.
Monat und Tag.	Stunde.	Barom. bei +10° R.	Temperatur der Luft.	Wetter	Barom. bei +10° R.	Temperatur der Luft.	Wetter	Wind.	
Okt. 13	6½ M.	318,15	.4,3	Heiter	327,80	.4,0	Nebel	O.	120,5
	7 =	318 23	.4 1	desgl.	327 90	.3 7	desgl.	=	120 7
	8 =	318 46	0 6	desgl.	327 88	0 0	Verm.	=	119 5
	9 =	318 46	8 1	desgl.	327 89	1 6	Heiter	=	121 6
= 14	10 A.	317 44	6 2	Trübe	326 36	8 3	Trübe	SO.	116 8
= 15	7 M.	317 96	6 6	Trübe	327 03	8 4	Trübe	SO.	118 6
	7½ =	317 93	7 2	Verm.	327 05	9 1	desgl.	=	119 5
	8 =	318 00	7 2	desgl.	327 07	9 8	desgl.	=	119 1
	9 =	318 05	8 7	desgl.	327 12	10 5	Verm.	=	119 6
	11 =	318 39	10 6	desgl.	327 20	11 2	desgl.	=	116 8
	12 =	318 32	11 2	desgl.	327 24	12 0	desgl.	=	118 4
	1½ =	318 17	12 6	desgl.	327 28	12 8	Heiter	=	121 4
	3 =	318 12	11 1	desgl.	327 38	12 0	desgl.	=	122 9
= 17	10 A.	315 46	5 8	Regen	324 49	6 2	Trübe	NO.	118 2

1819.		Sophienreüth.			Baireüth.				Höhen-Unterschied in Toisen.
Monat und Tag.	Stunde.	Barom. bei +10° R.	Temperatur der Luft.	Wetter	Barom. bei +10° R.	Temperatur der Luft.	Wetter	Wind.	
Okt. 18	7 M.	315,29	6,3	Trübe	324,70	6,8	Regen	NO.	123,5
	8 =	315 55	6 7	Regen	324 44	7 1	desgl.	=	117 0
	9 =	315 57	7 6	desgl.	324 51	7 6	desgl.	=	117 9
	10 =	315 58	8 1	desgl.	324 58	8 1	desgl.	=	118 9
	11 =	315 59	8 7	Trübe	324 57	9 3	Trübe	=	119 0
	12 =	315 61	9 3	desgl.	324 56	10 0	desgl.	=	118 7
	2 A.	315 62	10 0	desgl.	324 42	10 9	desgl.	=	117 2
	3 =	315 62	10 2	desgl.	324 24	10 6	desgl.	SO.	124 9
	$3\frac{1}{2}$ =	315 58	9 7	desgl.	324 22	10 5	desgl.	O.	115 1
	10 =	315 66	7 7	desgl.	324 66	9 1	desgl.	NO.	118 9
= 19	$7\frac{1}{2}$ M.	315 45	7 2	Regen	324 62	6 3	Trübe	NO.	120 6
	8 =	315 45	5 6	desgl.	324 62	6 5	Trübe	=	120 1
	9 =	315 47	5 6	desgl.	324 66	6 5	Regen	O.	120 5
	10 =	315 50	6 2	desgl.	324 66	7 1	desgl.	NO.	120 3
	11 =	315 53	6 2	desgl.	324 61	7 8	desgl.	=	119 4
	12 =	315 53	6 2	desgl.	324 57	7 1	desgl.	N.	118 7
	2 A.	315 53	5 6	desgl.	324 57	6 2	desgl.	NO.	118 5
	3 =	315 51	5 3	desgl.	324 54	6 2	desgl.	=	118 3
	4 =	315 51	5 2	desgl.	324 51	6 2	desgl.	=	117 9
	5 =	315 48	5 2	desgl.	324 48	6 2	desgl.	=	117 7
	6 =	315 49	6 0	desgl.	324 45	6 2	desgl.	=	117 4
	9 =	315 41	6 0	Trübe	324 50	6 0	desgl.	=	119 2
	10 =	315 26	6 0	desgl.	324 35	7 0	desgl.	=	119 1
= 20	7 M.	315 03	4 0	Nebel	324 40	5 2	Trübe	O.	122 1
	8 =	315 05	4 3	desgl.	324 43	5 6	Trübe	=	122 3
	9 =	315 22	5 0	desgl.	324 44	7 5	Heiter	NO.	120 4
	10 =	315 34	7 0	Trübe	324 41	7 6	desgl.	N.	119 3
	11 =	315 38	7 5	desgl.	324 45	9 1	desgl.	O.	119 7
	12 =	315 39	7 7	desgl.	324 47	11 1	desgl.	SO.	120 2
	2 A.	315 22	8 7	desgl.	324 36	11 2	desgl.	=	120 9
	3 =	315 22	10 2	desgl.	324 32	10 8	desgl.	=	121 1

Mittel aus 45 Beobachtungen	119 52
Absolute Höhe von Baireüth . .	175 04
Demnach Barometer in Sophienreüth über dem Meere . .	294,50
Das Barometer war 26 Fuß über dem Erdboden	4 34
Absolute Höhe des Bodens von Sophienreüth	290,24

Zur Bestimmung der Niveauhöhe des Perlbaches beobachtete Hauptmann v. Brand am 18. Oktober 1819 drei Mal, am Stege, der beim Jägerhause unterhalb Sophienreüth über dieses Wasser führt. Die Erhöhung des Instruments über den Wasserspiegel des Bachs betrug 1½ Fuß.

	Am Perl-Bach.		Baireüth.		Höhe.
4 Uhr M.	316,72	9,0	324,20	10,5	99,3
4½ " "	316,70	8,5	324,25	10,0	100,0
5 " "	316,72	8,2	324,30	9,7	100,2

Mittel aus drei Beobachtungen	99,83
Reduktion auf den Wasserspiegel . . .	0,25
Niveau des Perlbachs über Baireüth	99,58 T.
Und über dem Meere	274,62 —

Nr. 16.

Höhenbestimmung von Schloß Gattendorf.

Schloß Gattendorf liegt 1¼ Stunden östlich von Hof, unfern der sächsisch-voigtländischen Gränze.

Beobachtet wurde hier von dem Hauptmann v. Brand, mit dem Gefäßbarometer, dessen Kollimation auch für diesen Standpunkt + 0,64 Linie beträgt.

Das Instrument hing funfzehn Fuß über dem Erdboden.

1819.		Gattendorf.			Baireuth.				Höhen-Unter-schied in Toisen.
Mo-nat und Tag.	Stunde.	Barom. bei + 10° R.	Temperatur der Luft.	Wetter.	Barom. bei + 10° R.	Temperatur der Luft.	Wetter.	Wind.	
Okt. 15	10 A.	319,10	3,0	Heiter	327,68	6,5	Trübe	SO.	110,8
= 16	7 M.	319 27	4 5	Nebel	327 56	2 7	Nebel	=	106 4
	8 =	319 26	4 4	desgl.	327 61	4 1	desgl.	=	107 5
	9 =	319 30	5 3	desgl.	327 62	5 3	Trübe	=	107 5
	1 A.	318 60	13 0	Trübe	326 85	10 0	Trübe	O.	109 3
	2 =	318 29	9 0	desgl.	326 59	10 2	Trübe	NO.	109 5
	3 =	318 15	10 0	desgl.	326 47	10 2	Trübe	=	110 1
	$3\frac{1}{2}$ =	318 01	9 5	desgl.	326 28	10 1	Trübe	=	109 3
	10 =	316 56	6 1	desgl.	325 51	6 3	Trübe	=	117 9
= 17	7 M.	314 74	5 6	Regen	323 13	6 0	Regen	SO.	110 3
	8 =	314 72	5 6	desgl.	323 11	6 5	Regen	=	110 3
	9 =	314 68	6 0	desgl.	323 17	7 1	Regen	=	112 0
= 20	7 A.	315 91	6 3	Heiter	324 17	7 6	Heiter	=	108 8
	10 =	315 81	6 3	desgl.	324 18	7 0	Heiter	=	110 0
= 21	7 M.	315 33	7 0	Heiter	323 81	7 6	Trübe	=	111 8
	8 =	315 27	7 6	Trübe	323 75	8 3	Trübe	=	112 2
	9 =	315 28	8 2	desgl.	323 59	9 6	Trübe	=	110 4
	$10\frac{1}{2}$ =	315 28	10 2	Heiter	323 42	10 9	Verm.	=	108 9
	12 =	315 20	11 2	desgl.	323 11	13 2	Heiter	=	106 5
	10 A.	313 90	8 6	desgl.	322 16	9 1	Heiter	=	110 3
= 22	7 M.	313 30	5 0	Trübe	321 99	6 0	Regen	=	114 5
	8 =	313 25	7 2	desgl.	321 96	7 5	Regen	=	115 8
	9 =	313 36	6 2	desgl.	321 93	7 8	Regen	=	113 7
	10 =	313 33	6 2	Regen	321 95	7 5	Regen	=	114 3
	11 =	313 27	6 5	desgl.	321 97	7 3	Regen	=	115 5
	12 =	313 59	3 1	desgl.	322 00	7 6	Heiter	S.	110 9
	1 A.	313 25	7 2	Trübe	321 96	8 8	Heiter	=	116 0
	$1\frac{1}{2}$ =	313 20	10 0	Schön	321 86	9 0	Heiter	=	116 1
Höhenunterschied aus 28 Beobachtungen									111 30
Baireuth ist über dem Meere									175 04
Absolute Höhe des Barometerortes in Schloß Gattendorf .									286 34

Einige von den Beobachtungen des Hauptmanns von Brand in Gattendorf lassen sich auch mit denjenigen vergleichen, welche Weiß in Goldkronach und Fröbershammer angestellt hat. Diese stellen sich mit den daraus hergeleiteten Höhenunterschieden und absoluten Höhenbestimmungen auf folgende Weise:

1819 Oktob. Tag	Stunde	Ort der Beobachtung.	Barometer	Temperatur	Witterung	Höhenunterschied	Absolute Höhe.
16	1 N.	Gattendorf . . . Goldkronach	318,60 322 72	13,0 10 3	Trübe Trube	55,0	283,0
	3½ „	Gattendorf . . . Goldkronach	318 01 322 14	9 5 10 1	Trübe Trube	54,9	282,9
	10 „	Gattendorf . . . Fröbershammer	316 56 313 33	6 1 4 5	Trübe Trübe	.42,9	287,9
17	8 M.	Gattendorf . . . Fröbershammer	314 72 311 32	5 6 4 0	Regen Regen	.45,3	285,5
20	7 A.	Gattendorf . . . Fröbershammer	315 91 312 36	6 3 6 2	Heiter Trübe	.47,3	283,5
21	7 M.	Gattendorf . . . Fröbershammer	315 33 311 88	7 0 7 5	Heiter Trübe	.46,5	284,3
	8 „	Gattendorf . . . Fröbershammer	315 27 311 91	7 6 8 1	Trübe Nebel	.45,2	285,6
	9 „	Gattendorf . . . Fröbershammer	315 28 311 94	8 2 8 1	Trübe Verm.	.44,9	285,9
	10½ „	Gattendorf . . . Fröbershammer	315 28 311 82	10 2 9 3	Heiter Verm.	.46,9	283,9

1819 Oktob. Tag	Stunde	Ort der Beobachtung.	Barometer	Temperatur	Witterung	Höhenunterschied Toisen.	Absolute Höhe. Toisen.
22	8 M.	Gattendorf . . .	313,25	7,2	Trübe	.42,5	288,3
		Fröbershammer	310 10	6 3	Trübe		
	10½ =	Gattendorf . . .	313 30	6 3	Regen	.43,1	287,7
		Fröbershammer	310 09	6 2	Trübe		
	1 A.	Gattendorf . . .	313 25	7 2	Trübe	.41,3	289,7
		Fröbershammer	310 19	5 1	Trübe		
Mittlere Höhe aus 12 Vergleichungen mit Goldkr. u. Fröbersh.							285,68
Mittlere Höhe aus 28 Vergleichungen mit Baireuth							286,34
Absolute Höhe des Barometers in Gattendorf, aus 40 Vergl. .							286,01
Absolute Höhe des Erdbodens daselbst							283,51

Nr. 17.

Höhenbestimmung von Unter-Steben.

Unter-Steben liegt im nördlichen Gebiet der äußern Bergebene des Fichtelgebirgs; zwischen Lichtenberg und Nordhalben, da wo sich das Plateau an den Frankenwald anschließt.

Weiß beobachtete hier am 5. und 6. Dec. 1819 und zwar im zweiten Stock des Königl. Bergamts; Hoffmann an zwölf Tagen des Septembers und Oktobers 1826 im Wirthshause eine Treppe hoch. Da der Höhenunterschied beider Punkte nicht bekannt ist, so können die beiderseitigen Beobachtungen auch nicht auf einen gemeinschaftlichen Punkt reducirt werden.

Beobachtungen von Weiß, 1819.

Zeit.		Unter-Steben.		Baireuth.				Höhen-Unterschied in Toisen.
Monat und Tag.	Stunde.	Barom. bei +10° R.	Temperatur der Luft C.	Barom. bei +10° R.	Temperatur der Luft C.	Wetter	Wind	
Dec. 5	1 A.	314,88	. 2°,1	324,66	. 0,0	Trübe	SO.	124,9
	8 „	315,07	2,5	325,44	1,0	desgl.	SO.	129,2
„ 6	9 M.	316,08	1,7	325,71	0,0	desgl.	SO.	122,5
Mittlerer Höhenunterschied aus 3 Beobacht. =								125,53
Baireuth ist über dem Meere								175,04
Absolute Höhe des Bergamts in Unter-Steben								300,57

Beobachtungen von Hoffmann, 1826.

Monat und Tag.	Stunde.	Unter-Steben Barom.	Temp.	Baireuth Barom.	Temp.	Wetter	Wind	Höhen-Unterschied
Spt. 25	10 A.	315,92	10,3	325,04	11,8	Trübe	SW.	121,3
„ 26	7 M.	316,68	7,5	325,90	8,7	Trübe	SO.	121,1
„ 27	7 M.	318,02	10,0	327,68	8,7	Trübe	SO.	126,6
	8 A.	318,06	13,7	327,53	16,0	Regen	SO.	126,7
„ 28	7 M.	318,31	12,5	327,54	15,0	Regen	SO.	123,3
	10 „	318,59	16,2	327,53	18,0			121,3
	1 A.	318,57	19,3	327,59	20,6	Verm.	N.	123,2
	9 „	318,68	11,2	327,92	11,8	desgl.	NW.	122,2
„ 29	7 M.	318,15	10,0	327,91	7,5	Nebel	N.	127,8
	10 A.	317,70	11,2	327,52	9,0	Heiter	N.	129,5
„ 30	7 M.	317,28	7,5	326,88	4,3	Heiter	SO.	125,0
	1 A.	317,00	15,3	326,25	18,1	desgl.	SO.	125,6
	9 „	316,56	7,0	326,04	8,4	Trube	SO.	124,5

Zeit		Unter-Steben.		Baireuth.				Höhen-Unterschied in Toisen.
Monat und Tag.	Stunde.	Barom. bei +10° R.	Temperatur der Luft.	Barom. bei +10° R.	Temperatur der Luft.	Wetter	Wind	
Okt. 1	7 M.	316,21	3,7	325,83	3,7	Heiter	O.	125,8
	11 =	316 21	15 0	325 65	17 0	desgl.	O.	128 2
	1 A.	315 91	16 8	325 54	18 7	desgl.	O.	131 5
	9 =	316 16	7 5	325 56	7 0	desgl.	O.	123 3
= 2	7 M.	316 20	9 0	325 52	2 5	Schön	SO.	121 6
= 5	1 A.	313 14	12 5	322 60	15 0	Trübe	W.	128 7
	9½ =	313 58	5 0	322 88	7 0	desgl.	S.	122 3
= 6	7 M.	314 36	6 2	324 10	7 5	desgl.	S.	128 2
	9 =	314 81	6 6	324 12	10 0	desgl.	N.	121 2
	1 A.	314 93	10 0	324 16	17 0	desgl.	N.	124 8
	5 =	315 83	7 5	324 64	12 9	desgl.	N.	117 3
	9½ =	316 30	6 8	325 12	7 0	desgl.	NO.	116 0
= 7	8 M.	316 61	4 5	325 86	5 0	desgl.	NO.	120 2
	1 A.	316 91	7 4	326 04	9 0	desgl.	NO.	120 3
	10 =	317 35	6 2	326 35	8 4	desgl.	NO.	118 0
= 8	7 M.	317 53	8 1	326 53	8 1	desgl.	O.	118 3
	9 =	317 83	11 2	326 60	12 0	desgl.	O.	116 7
Mittlerer Höhenunterschied aus 30 Beobacht.								123,35
Baireuth ist über dem Meere								175,04
Absolute Höhe des Wirthsh. in Unter-Steben								298,39

Höhe von Unter-Steben,

des Bergamtes 300,57 Toisen über dem Meere, nach Weiß; des Wirthshauses 298,39 Toisen über dem Meere, nach Hoffmann.

Nr. 18.

Höhenbestimmung von Zell.

Zell liegt auf der äußern Bergebene, am Fuße der waldsteiner Bergkette, und namentlich des Waldsteins selbst. Hier ist auf zwei verschiedenen Standpunkten beobachtet worden. Im Gasthofe bei der Kirche, im zweiten Stock durch v. Brand und Hoffmann, und im Försterhause von dem zuerst genannten Beobachter.

Zeit		Zell, Gasthaus.			Baireuth.				Höhen Unterschied in Toisen
Monat und Tag.	Stunde.	Barom. bei +10° R.	Temperatur der Luft.	Wetter	Barom. bei +10° R.	Temperatur der Luft.	Wetter	Wind	
		A. Beobachtungen des Hrn. v. Brand; mit dem Gefäßbarometer. Kollim. = —0,02.							
1819									
Nov. 5	5½ A.	311,51	6,8	Regen	322,09	7,2	Trübe	SO.	140,6
	9 =	311 62	5 6	desgl.	322 31	5 0	desgl.	SO.	141 1
= 6	8 M.	311 62	6 0	desgl.	322 30	6 0	Trübe	S.	141 5
	9 =	311 83	4 7	desgl.	322 42	6 3	desgl.	S.	140 9
	10 =	312 10	4 3	desgl.	323 12	5 7	Regen	S.	145 0
	11 =	312 26	4 1	desgl.	323 36	5 3	desgl.	SW.	145 8
	12 =	312 49	4 1	desgl.	323 38	5 9	Trube	NW.	143 1
	1 A.	312 52	4 7	Trube	323 49	6 5	desgl.	SW.	144 4
	2 =	312 59	5 0	desgl.	323 46	7 1	desgl.	S.	143 4
	3 =	312 62	5 0	desgl.	323 42	7 5	desgl.	NW.	142 6
	4 =	312 68	5 0	desgl.	323 46	7 0	desgl.	NW.	142 3
	5 =	312 68	5 0	desgl.	323 50	6 8	desgl.	NW.	142 5
	7 =	312 54	6 1	Regen	323 58	6 5	desgl.	NW.	145 7
	9 =	312 54	6 6	desgl.	323 44	7 0	desgl.	NW.	144 2
= 7	9 M.	311 23	7 0	desgl.	322 21	7 1	Trübe	SO.	145 9
	10 =	311 14	8 0	desgl.	322 22	7 7	Trübe	SO.	147 9

Zeit.		Zell, Gasthaus			Baireüth.				Höhen-Unterschied in Toisen.
Monat und Tag.	Stunde.	Barom. bei +10° R.	Temperatur der Luft.	Wetter	Barom. bei +10° R.	Temperatur der Luft.	Wetter	Wind	
1826.	B. Beobachtungen des Hrn. Hoffmann.								
Okt. 20	9 U.	317,08	6,3	.	327,64	8,7	Heiter	O.	138,3
= 21	7 M.	317,26	3,7	.	327,87	1,2	desgl.	SO.	136,1
= 22	12 M.	316,80	9,3	.	327,74	10,0	Trübe	SO.	144,5
= 23	7 M.	316,86	4,1	.	327,72	6,9	desgl.	SO.	141,0
Mittlerer Höhenunterschied aus 20 Beobachtungen									142,84
Baireüth ist über dem Meere									175,04
Zell, zweiter Stock des Gasthauses über dem Meere									317,88

Einige von den Beobachtungen des Hauptmanns v. Brand lassen sich auch mit korrespondirenden Beobachtnngen von Weiß in Goldkronach zusammenstellen. Diese kommen mit den daraus hergeleiteten Höhenbestimmnngen so zu stehen:

1819.		Zell, Gasthaus			Goldkronach.			Höhenuntersch.
Nov. 5	5½ U.	311,51	6,8	Regen	318,06	7,2	Regen	. . . 87,8
= 6	9 M.	311,83	4 7	desgl.	318 52	7 5	desgl.	. . . 90,1
	11 =	312,26	4 1	desgl.	319 31	6 2	desgl.	. . . 93,2
	7 U.	312,54	6 1	desgl.	319 48	7 1	desgl.	. . . 92,3
= 7	9 M.	311,23	7 0	desgl.	318 27	7 2	desgl.	. . . 94,1
Mittlerer Höhenunterschied aus 5 Beobachtungen . . .								. . . 90,8
Goldkronach ist über dem Meere								. . . 228,0
Zell, zweiter Stock über dem Meere								. . . 318,8
Nach der Vergleichung aus Baireüth ist die Höhe . .								. . . 317,9
Absolute Höhe des Barometers in Zell, ...								. . . 318,4
Und des Erdbodens beim Gasthofe								. . . 315,9

1819.		Zell, Försterhaus.			Baireúth.				Höhen-unter-schied in Toisen.
Monat und Tag	Stunde.	Barometer bei 10° R.	Temper. der Luft.	Wetter	Barometer bei 10° R.	Temperatur der Luft	Wetter	Wind	
Nov. 13	11 M.	311,66	3,7	Trübe	322,01	5,6	Trübe	SO.	136,7
	12 =	311 54	3 7	Trübe	321 69	5 7	Trube	SO.	133 8
	3 A.	311 35	3 1	Trübe	321 32	5 9	Trübe	SO.	131 5
	9 =	312 10	5 3	Regen	322 00	4 0	Regen	SO.	130 3
= 14	8 M.	312 60	4 8	Trübe	323 05	4 0	Trübe	N.	137 1
	9 =	312 78	4 3	desgl.	323 17	4 6	desgl.	N.	136 4
	12 =	312 76	5 6	desgl.	323 05	4 0	desgl.	N.	135 1
	1 A.	312 41	5 2	desgl.	322 85	5 0	desgl.	N.	137 4
	10 =	312 88	4 3	desgl.	322 96	4 0	desgl.	N.	132 1
= 15	8 M.	312 93	1 1	Trübe	323 51	2 5	Trübe	S.	137 3
	9 =	313 03	3 1	desgl.	323 59	3 1	desgl.	S.	137 0
	12 =	313 22	3 2	desgl.	323 74	3 5	desgl.	N.	137 3
	5 A.	313 09	2 5	desgl.	323 21	2 6	desgl.	N.	131 7
	9 =	313 02	1 8	desgl.	323 25	2 1	desgl.	N.	132 8
= 16	8 M.	312 19	4 0	Trübe	322 70	2 5	Trübe	SO.	137 3
	9 =	312 16	4 6	desgl.	322 66	2 7	desgl.	SO.	137 6
	9 A.	312 36	1 5	desgl.	322 38	2 0	desgl.	NO.	130 5
= 17	8 M.	312 55	1 6	Trübe	322 58	0 9	Trübe	SO.	129 8
	9 =	312 25	2 6	Verm.	322 06	1 2	desgl.	SO.	127 8
	10 =	311 95	4 0	Heiter	322 05	2 7	desgl.	SO.	132 3
Mittlere Höhe des Försterhauses in Zell über Baireúth....									134,1
Und über dem Meere..................									309,1

Höhe von Zell,

des Wirthshauses 315,9 T. über dem Meere, nach v. Brand und Hoffmann; des Försterhauses 309,1 T. über d. Meere, nach v. Brand.

Nach dieser Diskussion über die Höhe der Haupt- oder Kardinal-Punkte gehen wir zur Untersuchung der Höhe von zwei hundert und achtzig Neben-Stationen im folgenden Abschnitt über:

9.

Barometer-Messungen, welche sich auf eine geringere Anzahl von Beobachtungen gründen.

Zeit: Jahr, Monat, Tag	Zeit: Stunde der Beobachtung	Ort der Beobachtung	Barom. bei +10° R.	Temperatur der Luft C.	Witterung	Wind	Höhen-Unterschied (Toisen)	Absolute Höhe (Toisen)	Beobachter
1819		Nr. 19.							
Aug. 28	9½ M.	Mühlleite bei Goldkron.	320,00	20,0	H.	.	+ 9,6	237,6	Br.
		Goldkronach	320,70	20,0	H.	.			
		Baireuth .	324,70	21,2	.	.	65,5	240,5	
	10 =	Mühlleite . .	319,93	21,2	H.	.	+10,7	238,7	Br.
		Goldkronach	320,70	21,0	H.	.			
		Baireuth .	324,74	22,2	.	.	66,3	241,3	
Mittel aus 2 Beobachtungen und vier Berechnungen								239,5	
Das Barometer hing 3 Fuß über den Erdboden, dieser ist also								239,0	
[Die Vergleichung mit Goldkronach allein giebt 238,1 T.]									
		Nr. 20.							
Aug. 28	4 A.	Sickenreuth. bei Goldkron	319,87	22,5	H.	.	+10,4	238,4	Br.
		Goldkronach	320,61	24,6	H.	.			
		Baireuth .	324,26	24,0	.	.	61.0	236,0	
		Niveau des Baches bei Sickenreuth im Mittel						237,2	
		Die Felder liegen 10 Fuß höher, mithin . . .						238,8	
		Nr. 21.							
Aug. 28	7 A.	Leisanerleite b. Goldkr.	316,32	20,0	H.	.	+58,8	286,7	Br.
		Goldkronach	320,55	21,0	H.	.			
		Baireuth .	324,04	22,8	.	.	107,3	282,4	
		Mittel aus 2 Berechn. auf den Boden reducirt						284,3	

Zeit: Jahr, Monat Tag	Zeit: Stunde der Beobachtung	Ort der Beobachtung	Barom. bei +10° R.	Temperatur der Luft C.	Witterung	Wind	Höhen-Unterschied (Toisen)	Absolute Höhe (Toisen)	Beobachter
1819		Nr. 22.							
Aug. 28	7½ A.	Kapelle auf dem Kirchhofe bei Goldkronach	319,49	20,2	H.	.	+14,5	242,5	Br.
		Goldkronach	320,54	20,5	H.	.			
		Baireuth .	324,03	22,0	.	.	62,9	237,9	
		Mittel aus zwei Berechnungen						239,2	
		Nr. 23.							
Aug. 29	5 A.	Otterl bei Schacht unfern Goldkr.	314,61	20,1	Tr.	.	—54,3	282,3	Br.
		Goldkronach	319,51	22,0	Tr.	.			
		Baireuth .	323,56	20,0	.	.	109,9	284,2	
		Mittel aus zwei Vergleichungen; Erdboden.						280,6	
		Nr. 24.							
Aug. 29	6¼ A.	Mündung des Zopoten-Baches in den Main, bei Goldkronach	320,77	19,7	Rg.	.	—18,0	210,0	Br.
		Goldkronach	319,47	20,0	Rg.	.			
		Baireuth .	323,54	22,5	.	.	+38,0	213,0	
		Niveau des Wassers, Mittel aus 2 Vergleichungen						211,5	
		Nr. 25.							
Aug. 27	7½ A.	Goldberg, b. Goldkron.	315,72	15,0	H.	.	+68,2	296,2	Br.
		Goldkronach	320,69	18,0	H.	.			
		Baireuth .	324,94	18,5	.	.	126,0	301,0	
		Mittel aus zwei Berechnungen						298,6	
		Nr. 26.							
Aug. 28	10½ M.	Goldberg, Signal das.	314,21	20,0	H.	.	+92,3	320,3	Br.
		Goldkronach	320,70	19,5	H.	.			
		Baireuth .	324,74	22,5	.	.	146,6	321,6	

Zeit		Ort der Beobachtung	Barom. bei + 10° R.	Temperatur der Luft	Witterung	Wind	Höhenunterschied	Absolute Höhe	Beobachter
Jahr, Monat Tag	Stunde der Beobachtung			C.			Toisen.		
1819									
Aug.28	11½ M.	Goldberg . .	314,20	20,2	H.	.	90,5	318,5	Br.
		Goldkronach	320 70	19 7	H.	.			
		Baireuth .	324 62	23 1	.	.	145,3	320,3	
Nov.13	11 M.	Goldberg . .	310 64	3 5	Neb.	.	150,0	325,0	W.
		Baireuth .	322 01	5 6	Tr.	SO.			
		Zell. . . .	311 66	3 7	Tr.		13,5	322,6	
= 13	1 A.	Goldberg . .	310 41	3 5	Neb.	.	145,0	320,0	W.
		Baireuth .	321 38	6 0	Tr.	SO.			
= 18	11½ M.	Goldberg . .	314 39	0 0	Sturm	O.	142,0	317,0	W.
		Baireuth .	325 43	2 7	Tr.	O.			
	12½ M.	Goldberg . .	314 37	0 1	Sturm	O.	140,3	315,3	W.
		Baireuth .	325 27	2 7	Tr.	O.			
Mittl. Höhe des Signals Goldberg, aus 6 Beobacht. u. 9 Berechn.								320,0	
		Nr. 27.							
Spt.6	4½ A.	Warmensteinach, obere Stube des Wirthshauses, 20 Fuß hoch	315,34	16,0	Tr.	.			
		Goldkronach	321,00	18,0	Bm.	.	+77,8	305,8	Br
		Baireuth .	324,70	14,0	Tr.	.	127,0	302,0	
		Mittel aus 2 Vergleich.: Höhe der Wirthsstube						303,9	
		Höhe des Erdbodens vor dem Wirthshause . .						301,6	
		Nr. 28.							
Nov.4	2½ A.	Drathhammer an der Mainbrücke bei Berneck, Niveau d. Main	324,55	8 2	.	.			
		Goldkronach	321,64	8,0	H.	.	—47,8	190,2	Br
		Baireuth .	325,72	6,0	H.	S.	+15,0	190,0	

Zeit: Jahr, Monat Tag	Zeit: Stunde der Beobachtung	Ort der Beobachtung	Barom. bei +10° R.	Temperatur der Luft C	Witterung	Wind	Höhenunterschied (Toisen)	Absolute Höhe (Toisen)	Beobachter
1819									
Nov. 4	3 A.	Drathhammer	324,49	7,2	.	.			
		Goldkronach	321,60	7,8	H.	.	−37,7	190,3	Br.
		Baireuth .	325,64	6,0	H.	S.	+14,8	189,8	
	3½ =	Drathhammer	324,54	6,7	.	.			
		Goldkronach	321,54	6,9	H.	.	−39,1	188,9	Br.
		Baireuth .	325,57	5,5	H.	S.	+13,3	188,2	
	4 =	Drathhammer	324,35	6,2	.	.			
		Goldkronach	321,48	6,0	H.	.	−37,2	190,8	Br.
		Baireuth .	325,50	5,1	H.	S.	+14,8	189,8	
	4½ =	Drathhammer	324,20	5,0	.	.			
		Goldkronach	321,39	5,4	H.	.	−36,4	191,6	Br.
		Baireuth .	325,42	5,0	H.	S.	+15,6	190,6	
1825									
Spt. 5	11 M.	Drathhammer 3 Fuß über dem Wasser.	321,03	7,0	Reg.	W.	− 7,7	195,5	B.
	10½ =	Berneck, Post	320,45	6,5	Reg.	W.			
1826									
Okt 28	4 A.	Drathhammer 3 Fuß über dem Wasser.	324,28	9,3	.	.	+19,4	194,4	H.
		Baireuth .	325,80	9,0	.	.			
1827									
Sep. 25	9½ M.	Drathhammer 8 Fuß über dem Wasser .	323,19	8,5	.	.			
		Baireuth .	324,65	6,7	.	.	+17,7	192,7	M.
		Würzburg	331,24	13,2	.	.	+104,0	195,1	
		Nach Gerstners Messung, (über Baireuth) .						190,7	
		Mittlere Höhe des weißen Mains an der Brücke bei Berneck						191,24	

Zeit		Ort der Beobachtung	Barom. bei +10° R.	Temperatur der Luft	Witterung	Wind	Höhenunterschied	Absolute Höhe	Beobachter
Jahr, Monat Tag	Stunde der Beobachtung			C.			Toisen.		
1819		Nr. 29.							
Nov. 10	12 M.	Signal bei Laitschenhof (W. von Berneck)	316,30	4,6	Tr.	.			
		Goldkronach	318,32	5,7	Hg.	.	+23,8	251,8	Br.
		Baireuth .	322,47	5,5	Tr.	SO.	78,0	253,0	
	3 A.	Signal bei Laitschenhof .	316,20	4,7	Tr.	.			
		Goldkronach	318,00	5,8	Tr.	.	23,7	251,7	Br.
		Baireuth .	321,78	5,6	Tr.	SO.	73,0	248,0	
	4½ =	Signal bei Laitschenhof .	315,97	3,7	Tr.	.			
		Goldkronach	317,67	4,8	Tr.	.	22,3	250,3	Br.
1820		Baireuth .	321,62	5,0	Tr.	SO.	74,0	249,0	
Juli . 8	5 =	Signal bei Laitschenhof .	319,65	20,1	Tr.	.	81,8	256,8	Br.
		Baireuth .	325,60	20,9	Tr.	NW.			
		Mittlere Höhe aus 3 Beob. u. 6 Berechn. .						251,5	
		Nr. 30.							
Nov. 11	11 M.	Signal Wolfenberg zwischen Berneck u. Schorgast	312,25	3,9	Tr.	.			
		Goldkronach	317,56	6,0	B.	.	+70,5	298,5	Br.
		Baireuth .	321,90	4,1	Tr.	SO.	126,6	301,6	
	12 M.	Signal Wolfenberg . . .	312,19	3,3	Tr.	.			
		Goldkronach	317,56	6,3	H.	.	71,0	299,0	Br.
		Baireuth .	321,99	5,3	Tr.	SO.	128,8	303,0	
	2 A.	Signal Wolfenberg . . .	312,28	2,5	Tr.	.			
		Goldkronach	317,83	5,4	B.	.	73,2	301,2	Br.
		Baireuth .	321,95	5,3	Tr.	N.	126,9	301,9	
	2½ =	Signal Wolfenberg . . .	312,36	2,5	Tr.	.			
		Goldkronach	317,90	5,0	B.	.	73,0	301,0	Br.
		Baireuth .	322,01	5,0	Tr.	N.	126,5	301,5	
Mittlere Höhe aus 4 Beobachtungen und 8 Berechnungen .								300,9	
Das Barometer hing 15′ unter dem Gipfel des Berges, dieser also:								303,4	

Zeit: Jahr, Monat, Tag	Zeit: Stunde der Beobachtung	Ort der Beobachtung	Barom. bei +10° R.	Temperatur der Luft C.	Witterung	Wind	Höhenunterschied Toisen.	Absolute Höhe Toisen.	Beobachter
1819		Nr. 31.							
Sept. 7	12½ M.	Ebnat, herrschaftl. Amtswohnung, 16′ über dem Boden	318,84	12,6	H.	.	+97,7	272,7	Br.
		Baireuth .	326,34	13,5	B.	.			
	5 M.	Ebnat, ebend.	319,11	9,0	B.	.	102,0	277,0	Br.
		Baireuth .	327,05	10,0	B.	.			
	7 =	Ebnat, ebend.	319,31	9,0	N.	.	102,0	277,0	Br.
		Baireuth .	327,25	10,5	N.	.			
		Mittlere Höhe des Erdbodens bei der herrschaftlichen Amtswohnung						275,5	
		[Das Resultat dieser Beobachtungen ist vielleicht nicht ganz sicher, weil die korrespondirenden Barometer- und Thermometerstände in Baireuth zwischen dem 6. Spt. um 9 Uhr Abends und dem 7. um 8 Uhr Morgens interpolirt werden mußten; ein anderes Resultat geben die folgenden Beobachtungen:]							
= 26	5 A.	Ebnat, im Schlosse . . .	317,81	14,0	Reg.	.	+75,1	250,1	W.
		Baireuth .	323,37	14,5	Tr.	SO.			
Okt. 1	9 M.	Ebnat, ebend.	320,60	17,0	H.	.	82,4	257,4	W.
		Baireuth .	326,75	13,0	H.	S.			
		Mittlere Höhe von Ebnat. aus zwei Beobachtungen .						253,7	
		Erdboden des Schloßhofes ist 2 Fuß niedriger, mithin:						253,4	
		[Ob die Amtswohnung von Ebnat wirklich um 22 Toisen höher liege, als das Schloß, wie aus den Beobachtungen hervorgeht, oder ob beide Punkte in gleichem Niveau liegen, was wahrscheinlicher sein dürfte, geht aus den Tagebüchern der Herren Weiß und v. Brand nicht hervor.]							

Zeit: Jahr, Monat Tag	Zeit: Stunde der Beobachtung	Ort der Beobachtung	Barom. bei +10° R.	Temperatur der Luft C.	Witterung	Wind	Höhenunterschied (Toisen)	Absolute Höhe (Toisen)	Beobachter
1819		Nr. 32.							
Spt. 7	1 A.	Erbendorf, zum Kreuz, untere Wirthsstube	321,27	18,6	Gewitter-Wolken	.	+83,7	258,7	Br.
		Baireuth .	327,44	18,7	H.	.			
	2 =	Erbend., ebend.	321,36	17,6	.	.	83,2	258,2	Br.
		Baireuth .	327,41	18,5	H.	.			
	3 =	Erbend., ebend.	321,3[illegible]	17,6	.	.	83,1	258,1	Br.
		Baireuth .	327,3[illegible]	18,1	H.	.			

Mittlere Höhe von Erbendorf, untere Wirthsstube . . 258,3
Das Barometer hing 3′ über dem Erdboden, dieser mithin: 257,8

[Vergleicht man diese Höhe mit der Weiß'schen Bestimmung von Ebnat, so würde Erbendorf höher liegen, als jener Ort. Dies ist nicht wahrscheinlich: beide Orte liegen an der fichtelberger Waldnaab, Erbendorf nahe an vier Stunden unterhalb Ebnat; Erbendorf muß daher eine geringere Seehöhe haben als Ebnat, und es wird mithin der Bestimmung der Höhe des zuletzt genannten Ortes, wie sie aus den Beobachtungen des Hauptmanns v. Brand folgt, der Vorzug eingeräumt werden müssen.]

Zeit: Jahr, Monat Tag	Zeit: Stunde der Beobachtung	Ort der Beobachtung	Barom. bei +10° R.	Temperatur der Luft C.	Witterung	Wind	Höhenunterschied (Toisen)	Absolute Höhe (Toisen)	Beobachter
		Nr. 33.							
Spt. 9	9½ M.	Friedenfels Weiherdamm .	321,06	17,2	Heiter	.	+91,6	266,6	Br.
		Baireuth .	327,85	18,1		.			
	10 =	Friedenf., ebendaselbst. . . .	321,07	17,2		.	91,2	266,2	Br.
		Baireuth .	327,82	18,3		.			

Mittlere Höhe von Friedenfels, Weiherdamm (3 Fuß unter dem Barometer) 265,9
Niveau des Wassers (30′ unt. dem Barom.) 261,0

Zeit: Jahr, Monat und Tag	Zeit: Stunde der Beob.	Ort der Beobachtung	Barom. bei + 10° R.	Temperatur der Luft C.	Witterung	Wind	Höhenunterschied (Toisen)	Absolute Höhe (Toisen)	Beobachter
1819		Nr. 34.							
Spt. 9	4½ A.	Quelle des Grießbaches	312,61	17,6	H.	.	+ 200,8	375,8	Br.
		Baireuth .	327,15	21,6	H.	.			
		Nr. 35.							
Spt. 9	5 A.	Zusammenfluß des Grießbaches u. Herrmannsreuther-Baches	317,49	H.	H.	.	+ 131,5	306,5	Br.
		Baireuth .	327,12	H.	H.	.			
		Nr. 36.							
Spt. 9	5½ A.	Am Grießweiher . . .	319,01	19,2	H.	.	+ 111,2	286,2	Br.
		Baireuth .	327,13	20,4	H.	.			
		Nr. 37.							
Spt. 9	1 A.	Weißenstein bei Friedenfels	308,67	17,5	Heiter	SO.	+ 260,2	435,2	Br.
		Baireuth .	327,36	22,8		.			
	1½ =	Weißenstein .	308,68	18,1		SO.	260,4	435,4	Br.
		Baireuth ,	327,33	23,5		.			
	3 =	Weißenstein .	308,83	18,0		SO.	256,8	431,8	Br.
		Baireuth .	327,24	23,4		SO.			
	4 =	Weißenstein .	308,82	17,3		SO.	255,5	430,5	Br.
		Baireuth .	327,18	22,6		.			
	Mittlere Höhe von Weißenstein, Schloßruine							433,2	
		Nr. 38.							
Spt. 10	11 M.	Butterfaß, an der Naab .	322,57	21,7	H.	.	+ 55,9	230,9	Br.
		Baireuth .	326,66	21,8	H.	.			
		Niveau der Naab daselbst						230,1	

Zeit: Jahr, Monat und Tag	Zeit: Stunde der Beob.	Ort der Beobachtung	Barom. bei +10° R.	Temperatur der Luft. C.	Witterung	Wind	Höhen-Unterschied (Toisen)	Absolute Höhe (Toisen)	Beobachter
1819		Nr. 39.							
Spt. 10	12 M.	Sauerbrunnen Falkenbg.	322,41	13,5	H.	.	+56,5	231,5	Br.
		Baireuth .	326,50	22,5	H.	.			
		Wasserfläche des Brunnens						230,7	
		Nr. 40.							
Spt. 10	3 A.	Falkenberg, Wirthshaus .	321,96	23,2	H.	.	+60,6	235,6	Br.
		Baireuth .	326,36	22,5	H.	.			
		Niveau der Naab bei Falkenberg						231,6	
		Nr. 41.							
Spt. 11	1 A.	Ahornberg, am Fuß des Signals . . .	308,98	20,1	H.	SO.	+231,6	406,6	Br.
		Baireuth .	325,47	23,5	H.	.			
	2 =	Ahornb., ebend.	308,92	20,0	H.	SO.	231,6	406,6	Br.
		Baireuth .	325,42	23,6	H.	.			
	3 =	Ahornb., ebend.	308,82	20,0	H.	SO.	230,9	405,9	Br.
		Baireuth .	325,27	23,0	H.	.			
= 15	1 A.	Ahornb., ebend.	310,94	20,0	H.	.	224,2	399,8	W.
		Baireuth .	327,02	23,3	H.	SO.			
	2 =	Ahornb., ebend.	310,57	21,2	H.	.	226,0	401,0	W.
		Baireuth .	326,70	24,0	H.	SO.			
	3 =	Ahornb., ebend.	310,52	21,6	H.	.	221,8	396,2	W.
		Baireuth .	326,39	23,7	H.	SO.			
	4 =	Ahornb., ebend.	310,13	21,3	H.	.	225,1	400,1	W.
		Baireuth .	326,21	23,0	H.	SO.			
= 16	7 M.	Ahornb., ebend.	307,81	16,2	H.	.	224,9	399,9	W.
		Baireuth .	324,22	15,0	H.	SO.			
	10½ =	Ahornb., ebend.	307,63	21,5	H.	.	225,5	400,5	W.
		Baireuth .	323,79	22,5	H.	SW.			
	12 =	Ahornb., ebend.	307,10	21,9	H.	.	232,1	407,1	W.
		Baireuth .	323,46	23,8	H.	S.			

Zeit: Jahr, Monat und Tag.	Zeit: Stunde der Beob.	Ort der Beobachtung	Barom. bei +10° R.	Temperatur der Luft C.	Witterung	Wind	Höhen-Unterschied (Toisen)	Absolute Höhe (Toisen)	Beobachter
Spt. 23	11 M.	Ahornberg, an Fuß d. Signals	309,73	11,1	R	.	228,6	403,6	W.
		Baireuth .	326,65	13,0	Tr.	NO.			
	12 ⸗	Ahornb., ebend.	3[illegible]9,57	8,1	Rg.	.	228,6	403,6	W.
		Baireuth .	326,57	14,0	Tr.	NO.			
	3 A.	Ahornb., ebend.	309,23	10,0	Rg.	.	228,2	403,2	W.
		Baireuth .	326,09	15,3	Tr.	NO.			
	5 ⸗	Ahornb., ebend.	308,90	8,6	Rg.	.	229,7	404,7	W.
		Baireuth .	325,96	13,7	Tr.	NO.			
		Mittel aus 14 Barometerbeobachtungen					227,77	402,8	
		Nach wechselseitig beobacht. Zenithabständen					. . .	400,8	Bn.
		Nr. 54.							
Spt. 11	**11 M.**	**Marcheney, Kirche . . . .**	**314,45**	**17,1**	Heiter	SO.	+153,6	328,6	Br.
		Baireuth .	325,62	20,6		.			
	11½ ⸗	Marcheney, das.	314,39	17,6		SO.	154,7	329,7	Br.
		Baireuth .	325,59	21,4		.			
	12 ⸗	Marcheney, das.	314,34	18,7		SO.	155,3	330,3	Br.
		Baireuth .	325,55	22,5		.			
		Mittlere Höhe der Kirche in Marcheney					154,53	329,5	
		Nr. 55.							
Spt. 11	5½ A.	Poppenreuth bei Märing .	31645	19,0	Reg.	*)	+121,0	296,0	Br.
		Baireuth .	32525	20,0	H.	.			
		Nr. 44.							
Spt. 12	10 M.	St. Niclas-Kapelle . . .	311,79	18,7	Stürmisch		+188,9	363,9	Br.
		Baireuth .	325,41	20,6	H.				

*) Den 11. September 1819 war um 4 Uhr Abends starker Gewitter-Regen und ein Fuß tiefer Hagel fiel in der Gegend um Plan und am Kaiserwald. — (Br.)

Zeit: Jahr, Monat Tag	Zeit: Stunde der Beob.	Ort der Beobachtung	Barom. bei +10° R.	Temperatur der Luft C.	Witterung	Wind	Höhenunterschied (Toisen)	Absolute Höhe (Toisen)	Beobachter
1819		Nr. 45.							
Spt. 16	5 A.	Poppenreüther oder Märingerberg, Spitze	310,68	19,2	B.	.	+ 204,8	379,8	W.
		Baireüth .	322,20	22,5	H.	S.			
„ 17	4 „	Poppenreütherberg, 20′ unt. der Spitze . .	309,69	16,3	Tr.	.	203,4	378,4	Br.
		Baireüth .	324,15	19,1	H.	N.			
Mittlere Höhe des Poppenreüther- oder Märingerberges							204,1	379,1	
		Nr. 46.							
Spt. 16	4 A.	Rödenbacher Felder *) . .	310,74	23,0	Stürmisch	.	+ 165,7	340,7	W.
		Baireüth .	322,47	23,0	H.	S.			
		Nr. 47.							
Spt. 11	8 A.	Märing, Pfarrhof, 6 F. über der Erde	314,26	14,0	H.	.	+ 150,2	325,2	Br.
		Baireüth .	325,33	15,0	H.	.			W.
	$9\frac{1}{2}$ „	Märing, ebend.	314,24	13,9	H.	.	150,8	325,8	Br.
		Baireüth .	325,36	14,8	H.	.			W.
„ 12	8 M.	Märing, ebend.	314,26	14,5	H.	.	151,5	326,5	Br.
		Baireüth .	325,41	15,8	H.	.			W.
„ 16	9 A.	Märing, ebend.	311,13	13,3	H.	.	147,0	322,0	W.
		Baireüth .	321,90	14,1	H.	S.			
„ 17	9 „	Märing, ebend.	311,40	15,5	Tr.	.	158,3	333,3	W.
		Baireüth .	322,93	15,3	Tr.	S.			
		Märing, ebend.	311,65	17,5	H.	.	157,4	332,4	W.
		Baireüth .	323,09	15,6	Tr.	S.			

*) Niederung zwischen Griesbach und dem Märingerberge, die Wasserscheide zwischen der Wondreb und dem Planbache, nächst der Oed, einem zerstörten Dorfe. — (W.)

Zeit: Jahr, Monat und Tag	Zeit: Stunde der Beob.	Ort der Beobachtung	Barom. bei +10° R.	Temperatur der Luft C.	Witterung	Wind	Höhen-Unterschied (Toisen)	Absolute Höhe (Toisen)	Beobachter
1819									
Spt. 18	$7\frac{1}{2}$ A.	Måring, ebend.	315,00	13,7	Tr.	W.	+153,3	328,3	Br.
		Baireuth .	326,33	15,5	H.	W.			
= 19	7 M.	Måring, ebend.	314,81	11,3	Tr.	W.	152,7	327,7	Br.
		Baireuth .	326,22	12,5	Tr.	W.			
	$10\frac{1}{2}$ =	Måring, ebend.	314,96	14,8	Tr.	W.	148,8	323,8	Br.
		Baireuth .	325,90	17,0	Tr.	W.			
= 22	8 A.	Måring, ebend.	316,73	7,5	.	.	152,4	327,4	W.
		Baireuth .	328,38	8,0	Tr.	NO.			
= 23	$6\frac{1}{2}$ M.	Måring, ebend.	315,34	8,0	N.	.	151,9	326,9	W.
		Baireuth .	326,83	10,0	Tr.	NO.			
Mittlere Höhe von Måring aus 11 Beobachtungen							152,2	327,2	
Höhe des Erdbodens beim Pfarrhofe zu Måring . .							151,2	326,2	
		Nr. 48.							
Spt. 18	4 A.	Måringer Radschuhsaule, am Wege nach Poppenreuth . . .	310,90	17,8	.	.	+213,1	388,1	Br.
		Baireuth .	326,30	20,0	H.	W.			
	5 =	Måringer Radschuhsaule . .	310,87	17,0	.	.	212,1	387,1	Br.
		Baireuth .	326,24	19,3	H.	W.			
Mittel aus zwei Beobachtungen							212,6	387,6	
Höhe des Erdbodens an der Radschuhsaule							213,3	387,3	
		Nr. 49.							
Spt. 12	12 M.	Muglerberg oder Neu-Mugel Rang . .	311,06	18,0	B.	.	+189,2	364,2	Br.
		Baireuth .	335,37	22,5	H.	.			

Zeit: Jahr, Monat Tag	Zeit: Stunde der Beobachtung	Ort der Beobachtung	Barom. bei +10° R.	Temperatur der Luft. C.	Witterung	Wind	Höhenunterschied (Toisen.)	Absolute Höhe (Toisen.)	Beobachter
1819		Nr. 50.							
Spt. 12	2 A.	Neü Albenreüth, Hirschenwirth . .	317,95	21,7	.	.	+104,0	279,0	Br.
		Baireüth .	325,43	23,7	H.	.			
	3½ =	NeüAlbenr.das.	317,96	22,1	Rg.	.	104,7	279,7	Br.
		Baireüth .	325,48	24,0	H.	.			
	4 =	NeüAlbenr.das.	317,93	22,6	.	.	104,6	279,6	Br.
		Baireüth .	325,45	24,3	H.	.			
= 17	7 A.	NeüAlbenr.das.	317,22	15,3	.	.	99,5	274,5	W.
		Baireüth .	324,59	13,5	H.	N.			
	9 =	NeüAlbenr.das.	317,46	13,2	.	.	98,6	273,6	W.
		Baireüth .	324,83	11,2	H.	N.			
= 18	7 M.	NeüAlbenr.das.	318,70	10,9	.	.	101,5	276,5	W.
		Baireüth .	326,39	9,0	N.	N.			
	8 =	NeüAlbenr.das.	318,88	12,9	.	.	99,9	274,9	W.
		Baireüth .	326,40	10,2	H.	N.			
= 22	10 M.	NeüAlbenr.das.	321,34	9,6	.	.	103,5	278,5	W.
		Baireüth .	329,24	10,5	H.	NO.			
	11½ =	NeüAlbenr.das.	321,09	9,2	.	.	105,3	280,3	W.
		Baireüth .	329,11	11,6	H.	NO.			
	12½ =	NeüAlbenr.das.	321,08	10,7	.	.	104,0	279,0	W.
		Baireüth .	328,97	12,5	H.	NO.			
Mittel aus 10 Beobachtungen, Höhe von N. Albenreüth							102,6	277,6	
Höhe des Erdbodens beim Hirschenwirth							101,6	276,6	

Zeit: Jahr, Monat und Tag	Zeit: Stunde der Beob.	Ort der Beobachtung	Barom. bei +10° R.	Temperatur der Luft C.	Witterung	Wind	Höhen-Unterschied (Toisen)	Absolute Höhe (Toisen)	Beobachter
1819		Nr. 51.							
Spt. 12	6 A.	Bonzenhau, Berg, ¾ Stunden WSW. v. N. Albenreüth	314,88	17,7	.	.	+148,5	323,5	W.
		Baireüth .	325,71	18,7	H.	.			Br.
» 19	3 »	Bonzenhau. .	314,97	16,1	.	W.	143,8	318,8	Br.
		Baireüth .	325,50	18,0	H.	S.			
	4½ »	Bonzenhau. .	314,98	15,0	.	W.	143,4	318,4	Br.
		Baireüth .	325,50	17,6	H.	S.			
Mittlere Hohe von Bonzenhau aus 3 Beobachtungen.							145,2	320,2	
		Nr. 52.							
Spt. 15	1 A.	Plösberg, Kirchenpflaster	317,42	23,1	.	.			
		Baireüth .	327,02	23,3	H.	SO.	+133,1	308,1	Br.
		Ahornberg.	310,94	20,0	H.	.	- 92,0	310,8	
	3 »	Plösberg. . .	317,24	23,1	.	.			
		Baireüth .	326,31	23,7	H.	SO.	+126,4	301,4	Br.
		Ahornberg.	310,52	21,6	H.	.	- 89,6	313,2	
	5 »	Plösberg. . .	316,86	20,6	.	.			
		Baireüth .	326,13	22,5	H.	SO.	+128,3	303,3	Br.
		Ahornberg.	310,07	20,3	H.	.	- 96,0	306,8	
Mittel aus 3 Beobachtungen und 6 Vergleichungen.							. . .	307,3	
		Nr. 53.							
Spt. 14	7 A.	Plösberg, mittl. Wirthsh.	319,37	16,0	.	.			
		Baireüth .	328,25	16,5	H.	.	119,6	294,6	Br.
		Tirschenreüth	322,40	16,0	H.	.	41,0	294,0	
	9 »	Plösberg, das.	319,31	14,0	.	.			
		Baireüth .	328,30	10,0	H.	.	119,2	294,2	Br.
		Tirschenreüth	322,39	13,7	H.	.	41,2	294,2	

Zeit		Ort der Beobachtung	Barom. bei +10° R.	Temperatur der Luft. C.	Witterung	Wind	Höhen-Unterschied	Absolute Höhe	Beobachter
Jahr, Monat Tag	Stunde der Beobachtung						Toisen.		
1819									Sämmtliche Beobachtungen sind von Hrn. v. Brand.
Spt. 15	6 M.	Plösberg, mittleres Wirthsh.	319,11	10,7	.	.			
		Baireuth .	327,82	12,5	H.	NO.	115,4	290,4	
		Tirschenreuth	322,06	11,1	H.	.	39,5	292,4	
	8 „	Plösberg, das.	318,84	14,7	.	.	120,9	295,9	
		Baireuth .	327,82	17,5	H.	O.			
	10 „	Plösberg, das.	318,65	19,7	.	.	122,9	297,9	
		Baireuth .	327,61	21,0	H.	SO.			
	7 A.	Plösberg, das.	317,05	17,5	.	.	122,6	297,6	
		Baireuth .	326,01	19,5	H.	SO.			
	8½ „	Plösberg, das.	317,02	17,2	.	.	122,3	297,3	
		Baireuth .	325,98	19,0	H.	SO.			
„ 16	6 M.	Plösberg, das.	315,47	16,0	.	.	100,0	302,8	
		Ahornberg.	308,30	14,5	H.	.			
„ 23	7 A.	Plösberg, das.	316,66	10,6	Tr.	.	123,2	298,2	
		Baireuth .	325,96	10,4	H.	NO.			
	8 „	Plösberg, das.	316,61	10,0	Tr.	.			
		Baireuth .	325,97	6,0	H.	NO.	123,1	298,1	
		Tirschenreuth	320,05	10,8	Tr.	.	46,0	299,0	
„ 24	6 M.	Plösberg, das.	316,19	5,5	H.	.			
		Baireuth .	325,57	5,0	H.	NO.	122,3	297,3	
		Tirschenreuth	319,39	4,0	H.	.	42,4	295,4	
	7 „	Plösberg, das.	315,98	5,3	H.	.			
		Baireuth .	325,54	5,6	H.	NO.	124,8	296,8	
		Tirschenreuth	319,37	6,0	H.	.	44,7	297,7	
Mittlere Höhe von Plösberg, mit Ausschluß der ahornberger Vergleichung.							. . .	296,1	
Das Barometer hing 17 Fuß über dem Erdboden beim Wirthshause, dieser mithin:							. . .	293,3	

Zeit: Jahr, Monat Tag	Zeit: Stunde der Beob.	Ort der Beobachtung	Barom. bei +10° R.	Temperatur der Luft C.	Witterung	Wind	Höhenunterschied (Toisen)	Absolute Höhe (Toisen)	Beobachter
1819		Nr. 54.							
Spt. 16	8½ M.	Hohentann, 3 Fuß über dem Kirchenpflaster	315,18	18,5		SW.	121,9	296,9	Br.
		Baireuth .	324,02	18,8		SW.			
	10½ „	Hohentann, das.	315,08	20,2	Heiter	SW.	121,3	296,3	Br.
		Baireuth .	323,79	22,5		SW.			
		Ahornberg .	307,63	21,5		.	.106,3	296,4	
	12 „	Hohentann, das.	314,69	22,1		SW.			
		Baireuth .	323,46	23,8		S.	122,9	297,9	Br.
		Ahornberg .	307,10	21,9		.	.108,9	293,9	
	2 A.	Hohentann, das.	314,42	22,5		SW.	119,4	294,4	
		Baireuth .	322,91	24,3		S.			
Mittl. Höhe von Hohentann, Horizont des Kirchenpflast.							. . .	295,5	
		Nr. 55.							
Spt. 16	4 A.	Baierische Schanze, östlich von Bernau an der böhmischen Gränze	307,17	20,1	H.	SW.			
		Rödenbacher Felder. .	310,74	23,0	Stürmisch		51,4	392,1	Br.
		Baireuth .	322,47	23,0	H.	S.	216,2	391,2	
	5 „	Bair. Schanze	307,11	16,2	H.	.			
		Poppenreütherberg.	307,68	19,2	B.	.	8,0	387,1	Br.
		Baireuth .	322,20	22,5	H.	S.	211,8	386,8	
	6 „	Bair. Schanze	306,79	15,3	H.	.	212,7	387,7	Br.
		Baireuth .	322,02	20,7	H.	S.			
Mittlere Höhe der baierischen Schanze aus 3 Beobachtungen und 5 Vergleichungen							. . .	389,0	

Zeit: Jahr, Monat Tag	Zeit: Stunde der Beobachtung	Ort der Beobachtung	Barom. bei +10° R.	Temperatur der Luft C.	Witterung	Wind	Höhenunterschied (Toisen)	Absolute Höhe (Toisen)	Beobachter
1819		Nr. 56.							
Spt. 17	9 A.	Griesbach, Pfarrhaus . .	311,27	14,3	.	W.			
		Neu = Albenreuth . .	317,46	13,2	.	.	85,1	362,7	Br.
		Baireuth .	324,83	11,2	H.	N.	183,5	358,5	
= 18	7 M.	Griesbach, das.	312,57	12,0	.	W.			
		Neu=Albenr.	318,70	10,9	.	.	83,3	360,9	Br.
		Baireuth .	326,39	9,0	N.	N.	184,7	359,7	
	8 =	Griesbach, das.	312,60	13,0	.	W.			
		Neu=Albenr.	318,88	12,9	.	.	85,6	363,2	Br.
		Baireuth .	326,40	10,2	H.	N.	185,1	360,1	
Mittlere Höhe des Barometers aus 3 Beobachtungen und 6 Vergleichungen								360,8	
Der Erdboden vor dem Pfarrhause ist 12 Fuß tiefer, mithin über dem Meere								358,8	
		Nr. 57.							
Spt. 18	9 M.	Griesbach, in der Kirche . .	313,16	15,2	.	W.			
		Baireuth .	326,41	15,0	H.	N.	179,9	354,9	Br.
	11 =	Griesbach, das.	313,21	16,5	.	W.	188,9	363,9	Br.
		Baireuth .	326,99	19,0	H.	N.			
	12 =	Griesbach, das.	313,19	17,0	.	W.			
		Waldsassen	321,40	20,6	H.	.	113,9	357,1	Br.
		Baireuth .	326,81	19,5	H.	NW.	187,1	362,1	
	1 A.	Griesbach, das.	312,88	17,5	.	W.			
		Waldsassen	321,42	20,7	H.	.	118,7	361,9	Br.
		Baireuth .	326,64	20,5	H.	NW.	189,7	364,7	
	2 =	Griesbach, das.	312,76	18,1	.	W.			
		Waldsassen	321,45	20,9	H.	.	120,9	364,1	Br.
		Baireuth .	326,60	21,4	H.	NW.	191,3	366,3	
Mittlere Höhe der Kirche von Griesbach aus 5 Beobachtungen und 8 Vergleichungen								361,8	

Zeit: Jahr, Monat, Tag	Zeit: Stunde der Beob.	Ort der Beobachtung	Barom. bei +10° R.	Temperatur der Luft C.	Witterung	Wind	Höhen-Unterschied (Toisen)	Absolute Höhe (Toisen)	Beobachter
1819		Nr. 58.							
Spt. 20	11 M.	Dreifaltigkeit-Kirche, Pflaster . . .	316,60	10,3	Tr.	SO.	126,0	301,0	Br.
		Baireuth .	326,05	12,5	H.	NO.			
	1 A.	Dreifaltigkeit-Kirche	316,53	11,6	Tr.	SO.	127,6	302,6	Br.
		Baireuth .	326,05	15,0	H.	N.			
	2 =	Dreifaltigkeit-Kirche	316,42	12,5	Tr.	.	131,3	306,3	Br.
		Baireuth .	326,19	15,0	B.	N.			
	4 =	Dreifaltigkeit-Kirche	316,38	11,5	Tr.	W.	133,1	308,1	Br.
		Baireuth .	326,33	13,0	Tr.	N.			
Mittlere Höhe der Dreifaltigkeitskirche, aus 4 Beob.							129,5	304,5	
		Nr. 59.							
Spt. 22	2 A.	Mitterteich, Wirthsh. zum Lamm	321,96	13,0	.	.	91,8	266,8	Br.
		Baireuth .	328,90	13,0	H.	NO.			
	3 =	Mitterteich, das.	321,80	13,3	.	W.	92,6	267,6	Br.
		Baireuth .	328,78	13,7	H.	NO.			
Mittlere Höhe von Mitterteich, aus 2 Beobachtungen							92,2	267,2	
		Nr. 60.							
Spt. 24	12 M.	Wiesau, unt. Wirthsh. nächst der Kirche, 12′ überm Erdbod.	317,93	15,0	Heiter	.	95,9	270,9	W.
		Baireuth .	325,02	16,2		NO.			
	2 A.	Wiesau, ebend.	317,79	18,0		.	95,8	270,8	W.
		Baireuth .	324,79	17,8		NO.			
Mittlere Höhe des Erdbod. b. Wirthshause zu Wiesau							93,85	270,85	

Zeit: Jahr, Monat Tag	Zeit: Stunde der Beob.	Ort der Beobachtung	Barom. bei +10° R.	Temperatur der Luft C.	Witterung	Wind	Höhen-Unterschied (Toisen)	Absolute Höhe (Toisen)	Beobachter
1819		Nr. 61.							
Spt. 24	4 A.	Ziegelhütte im Steinwald, unweit der Vicinalstraße von Friedenfels nach Poppenreüth .	308,74	15,5		.	209,0	384,0	W.
		Baireüth .	324,25	15,9	Heiter	NO.			
	7 „	Ziegelhütte, das.	308,89	7,3		.	204,0	379,0	W.
		Baireüth .	324,10	10,7		NO.			
Mittlere Höhe des Barom. bei der Ziegelhütte i. Steinwald							206,5	381,5	
Der Erdboden daselbst ist 3 Fuß tiefer, mithin: . . .							206,0	381,0	
1820		Nr. 62.							
Juli 17	1½ A	Steinwald*	300,87	24,7	.	.	328,6	503,8	Br.
		Baireüth .	323,56	27,0	H.	SO.			
		Nr. 63.							
Juli 17	11 M.	Dörnervies-bach, 16 Fuß hoch (am Wege von Reüth zum Steinwald) .	316,18	17,8	.	.	120,9	295,9	Br.
		Baireüth .	324,92	23,7	H.	SO.			
Reduktion wegen 16 Fuß Erhöhung							118,3	293,3	

*) Dies scheint der höchste Punkt des Steinwaldes zu sein; er liegt im Westen der Schloßruine Weißenstein; und steht, in Hinsicht der Höhe, der Centralgruppe des Fichtelgebirgs nicht nach, ein Verhältniß, das bisher unbekannt war. Der Steinwald überragt den Nußhardt um 3 Toisen, die Kösseine um 26 Toisen, (den großen Kornberg um 78 Toisen), und ist nnr um 36 Toisen oder 216 Fuß niedriger als der Schneeberg, der höchste Gipfel unseres Gebirglandes.

Zeit: Jahr, Monat Tag	Zeit: Stunde der Beobachtung	Ort der Beobachtung	Barom. bei +10° R.	Temperatur der Luft C.	Witterung	Wind	Höhenunterschied (Toisen)	Absolute Höhe (Toisen)	Beobachter
1819 Spt. 24 = 25	Mittel aus 3 Beob.	Nr. 64. Poppenreüth am Steinwald, Schloß, 3 Fuß über dem Erdboden	312,45	8,0	H.	.	152,8	327,8	W.
		Baireüth .	324,04	6,2	H.	NO.			
Höhe des Erdbodens am Schloß Poppenreüth . . .							152,3	327,3	
Spt. 25	9 M.	Nr. 65. Podenzreüth, bei der Mühle	316,17	10,9	H.	.	93,4	270,4	W.
		Baireüth .	323,90	11,0	H.	SO.			
Niveau des Kösseinbachs daselbst, unter der Mühle .							94,9	269,9	
Waltershof ist nach Schätzung ungefähr 80 Fuß tiefer als die podenzreüther Mühle, mithin: . . .							81,6	256,6	W.
Spt. 27	6 A.	Nr. 66. Redwitz, im weißen Roß, 16 Fuß über dem Erdboden	316,62	13,1	Reg.	.	93,3	268,3	Br.
		Baireüth .	323,55	13,7	Tr.	SO.			
	8 =	Redwitz, ebend.	317,02	14,0	Reg.	.	92,8	267,8	Br.
		Baireüth .	323,91	13,0	Tr.	SO.			
= 27	7 M.	Redwitz, ebend.	317,93	10,0	Tr.	W.	93,5	268,5	Br.
		Baireüth .	325,00	8,6	Tr.	SO.			
	8 =	Redwitz, ebend.	317,98	10,0	Tr.	W.	93,3	268,3	Br.
		Baireüth .	325,03	9,0	Tr.	SO.			
	9½ =	Redwitz, ebend.	318,23	13,1	Tr.	W.	92,3	267,3	Br.
		Baireüth .	325,10	13,9	Tr.	SO.			
Mittlere Höhe des Wirthshauses zum weißen Roß in Redwitz							93,04	268,0	
Erdboden daselbst							90,4	265,4	

Zeit: Jahr, Monat Tag	Zeit: Stunde der Beobachtung	Ort der Beobachtung	Barom. bei + 10° R.	Temperatur der Luft. C.	Witterung	Wind	Höhenunterschied (Toisen)	Absolute Höhe (Toisen)	Beobachter
1819		Nr. 67.							
Spt. 29	7 A.	Arzberg, in der Kirche . .	320,03	15,6	.	NO.			
		Goldkronach	321,36	16,2	Tr.	.	17,7	245,7	Br.
		Baireuth .	325,08	16,2	H.	S.	68,3	243,3	
Mittlere Höhe der Kirche in Arzberg, Barometerort .							. . .	244,5	
Das Barometer hing 12 Fuß über dem Kirchenpflaster, mithin hat dieses eine absolute Höhe von							. . .	242,5	
		Nr. 68.							
Spt. 29	8 A.	Grafenreuth, Wirthshaus .	316,76	16,2	.	.			
		Goldkronach	321,36	16,0	Tr.	.	62,7	290,7	Br.
		Baireuth .	325,09	14,5	H.	S.	113,0	288,0	
	10 =	Grafenreuth, ebendaselbst .	316,60	16,2	Tr.	.			
		Baireuth .	325,00	14,0	.	S.	113,7	288,7	Br.
= 30	6 M.	Grafenreuth, ebendaselbst .	317,36	14,0	.	.			
		Baireuth .	325,85	15,5	Tr.	S.	113,4	288,4	Br.
	7 =	Grafenreuth, ebendaselbst .	317,41	14,7	.	.			
		Goldkronach	321,43	16,3	Tr.	.	54,8	282,3	Br.
		Baireuth .	525,87	17,0	Tr.	S.	114,5	289,5	
Mittlere Höhe des Barometers im Wirthshause zu Grafenreuth							. . .	288,0	
Die Erhöhung des Barometers über dem Erdboden beträgt 12 Fuß, dieser mithin							. . .	286,0	

Zeit: Jahr, Monat Tag	Zeit: Stunde der Beobachtung	Ort der Beobachtung	Barom. bei +10° R.	Temperatur der Luft C.	Witterung	Wind	Höhen-Unterschied (Toisen)	Absolute Höhe (Toisen)	Beobachter
1819		Nr. 69.							
Spt. 27	12 M.	Wartthurmberg bei Grafenreüth . . .	314,59	15,6	.	W.	144,6	319,6	Br.
		Baireüth .	325,21	16,2	Tr.	S.			
= 30	8 M.	Wartthurmbg.	315,62	15,0	.	SW.	139,1	314,1	Br.
		Baireüth .	3[illegible]5,87	17,0	Tr.	S.			
	9 =	Wartthurmbg.	315,86	16,5	.	SW.			
		Goldkronach	321,43	17,9	Tr.	.	76,5	304,5	Br.
		Baireüth .	326,18	18,5	Tr.	S.	140,9	315,9	
	10 =	Wartthurmbg.	315,90	18,1	.	SW.	145,7	320,7	Br.
		Baireüth .	326,49	20,9	Tr.	W.			
	12 =	Wartthurmbg.	315,87	18,3	.	SW.	144,3	319,3	Br.
		Baireüth .	326,35	21,0	Tr.	W.			
Mittlere Höhe des grafenreüther Wartthurmberges, mit Ausschluß der goldkronacher Vergleichung . . .							142,9	317,9	
		Nr. 70.							
Spt. 7	6 A.	Wunsiedel, Gasthof zum Einhorn, 15 Fuß über dem Pflaster bei der Kirche	320,23	15,0	H.	.	98,0	273,0	W.
		Baireüth .	327,53	16,0	Tr.	.			
	8 =	Wunsiedel ebendaselbst . . .	320,26	12,6	H.	.	100,4	275,4	W.
		Baireüth .	327,85	11,5	Tr.	.			
		Reüth . . .	322,65	12,6	B.	.	31,9	277,6	

Zeit: Jahr, Monat und Tag.	Zeit: Stunde der Beob.	Ort der Beobachtung	Barom. bei +10° R.	Temperatur der Luft. C.	Witterung	Wind	Höhen-Unterschied (Toisen.)	Absolute Höhe (Toisen.)	Beobachter
1819									
Spt. 8	7 M.	Wunsiedel ebendaselbst . . .	320,14	12,5	Heiter	.			
		Baireuth .	328,02	10,6		.	104,2	279,2	W.
		Reuth . . .	322,85	5,6		.	35,7	281,4	
	8½ =	Wunsiedel ebendaselbst . . .	320,23	11,3		.			
		Baireuth .	328,12	15,0		.	103,3	278,3	W.
		Reuth . . .	322,54	13,0		.	30,9	276,6	
Mittlere Höhe des Einhorns, aus 4 Beob. und 7 Vergleich.								277,4	
Das Kirchenpflaster ist über dem Meere								274,9	
Die Erhöhung des Barometers über die Rösla wurde zu 60 Fuß geschätzt, daher ist das Niveau der Rösla bei Wunsiedel über dem Meere								267,4	
		Nr. 71.							
Spt. 25 u. 26	Mittel aus 6 Beob.	Alexandersbad, Schloß	314,47	10,0	Tr.	.	118,3	293,3	W.
		Baireuth .	323,30	12,0	Bm.	SO.			
Spt. 30	3 =	Alexandersbad, ebendaselbst .	317,73	18,0	.	.	119,2	294,2	Br.
		Baireuth .	326,52	15,6		S.			
Okt. 1	7 M.	Alexandersbad, ebendaselbst .	318,09	11,7	Heiter	.	115,4	290,4	Br.
		Baireuth .	326,77	10,6		S.			
	9 A.	Alexandersbad, ebendaselbst .	317,92	12,9		.	112,5	287,5	W.
		Baireuth .	326,35	12,0		S.			

Zeit: Jahr, Monat Tag	Zeit: Stunde der Beobachtung	Ort der Beobachtung	Barom. bei + 10° R.	Temperatur der Luft C.	Witterung	Wind	Höhenunterschied (Toisen)	Absolute Höhe (Toisen)	Beobachter
1819 Okt. 2	7½ M.	Alexandersbad, ebendaselbst .	317,77	7,7	N.	.	111,6	286,6	W.
		Baireuth .	326,33	10,0	H.	S.			
Mittel aus 12 Beobachtungen, Höhe des Barometers							113,4	290,4	
Der Erdboden des Schloßhofes ist 14 Fuß tiefer, mithin							113,1	288,1	
Nach den Barometerbeobachtungen, welche der Regierungs- und Medicinal-Rath Dr. Mogalla, aus Breslau, 1814 den 9. und 10. August im Alexandersbade gemacht hat, ist sein Standpunkt (wo?) 191,5 Wiener Klafter höher als David's Barometer im Clementin zu Prag; die Höhe des letztern beträgt 98,9 Toisen über dem Meere (siehe Anhang), mithin die absolute Höhe von Alexandersbad .								285,0	M.
		Nr. 72.							
Spt. 25	3 Beob.	Die Kösseine höchster Fels	301,60	11,6	Heiter	.	301,1	476,1	W.
		Baireuth .	323,43	15,0		SO.			
Okt. 1	4 =	Die Kösseine	305,02	17,0		.	299,5	474,5	W.
		Baireuth .	326,39	22,7		SO.			
	5 =	Die Kösseine	305,10	17,8		.	300,7	475,7	Br.
		Baireuth .	326,52	23,2		SO.			
2	4 =	Die Kösseine	304,61	17,1		.	297,7	472,7	W.
		Baireuth .	325,81	22,5		S.			
		Schneeberg	300,51	17,6		SW.	.59,4	480,1	
Mittel aus 16 Beobachtungen, Höhe des Barometers . . .								475,8	
Der Gipfel der Kösseine ist 5 Fuß höher als das Barometer, mithin über dem Meere								476,6	
Nach gegenseitig beobachteten Zenithabständen								477,0	Bon.

Zeit: Jahr, Monat Tag	Zeit: Stunde der Beob.	Ort der Beobachtung	Barom bei +10° R.	Temperatur der Luft C.	Witterung	Wind	Höhen-Unterschied (Toisen)	Absolute Höhe (Toisen)	Beobachter
1826		Nr. 73.							
Nov. 5	4½ A.	Scheitelpunkt der Straße von Fahrenbach nach Nagel, zwischen Eger und Naab . .	311,22	5,0	.	.	158,8	333,8	H.
		Baireuth .	323,22	7,0	Bm.	SO			
1819		Nr. 74.							
Okt. 3	11 M.	Plattenberg. . . .	305,25	18,7	.	.	276,3	451,3	Br.
		Baireuth .	325,03	18,7	H.	SO.			
	1 A.	Plattenberg .	305,11	20,0	.	.	269,7	444,7	Br.
		Baireuth .	324,20	22,5	H.	SO.			
Mittlere Höhe des Plattenberges							273,0	448,0	
1826		Nr. 75.							
Okt. 25	1½ A.	Zinnhaus auf dem Farmleiten . . .	302,46	9,7	.	.	297,1	472,1	H.
		Baireuth .	324,24	11,6	Tr.	SO.			
		Nr. 76.							
Okt. 25	2 A.	Nußhardt, 15 Fuß unterm höchsten Felsen	300,53	9,3	.	.	323,2	498,2	H.
		Baireuth .	324,15	12,0	Tr.	SO.			
Höchster Felsen des Nußhardt							325,7	500,7	

Zeit: Monat und Tag.	Zeit: Stunde der Beob.	Ort der Beobachtung	Barom. bei +10° R.	Temperatur der Luft C.	Witterung	Wind	Höhen-Unterschied (Toisen)	Absolute Höhe (Toisen)	Beobachter
1826		Nr. 77.							
Okt. 25	$9\frac{1}{2}$ M.	Quelle des weiß. Mains	304,60	6,2	.	.	277,51	456,5	H.
		Baireuth .	325,33	8,3	Tr.	SO.			
1820		Nr. 78.							
Aug. 18	$8\frac{1}{2}$ A.	Kohlschütt am Ochsenkopf	304,33	16,7	.	.	262,2	437,2	Br.
		Baireuth .	323,05	19,8	H.	SO.			
	9 =	Kohlschütt . .	304,10	16,7	.	.	262,7	437,7	Br.
		Baireuth .	322,84	19,6	H.	SO.			
= 19	$4\frac{1}{2}$ M.	Kohlschütt . .	303,63	17,2	.	.	263,6	438,6	Br.
		Baireuth .	322,38	19,8	Tr.	NW.			
Mittlere Höhe von Kohlschütt aus 3 Beobachtungen							262,8	437,8	
1826		Nr. 79.							
Okt. 25	$10\frac{1}{2}$ M.	Der Fichtel-See	308,71	8,1	.	.	218,6	393,6	H.
		Baireuth .	325,05	9,3	Tr.	SO.			
1819		Nr. 80.							
Okt. 1	8 A.	Fichtelberg, oder Gottesgab, im 2ten Stock d. Brauhauses	314,29	14,3	Heiter	.			
		Alexandersb.	318,00	12,0		.	50,6	341,0	Br.
		Baireuth .	326,56	11,0		SO.	164,6	339,6	
	9 =	Fichtelberg .	314,33	13,7		.			
		Alexandersb.	317,92	12,9		.	49,0	339,4	Br.
		Baireuth .	326,35	12,0		S.	161,6	336,6	
= 2	7 M.	Fichtelberg .	313,95	10,6		.			
		Alexandersb.	317,77	7,7	N.	.	50,2	340,6	Br.
		Baireuth .	326,23	10,0	H.	S.	160,5	335,5	

Zeit: Jahr, Monat, Tag	Zeit: Stunde der Beob.	Ort der Beobachtung	Barom. bei +10° R.	Temperatur der Luft C.	Witterung	Wind	Höhen-Unterschied (Toisen)	Absolute Höhe (Toisen)	Beobachter
1819									
Okt. 2	6½ A.	Fichtelberg . .	313,49	16,2		S.	164,5	339,5	Br.
		Baireuth .	325,46	20,0		S.			
	8 =	Fichtelberg . .	313,64	15,0	Heiter	.	161,5	336,5	Br.
		Baireuth .	325,56	14,0		S.			
= 3	6 M.	Fichtelberg . .	313,17	9,1		.	163,0	338,0	Br.
		Baireuth .	325,40	10,0		S.			
	7¼ =	Fichtelberg . .	313,17	10,7		.	164,1	339,1	Br.
		Baireuth .	325,43	10,8		S.			
Höhe von Fichtelberg, Brauhaus, 2ter Stock, aus 7 Beobacht.								338,6	
1820		Nr. 81.							
Aug. 11	10 A.	Fichtelberg, (ohne Angabe des Stationspunktes) . . .	314,01	20,9	Tr.	.	183,6	358,6	Br.
		Baireuth .	327,32	19,0	Heiter	NO.			
= 12	7 M.	Fichtelberg . .	313,48	18,2		.	182,0	357,0	Br.
		Baireuth .	326,61	23,1		NO.			
Mittlere Höhe dieses Punktes im Dorfe Fichtelberg								357,8	
1826		Nr. 82.							
Nov. 5 u. 6	2 Beob.	Brand, im Gasthofe, eine Treppe hoch .	313,79	1,8	.	.	122,7	297,7	H.
		Baireuth .	323,22	1,0	H.	SO.			
		Nr. 83.							
Nov. 6	9 M.	Grünberg, Naabbrücke .	314,87	3,1	.	.	106,6	281,6	H.
		Baireuth .	323,07	2,5	N.	SO.			
Wasserspiegel der Naab daselbst.								281,2	

Zeit: Jahr, Monat, Tag	Zeit: Stunde der Beob.	Ort der Beobachtung	Barom. bei + 10° R.	Temperatur der Luft C.	Witterung	Wind	Höhen-Unterschied (Toisen)	Absolute Höhe (Toisen)	Beobachter
1819		Nr. 84.							
Spt. 26 27	4 Beob.	Witzlesreuth am Schlosse .	315,92	12,7	Tr.	.	119,3	294,3	L.
		Baireuth .	314,82	12,8	Tr.	SO.			
" 30	9 A.	Witzlesr., das.	318,47	16,0	Heiter	.	109,3	284,3	W.
		Baireuth .	326,63	11,0		S.			
Okt. 1	7 M.	Witzlesr., das.	318,62	11,6		.	108,2	283,2	W.
		Baireuth .	326,77	10,6		S.			
" 2	8 A.	Witzlesr., das.	317,54	15,5		.	108,6	283,6	W.
		Baireuth .	325,62	13,0		S.			
" 3	7 M.	Witzlesr., das.	317,20	8,0	Neb.	.	109,2	284,2	W.
		Baireuth .	325,43	12,1	Neb.	S.			
Mittlere Höhe des Schlosses Witzlesreuth aus 8 Beobacht.							110,9	285,9	
Das Niveau des Weihers ist circa 24′ tiefer, daher .							106,9	281,9	
1820									
Juli 18	8 M.	Witzlesreuth (ohne nähere Angabe des Beobachtungs-Ortes)	313,05	26,6	Reg.	.	124,1	299,1	Br.
		Baireuth .	321,88	18,5	Tr.	SO.			
		Nr. 85.							
Juli 17	5 A.	Pullenreuth	315,56	24,1	Tr.	.	111,8	286,8	Br.
		Baireuth .	323,53	23,9	Reg.	S.			
	$5\frac{1}{2}$ "	Pullenreuth .	315,48	25,0	Tr.	.	112,7	287,7	Br.
		Baireuth .	323,50	23,8	Reg.	S.			
Mittel aus zwei Beobachtungen							112,2	287,2	

Zeit		Ort der Beobachtung	Barom. bei +10° R.	Temperatur der Luft	Witterung	Wind	Höhen-Unterschied	Absolute Höhe	Beobachter
Monat und Tag.	Stunde der Beob.			C.			Toisen		
1820		Nr. 86.							
Juli 18	9 M.	Döbreinerbach (ob bei Doberein?) eine Stunde v. Witzlesreuth . . .	316,36	17,5	Reg.	.	75,1	250,1	Br.
		Baireuth .	312,82	18,0	Reg.	SO.			
1819		Nr. 87.							
Apr. 30	5 A.	Muckenreuth	318,71	20,0	H.	.	103,4	278,4	W.
		Baireuth .	326,25	20,6	H.	S.			
1826		Nr. 88.							
Nov. 6	12¾ M.	Wasserscheide zwisch. Kirchenbiengarten und Weidenberg	314,75	6,2	.	.	107,0	282,0	H.
		Baireuth .	322,83	9,1	Bm.	SW.			
		Nr. 89.							
Nov. 6	11 M.	Lindlas, Gebirgsgränze .	315,85	3,7	.	.	92,9	267,9	H.
		Baireuth .	322,95	6,0	Bm.	SW.			
Wasserspiegel der Heidenaab							92,7	267,7	
1820		Nr. 90.							
Aug. 1	5 A.	Zeibotenreuth, an der Straße v. Baireuth nach Kemnath	322,74	30,1	H.	.	39,0	214,0	Br.
		Baireuth .	325,48	30,6	H.	W.			

Zeit		Ort der Beobachtung	Barom. bei +10° R.	Temperatur der Luft C.	Witterung	Wind	Höhen-Unterschied	Absolute Höhe	Beobachter
Jahr, Monat Tag	Stunde der Beobachtung						Toisen.		
1820		Nr. 91.							Sämmtliche Beobachtungen sind von Hrn. v. Brand.
Aug. 11	8½ M.	Kemnath, Schloß, 5 Fuß über dem Erdboden	324,50	21,1	Tr.	.	45,4	220,4*)	
	.	Baireuth .	327,85	20,0	Tr.	SO.			
		Nr. 92.							
Aug. 11	7 M.	Gemünd, Brücke . . ,	320,03	18,5	Tr.	.	106,8	281,8	
		Baireuth .	327,89	19,0	Tr.	SO.			
		Nr. 93.							
Juli 19	9 M.	Sandberg, am Kulm, 10 Fuß über dem Erdboden . .	313,81	19,0	Neb.	.	111,1	286,1	
		Baireuth .	321,84	18,0	Tr.	SO.			
	11 „	Sandberg . .	313,87	20,6	Reg.	.	110,7	285,7	
		Baireuth .	321,82	20,0	Tr.	SO.			
„ 20	8½ „	Sandberg . .	314,27	18,5	Tr.	.	118,0	293,0	
		Baireuth .	322,79	20,9	Tr.	SO.			
Aug. 2	6½ „	Sandberg . .	317,04	18,8	Sturm		118,0	293,0	
		Baireuth .	325,64	19,0	Tr.	NO.			
	2 A.	Sandberg . .	318,37	18,6	Tr.	.	107,3	282,3	
		Baireuth .	326,19	20,0	Tr.	N.			
„ 3	7 M.	Sandberg . .	319,13	26,0	Neb.	.	110,2	285,2	
		Baireuth .	327,12	18,0	Tr.	N.			
„ 5	1 A.	Sandberg . .	316,16	19,3	Neb.	.	110,5	285,5	
		Baireuth .	324,21	17,5	Tr.	NW.			

*) Diese Höhe ist offenbar zu klein; im Barometerstande muß ein Fehler sein; wollte man 314,50 statt 324,50 lesen, so erhält man den Höhenunterschied 170 Toisen, was zu viel zu sein scheint.

Zeit: Jahr, Monat und Tag	Zeit: Stunde der Beob.	Ort der Beobachtung	Barom. bei +10° R.	Temperatur der Luft C.	Witterung	Wind	Höhen-Unterschied (Toisen)	Absolute Höhe (Toisen)	Beobachter
1820									Alle hier angeführte Beobachtungen sind von Hrn. v. Brand.
Aug. 6	9 M.	Sandberg .	318,18	15,3	Neb.	.	111,6	286,6	
		Baireúth .	326,44	17,0	Tr.	O.			
" 7	8 "	Sandberg .	316,61	17,2	.	.	110,2	285,2	
		Baireúth .	324,67	18,1	Tr.	SO.			
	3 A.	Sandberg .	316,48	19,6	Reg.	.	108,9	283,9	
		Baireúth .	324,33	22,8	Tr.	W.			
	5 "	Sandberg .	316,46	21,7	Reg.	.	111,3	286,3	
		Baireúth .	324,45	23,3	Tr.	SW.			
" 8	9 M.	Sandberg .	318,17	16,7	H.	.	107,6	282,6	
		Baireúth .	326,06	19,7	Tr.	NW.			
	8 A.	Sandberg .	318,43	16,1	H.	.	102,9	277,9	
		Baireúth .	326,05	13,5	H.	NW.			
" 10	2 "	Sandberg .	320,1[illegible]	24,3	.	.	109,3	284,4	
		Baireúth .	327,9[illegible]	27,7	H.	NW.			
	4 "	Sandberg .	320,13	25,2	.	.	109,2	284,2	
		Baireúth .	327,95	26,2	H.	N.			
Mittlere Höhe des Barometerorts in Sandberg, aus 15 Beob.							110,45	285,5	
Reduktion auf den Erdboden für 10 Fuß Erhöhung . .							108,79	283,8	
		Nr. 94.							
Juli 19	1 A	Kulm, Spitze, 2 Fuß über der Erde . .	309,33	21,1	Reg.	.	175,8	350,8	
		Baireúth .	321,78	23,1	Tr.	S.			
	2 "	Kulm	309,33	20,6	Reg.	.	176,9	351,9	
		Baireúth .	321,87	23,0	Tr.	S.			
Aug. 2	$7\frac{1}{2}$ M.	Kulm	313,14	19,0	Reg.	.	173,6	348,6	
		Baireúth .	325,70	20,0	Tr.	NO.			
	$10\frac{1}{2}$ "	Kulm	313,14	18,6	Tr.	.	176,4	351,4	
		Baireúth .	325,93	20,0	Tr.	.			

Zeit: Jahr, Monat, Tag	Zeit: Stunde der Beob.	Ort der Beobachtung	Barom. bei +10° R.	Temperatur der Luft C.	Witterung	Wind	Höhen-Unterschied (Toisen)	Absolute Höhe (Toisen)	Beobachter
1820									Nebenstehende Beobachtungen sind sämmtlich von Hrn. v. Brand.
Aug. 2	1 A.	Kulm . .	313,23	18,3	Tr.	.	178,0	353,0	
		Baireuth .	326,13	20,0	Tr.	W.			
" 3	8 M.	Kulm . .	314,54	16,5	Neb.	.	171,4	346,4	
		Baireuth .	327,12	18,4	Tr.	N.			
	11 "	Kulm . .	314,49	17,7	Neb.	.	171,1	346,1	
		Baireuth .	326,94	20,0	Tr.	SO.			
	1 A.	Kulm . .	314,35	18,5	.	.	171,9	346,9	
		Baireuth .	326,80	22,1	Tr.	SO.			
" 4	7½ M.	Kulm . .	313,09	17,6	.	.	176,9	351,9	
		Baireuth .	325,94	19,4	H.	SO.			
	1 A.	Kulm . .	312,95	21,7	.	.	175,6	350,6	
		Baireuth .	325,46	25,0	H.	SO.			
" 5	9 M.	Kulm . .	310,77	20,0	.	.	182,5	357,5	
		Baireuth .	323,86	20,1	H.	W.			
	12 "	Kulm . .	311,29	17,8	.	.	177,2	352,2	
		Baireuth .	324,14	17,2	Tr.	NW.			
" 6	10 "	Kulm . .	313,40	15,6	.	.	170,0	345,0	
		Baireuth .	325,83	18,0	Tr.	O.			
	1 A.	Kulm . .	312,74	17,8	.	.	177,4	352,4	
		Baireuth .	325,54	22,5	H.	SO.			
	4 "	Kulm . .	312,45	19,1	.	.	179,4	354,4	
		Baireuth .	325,32	23,6	H.	SO.			
" 7	10 M.	Kulm . .	311,98	18,0	.	.	173,8	348,8	
		Baireuth .	324,53	20,0	Tr.	S.			
	1½ A.	Kulm . .	311,80	20,3	.	.	174,5	349,8	
		Baireuth .	324,27	22,8	Tr.	W.			
" 8	10 M.	Kulm . .	313,55	15,0	Heiter	.	171,1	346,1	
		Baireuth .	326,06	19,0		NW.			
	2 A.	Kulm . .	313,29	17,6		.	176,3	351,3	
		Baireuth .	326,05	21,8		NW.			
Mittlere Höhe aus 19 Beobachtungen							175,2	350,2	
Reduktion auf den Erdboden mit — 0,3 Toisen . .							174,9	349,9	

Zeit: Jahr, Monat Tag	Zeit: Stunde der Beobachtung	Ort der Beobachtung	Barom. bei + 10° R.	Temperatur der Luft C.	Witterung	Wind	Höhenunterschied (Toisen)	Absolute Höhe (Toisen)	Beobachter
1820		Nr. 95.							Sämmtliche Beobachtungen sind von Hrn. v. Brand.
Juli 19	2½ N.	Steingeröl-le am Kulm	314,01	21,0	Tr.	.	110,9	285,9	
		Baireüth .	321,91	24,0	Tr.	SO.			
		Nr. 96.							
Juli 19	4 N.	Anlagen am Kulm	314,01	21,0	.	SO.	112,3	287,3	
			322,04	22,0	Tr.	SO.			
	6 „	Anlagen a. K.	314,01	21,8	Reg.	.	114,4	289,4	
		Baireüth .	322,21	20,2	.	SO.			
Mittel aus zwei Beobachtungen							113,3	288,3	
Reduktion auf den Erdboden mit —2,3 Toisen . .							111,0	286,0	
		Nr. 97.							
Juli 20	9½ M.	Neüstadt an den Kulmen (ohne Angabe der Station)	316,65	18,7	Tr.	.	86,4	261,4	
		Baireüth .	322,90	20,3	Tr.	SO.			
		Nr. 98.							
Aug. 10	7 M.	Vorbach, 25 Fuß über dem Erdboden . .	324,56	15,8	.	.	46,9	221,9	
		Baireüth .	328,05	21,2	Tr.	W.			
	10 „	Vorbach . . .	324,02	23,1	.	.	52,0	227,0	
		Baireüth .	327,82	23,9	Tr.	W.			
Mittel aus zwei Beobachtungen							49,4	224,4	
Reduktion wegen 25 Fuß mit 4,1 Toisen							45,3	220,3*)	

*) Diese Höhe scheint wol etwas zu klein zu sein.

Zeit: Jahr, Monat Tag	Zeit: Stunde der Beobachtung	Ort der Beobachtung	Barom. bei +10° R.	Temperatur der Luft C.	Witterung	Wind	Höhenunterschied (Toisen)	Absolute Höhe (Toisen)	Beobachter
1820		Nr. 99.							Sämmtliche Beobachtungen sind von Hrn. v. Brand.
Juli 14	9 A.	Eschenbach, 15 Fuß über dem Erdboden	320,07	15,6	.	.	57,8	232,8	
		Baireuth .	324,36	14,7	H.	O.			
	5 M.	Eschenbach .	320,43	14,6	.	.	64,6	239,6	
		Baireuth .	325,23	16,5	H.	SO.			
Mittlere Höhe von Eschenbach							61,2	236,2	
Reduktion auf den Erdboden mit —2,3 Toisen . .							58,9	233,9	
		Nr. 100.							
Juli 16	11½ M.	Spiegelschleife bei Eschenbach .	322,93	21,7	.	.	50,9	225,9	
		Baireuth .	326,64	23,3	H.	S.			
		Nr. 101.							
Juli 15	9 M.	Ebene des Kreußenbachs, am Wege von Eschenbach nach Pressat. . . .	322,72	19,7	.	.	32,9	207,9	
		Baireuth .	325,15	18,3	H.	SO.			
Niveau des Kreußenbachs							34,3	206,3	
		Nr. 102.							
Juli 15	11 M.	Pressat (ohne Angabe des Beobachtungsorts)	322,30	23,5	.	.	38,8	213,8	
		Baireuth .	325,10	24,4	H.	SO.			
Das Barom. hing 15 Fuß über dem Boden, mithin Korrektion							2,3	2,3	
Höhe des Erdbodens . . .							36,5	211,5	

Zeit: Jahr, Monat Tag	Zeit: Stunde der Beobachtung	Ort der Beobachtung	Barom. bei +10° R.	Temperatur der Luft C.	Witterung	Wind	Höhenunterschied (Toisen)	Absolute Höhe (Toisen)	Beobachter
1820		Nr. 103.							Die Beobachtungen Nr. 103, 104 und 105 sind von Hrn. v. Brand.
Juli 15	2 A.	Fuß des Parkstein, fünf Fuß über dem Boden .	320,88	23,1			60,2	235,2	
		Baireuth .	325,20	24,9	H.	SO.			
Erdboden am Fuß des Parkstein							59,4	234,4	
		Nr. 104.							
Juli 15	5 A.	Parkstein, Spitze, 3 F. unterm Gipfel	315,85	19,2			130,1	305,1	
	"	Baireuth .	325,27	20,8	H.	S.			
Gipfel des Parkstein							130,6	305,6	
		Nr. 105.							
Juli 16	6 M.	Höhe bei Töltsch, 18 F. überm Boden	317,90	16,3			100,3	275,4	
		Baireuth .	326,29	15,0	H.	NO.			
Töltscher Höhe *), Erdboden							97,4	272,4	
1826		Nr. 106.							
Nov. 6	1½ A.	Weidenberg, obere Mühle	318,66	8,7			54,8	229,8	H.
		Baireuth .	322,81	9,5	H.	SW.			
Niveau der Steinach daselbst							54,5	229,5	

*) Ist vielleicht identisch mit Döllnitz; der Name Töltsch kommt auf der topographischen Karte vom Königreich Baiern nicht vor.

Zeit: Jahr, Monat und Tag	Zeit: Stunde der Beob.	Ort der Beobachtung	Barom. bei +10° R.	Temperatur der Luft. C.	Witterung	Wind	Höhen-Unterschied (Toisen)	Absolute Höhe (Toisen)	Beobachter
1819		Nr. 107.							
Spt. 30	4 A.	Sophienthal	321,78	20,5	H.	.	61,0	236,0	W.
		Baireuth .	326,24	21,0	H.	S.			
1826		Nr. 108.							
Nov. 6	4 A.	Gränze des bunten Sandsteins üb. Weidenberg	314,47	7,0	.	.	107,6	282,6	H.
		Baireuth .	322,59	7,5	Bm.	SW.			
		Nr. 109.							
Nov. 6	5 A.	Scheitelpunkt d. Straße v. Weidenberg n. Baireuth	313,90	5,7	.	.	113,2	288,2	H.
		Baireuth .	322,49	6,5	Bm.	SW.			
1827		Nr. 110.							
Apr. 25	8½ M.	Plateau zwisch. Bindloch und Benk, 8 Fuß unterm Scheitel	318,95	4,8	.	.			
		Baireuth .	324,57	5,0	.	.	74,7	249,7	M.
		Würzburg .	331,24	10,0	.	.	161,1	252,2	
1828 Jan. 6	1¼ A.	Plateau von Benk	317,21	.6,5	H.	NO.	77,0	252,0	B.
		Baireuth .	323,35	.4,0	H.	NO.			
Mittlere Höhe des Plateaus, Chausseehöhe							. . .	251,3	
1819		Nr. 111.							
Spt. 30	2 A.	Wohnung in d. Königshaide	310,14	17,2	Tr.	.	223,0	398,0	W.
		Baireuth .	326,21	22,0	Tr.	W.			

Zeit: Jahr Mona. Tag	Zeit: Stunde der Beob.	Ort der Beobachtung	Barom. bei +10° R.	Temperatur der Luft C.	Witterung	Wind	Höhenunterschied (Toisen)	Absolute Höhe (Toisen)	Beobachter
1819		Nr. 112.							
Nov. 28	3 A.	Lanzendorf, zunächst a. weiß. Main	326,02	.6,1	H.	.	.5,3	169,7	W.
		Baireüth .	325,59	.5,0	H.	SO:			
1825		Nr. 113.							
Spt. 5	10 M.	Berneck, bei der Post . . .	320,47	6,0	Reg.	NW.	28,4	203,18	B.
		Baireüth .	322,61	10,0	Reg.	NW.			
Straßenpflaster bei der Post								201,5	
1828		Nr. 114.							
Jan. 6	1 A.	Berneck, am obern Eingang	320,69	.4,6	H.	NO.	29,7	204,7	B.
		Baireüth .	323,26	.3,7	H.	NO.			
1826		Nr. 115.							
Okt. 28	1¾ A.	Unteres Schloß von Berneck, am Thurm .	322,21	8,1	.	.	45,0	220,0	H.
		Baireüth .	325,64	10,0	Tr.	NW.			
		Nr. 116.							
Okt. 28	2¼ A.	Auf dem sogenannten Hoch über dem bernecker Schloßberge	318,81	6,2	.	.	90,1	265,1	H.
		Baireüth .	325,67	10,3	Tr.	NW.			

Zeit		Ort der Beobachtung	Barom. bei +10° R.	Temperatur der Luft C.	Witterung	Wind	Höhen-Unterschied	Absolute Höhe	Beobachter
Jahr, Monat Tag	Stunde der Beobachtung						Toisen.		
1819		Nr. 117.							
Okt. 5	11 M.	Hinterer Röhrenhof bei Heidenreüth .	317,46	12,8	Tr.	.	58,7	233,7	W.
		Baireüth .	321,80	16,2	Tr.	S			
Niveau des weißen Mains daselbst							58,1	233,1	
		Nr. 118.							
Okt. 22	5 A.	Fölmar, zwischen den zwei höchsten Häusern	308,23	3,7	Stürmisch		174,3	349,3	W.
		Baireüth .	321,40	7,2	Tr.	SO.			
1826		Nr. 119.							
Okt. 26	3½ A.	Zusammenfluß des Heinersreüther Wassers u. der Ölsnitz, 3 Fuß über dem Wasser . . .	318,10	10,1	.	.	42,1	217,1	H.
		Baireüth .	321,30	11,2	Tr.	SW.			
= 28	12 M.	Derselbe Zusammenfluß 6 Fuß über dem Wasserspiegel	322,99	6,2	.	.	31,8	206,8	H.
		Baireüth .	325,52	8,8	Tr.	NW.			
Mittlere Höhe dieses Zusammenflusses, Niv. d. Wassers							. . .	211,95	
		Nr. 120.							
Okt. 28	10½ M.	Vereinigung d. Lübniß u. Ölsnitz, drei Fuß über d. Wasser	321,27	5,6	.	.	53,7	228,7	H.
		Baireüth .	325,40	7,5	Tr.	NW.			
Niveau des Wassers							53,2	228,2	

Zeit: Jahr, Monat Tag	Zeit: Stunde der Beobachtung	Ort der Beobachtung	Barom. bei +10° R.	Temperatur der Luft C.	Witterung	Wind	Höhenunterschied (Toisen)	Absolute Höhe (Toisen)	Beobachter
1826		Nr. 121.							
Okt. 29	12 M.	Ölsnitz an der Brücke auf der Straße von Gefrees nach Berneck . . .	321,27	6,2	.	.	64,2	239,2	H.
		Baireüth .	326,20	8,5	Tr.	W.			
1825		Nr. 122.							
Spt. 5	7½ M.	Knopfhammer, 4 Fuß über dem Wasser	312,45	6,0	Tr.	NW.	133,15	308,12	B.
1826	.	Baireüth .	322,47	9,0	Tr.	N.			
Okt. 30	2 A.	Knopfhammer eben so hoch .	314,89	6,2	Tr.	N.	133,05	308,02	H.
		Baireüth .	324,98	8,8					
Mittlere Höhe des Knopfhammers							133,10	308,07	
Niveau des Kornbaches daselbst							132,54	307,41	
1825		Nr. 123.							
Sept. 5	7 M.	Torfmoor oder Hölle . .	309,52	5,2	Tr.	NW.	172,0	347,0	B.
		Baireüth .	322,46	7,5	Tr.	N.			
1826 Okt. 30	3 A.	Torfmoor oder Hölle	312,20	4,7	.	.	171,0	346,0	H.
		Baireüth .	325,17	8,1	Tr.	N.			
Mittlere Höhe von Torfmoor oder Hölle							171,5	346,5	

Zeit: Jahr, Monat Tag	Zeit: Stunde der Beobachtung	Ort der Beobachtung	Barom. bei + 10° R.	Temperatur der Luft C.	Witterung	Wind	Höhenunterschied (Toisen)	Absolute Höhe (Toisen)	Beobachter.
1825		Nr. 124.							
Sept. 4	5 A.	Voit=Sömmern, Schenke	309,81	6,0	Reg.	NW.	15,23	338,23	B.
		Weißenstadt, Posthaus.	310,94	6,8	Reg.	NW.			
1826		Nr. 125.							
Okt. 30	5 A.	Neuehammer bei Weißenstadt	315,11	3,7	.	.	136,6	311,6	H.
		Baireuth .	325,55	8,1	Tr.	NW.			
Niveau der Eger daselbst							135,6	310,6	
		Nr. 126.							
Okt. 31	10 M.	Rudolfstein, Burgplatz . .	306,27	2,0	.	.	258,3	433,3	H.
		Baireuth .	326,01	2,6	Tr.	NW.			
		Nr. 127.							
Okt. 31	5 A.	Hammerteich bei Meierhofen	312,44	3,7	.	.	161,9	336,9	H.
		Baireuth .	324,76	7,0	Tr.	S.			
		Nr. 128.							
Nov. 5	1½ M.	Scheitelpunkt zwischen d. Eger und der Rosla, am Wege von Weißenstadt u. Wunsiedel . .	311,82	7,5	.	.	150,1	325,1	H.
		Baireuth .	328,09	8,5	Vm.	SO.			

Zeit		Ort der Beobachtung	Barom. bei +10° R.	Temperatur der Luft C.	Witterung	Wind	Höhen-Unterschied	Absolute Höhe	Beobachter
Jahr, Monat und Tag.	Stunde der Beob.						Toisen.		
1826		Nr. 129.							Sämmtliche Beobachtungen sind von Hrn. Hoffmann.
Nov. 5	$3\frac{1}{2}$ A.	Röslabrücke unter Schönbrun, . . .	315,12	9,3	.	.	107,7	282,7	
		Baireuth .	323,21	10,0	H.	SO.			
		Nr. 130.							
Okt. 31	11 M.	Mühle über Waißenhaid	313,27	5,0	.	.	164,03	339,03	
		Baireuth .	325,81	5,0	Tr.	S.			
Niveau der Eger							163,7	338,70	
		Nr. 131.							
Okt. 31	12 M.	Eger Quelle	310,85	5,0	.	.	194,24	369,23	
		Baireuth .	325,61	6,5	Tr.	S.			
		Nr. 132.							
Okt. 31	$12\frac{1}{2}$ A.	Auf dem kalten Buch .	305,60	3,1	.	.	264,14	439,1	
		Baireuth .	325,51	8,0	Tr.	S.			
		Nr. 133.							
Okt. 25	4 A.	Gneisgränze über dem Frösershammer .	310,36	10,1	.	.	180,7	355,7	
		Baireuth .	323,81	10,0	Tr.	W.			
		Nr. 134.							
Okt. 24 25 u. 26	4 Beob.	Bischofsgrün, im Wirthshause, 2. Stock	311,23	8,2	.	.	175,9	350,9	
		Baireuth .	324,45	8,1	Tr.	SO.			

Zeit: Jahr, Monat Tag	Zeit: Stunde der Beob.	Ort der Beobachtung	Barom. bei +10° R.	Temperatur der Luft C.	Witterung	Wind	Höhenunterschied (Toisen)	Absolute Höhe (Toisen)	Beobachter.
1826		Nr. 135.							Alle hier angeführte Beobachtungen sind von Hrn. Hoffmann.
Okt. 26	12 M.	Der Weiße Main a. Wege v. Bischofsgrün nach Berneck bei der Glaser Mühle . . .	311,99	8,1	.	.	130,3	305,3	
		Baireuth .	321,60	12,0	Tr.	SO.			
Wasserspiegel des weißen Mains							129,8	304,8	
		Nr. 136.							
Okt. 24	1¾ A.	Bischofsgrün, a. Ausgange zum Ochsenkopf	313,68	13,7	.	.	178,3	353,3	
		Baireuth .	326,95	11,3	Tr.	SO.			
		Nr. 137.							
Okt. 24	2 A.	Gneisgränze a. nördlichen Fuße des Ochsenkopfs	310,58	13,2	.	.	222,7	397,7	
		Baireuth .	326,93	12,5	Tr.	SO.			
		Nr. 138.							
Okt. 26	11 M.	Hohe Heide, am Wege von Bischofsgrün n. Waißenhaid .	303,18	6,0	.	.	352,5	427,5	
		Baireuth .	321,86	9,5	Tr.	SO.			
		Nr. 139.							
Okt. 24	12 M.	Scheitelpunkt d. Weges von Bischofsgrün nach Schamlesberg	312,78	11,2	.	.	191,0	366,0	
		Baireuth .	327,09	10,0	Tr.	SO.			

Zeit: Jahr, Monat, Tag	Zeit: Stunde der Beobachtung	Ort der Beobachtung	Barom. bei +10° R.	Temperatur der Luft C.	Witterung	Wind	Höhenunterschied (Toisen)	Absolute Höhe (Toisen)	Beobachter
1826		Nr. 140.							
Okt. 26	12½ M.	Hohe Fläche bei Wülfersreüth. . . .	307,66	8,1			188,2	363,2	H.
		Baireüth .	321,54	12,3	Tr.	SW.			
		Nr. 141.							
Okt. 26	1¼ A.	Metzlersreüth, Bach a. unterm Ende des Dorfs . .	314,79	10,0			89,8	264,8	H.
		Baireüth .	321,47	12,7	Tr.	SW.			
		Nr. 142.							
Okt. 21	10 M.	Saalquelle	313,58	4,0			185,6	360,6	H.
		Baireüth .	327,84	5,2	H.	SO.			
		Nr. 143.							
Okt. 21	10½ M.	Gränze des Gneis nördlich unter d. Waldstein	312,95	5,0			194,1	369,1	H.
		Baireüth .	327,83	5,0	H.	SO.			
1819		Nr. 144.							
Nov. 16	11 M.	Waldstein, höchste Klippe	301,84	-0,3	Trübe				
		Goldkronach	318,52	5,0			222,3	450,3	Br.
		Baireüth .	322,54	4,7		SO.	273,8	448,9	
	12 =	Waldst., das.	301,63	0,0					
		Baireüth .	322,55	4,7		SO.	277,4	452,4	Br.
	1 A.	Waldst., das.	301,64	-0,3					
		Baireüth .	322,55	4,7		SO.	277,4	452,0	Br.

Zeit: Jahr, Monat Tag	Zeit: Stunde der Beobachtung	Ort der Beobachtung	Barom. bei +10° R.	Temperatur der Luft. C.	Witterung	Wind	Höhenunterschied (Toisen)	Absolute Höhe (Toisen)	Beobachter.
1819 Nov. 16	3 U.	Waldstein, das.	301,54	.0,3	Trübe	.			
		Goldkronach	318,45	3,6		.	225,8	453,8	Br.
		Baireuth .	322,44	4,0		SO.	278,6	451,7	
	4½ U.	Waldstein, das.	301,55	.1,0		.	276,0	451,0	Br.
		Baireuth .	322,46	3,5		SO.			
1826 Okt. 21	11½ M.	Waldstein, das.	307,86	4,3	.	.	261,4	436,4	H.
		Baireuth .	327,81	4,0	H.	SO.			
Mittlere Höhe des Waldsteins aus 6 Beob. u. 8 Vergl.								449,56	
		Nr. 145.							
Okt. 21	1 U.	Gneisgränze a. Wege v. Waldstein nach Weißenstadt . . .	314,18	10,6	.	.	.181,6	356,6	H.
		Baireuth .	327,78	12,5	H.	SO.			
1819		Nr. 146.							
Okt. 4	11 M.	Epprechtstein, Schloßruine.	306,30	15,2	Heiter	.			Diese Beobacht. sind von Hrn. v. Brand.
		Ochsenkopf.	298,10	15,0		.	.117,7	404,8	
		Baireuth .	322,68	19,3		SO.	228,1	403,1	
	1½ U.	Epprechtst., das.	306,11	17,2		.			
		Baireuth .	322,63	20,0		SW.	231,3	406,3	
	4 =	Epprechtst., das.	305,96	16,1		.			
		Ochsenkopf.	297,69	13,3		.	.118,7	403,8	
		Baireuth .	322,52	20,6		W.	231,8	406,8	
= 11	12½ =	Epprechtst., das.	309,37	7,7		.			
		Ochsenkopf.	301,09	7,0		.	.114,5	408,0	
		Baireuth .	326,81	12,8		SO.	233,7	408,7	
	1½ =	Epprechtst., das.	309,30	8,7		.			
		Ochsenkopf.	301,11	8,0		.	.113,8	408,7	
		Baireuth .	326,60	12,5		SO.	231,7	406,7	

Zeit: Jahr, Monat und Tag.	Zeit: Stunde der Beob.	Ort der Beobachtung	Barom. bei +10° R.	Temperatur der Luft. C.	Witterung	Wind	Höhen-Unterschied (Toisen)	Absolute Höhe (Toisen)	Beobachter
1819									
Okt. 11	4 A.	Epprechtst., das.	309,29	8,3	Heiter	.			
		Baireuth .	326,36	12,5		SO.	230,0	405,0	Br.
	6 =	Epprechtst., das.	309,28	6,3		.			
		Baireuth .	326,40	11,0		SO.	228,3	403,3	Br.
1826 Okt. 14	2½ =	Epprechtst., das.	311,22	9,3	.	.			
		Baireuth .	328,63	14,5	Tr.	NO.	233,7	408,7	H.
Mittlere Höhe des Epprechtsteins aus 8 Beob. u. 12 Vergl.							. . .	406,1	
		Nr. 147.							
Okt. 13	4¾ A.	Scheitelpunkt des Weges zwischen Hallerstein und Kirchenlamitz . .	314,90	11,2	.	.	171,1	346,1	H.
		Baireuth .	327,71	13,0	Tr.	NO.			
		Nr. 148.							
Okt. 11	4 A.	Scheitelpunkt der Straße von Schwarzenbach nach Kirchenlamitz, die kalte Buche . . .	315,83	12,8	.	.	158,0	333,0	H.
		Baireuth .	327,59	14,0	Tr.	SO.			
1820		**Nr. 149.**							
Spt. 13	12 M.	Kirchenlamitz, im Löwen	318,53	13,1	.	.	125,9	300,9	Br.
		Baireuth .	327,86	19,0	H.	SO.			
	1 A.	Kirchenl., das.	318,13	15,5	.	.	128,2	303,2	Br.
1826		Baireuth .	327,56	19,3	H.	SO.			
Okt. 14	10 =	Kirchenl., das.	318,11	11,2	.	.	128,2	303,2	H.
		Baireuth .	327,78	11,2	Tr.	NO.			
	7 M.	Kirchenl., das.	318,44	10,0	.	.	127,8	302,8	H.
		Baireuth .	328,14	10,0	Tr.	NO.			
Mittel aus vier Beobachtungen							127,5	302,5	
Höhe von Kirchenlamitz, Erdboden							125,0	300,0	

Zeit: Monat und Tag.	Zeit: Stunde der Beob.	Ort der Beobachtung	Barom. bei +10° R.	Temperatur der Luft C.	Witterung	Wind	Höhen-Unterschied (Toisen)	Absolute Höhe (Toisen)	Beobachter
1826		Nr. 150.							Nebenstehende Beobachtungen sind von Hrn. Hoffmann.
Okt. 12	5 A.	Lauterbach, an der Chaussee im Norden von Kirchenlamitz Baireüth .	317,70 327,63	11,2 14,0	. Tr.	. NW.	132,4	307,4	
Niveau des Baches							. . .	306,1	
		Nr. 151.							
Okt. 14	1½ A.	Lamitzbach, am Wege von Kirchenlamitz nach Weißenstadt, unterhalb der Fuchs-Mühle . . . . Baireüth .	318,65 328,63	11,8 14,3	. Tr.	. NO.	133,13	308,1	
Niveau des Baches							131,47	306,4	
		Nr. 152.							
Okt. 22	10 M.	Scheitelpunkt des Weges zwischen Rupertsgrün und Zell Baireüth .	311,91 327,83	4,3 5,5	. Tr.	. SO.	207,9	382,9	
		Nr. 153.							
Okt. 22	10½ M.	Nördl. Gneisgränze an demselben Wege . Baireüth .	312,57 327,83	4,3 5,2	. Tr.	. SO.	198,4	373,4	

Zeit		Ort der Beobachtung	Barom. bei +10° R.	Temperatur der Luft C.	Witterung	Wind	Höhen-unterschied	Absolute Höhe	Beobachter
Jahr, Monat Tag	Stunde der Beob.						Toisen		
1826		Nr. 154.							
Okt. 21	3¾ A.	Fichtenhammer	319,21	10,6	.	.	113,8	288,8	H.
		Baireuth .	327,81	12,0	H.	SO.			
		Nr. 155.							
Okt. 21	4 A.	Gipf. d. Buchberges . . .	315,08	10,6	.	.	169,4	344,4	H.
		Baireuth .	327,81	11,9	H.	SO.			
1825		Nr. 156.							
Sept. 4	2 A.	Frankenhammer . .	312,59	10,0	Tr.	.	17,5[illegible]	307,49	B.
		Weißenstadt, Post . . .	311,31	8,0	Tr.	.			
		Baireuth .	322,21	15,6	Tr.		.130,45	305,49	
1826 Nov. 1	10½ M.	Frankenhamm.	313,14	8,5	.	.	128,38	303,42	H.
		Baireuth .	322,93	4,8	Tr.				
Mittlere Höhe von Frankenhammer							. . .	305,46	
Niveau der Eger daselbst							. . .	304,96	
1825		Nr. 157.							
Sept. 4	12 M.	Chausseehöhe, westlich über dem Dorfe Rauschensteig	311,91	10,5	Tr.	.	33,96	318,7	B.
		Unter-Rößla	314,39	12,0	Tr.				
		Baireuth .	322,50	12,5	Tr.		.142,6	317,6	
Mittlere Höhe							. . .	318,1	
1826		Nr. 158.							
Nov. 1	3½ A.	Rauschensteig, Straße	312,41	3,1	.	.	131,1	306,1	H.
		Baireuth .	322,37	6,3	Tr.				

Zeit: Jahr, Monat Tag	Zeit: Stunde der Beob.	Ort der Beobachtung	Barom. bei +10° R.	Temperatur der Luft C.	Witterung	Wind	Höhen-Unterschied (Toisen)	Absolute Höhe (Toisen)	Beobachter
1825		Nr. 159.							
Sept. 4	11½ M.	Bernstein, die Kirche . .	312,39	10,0	Tr.	.	. 5,74	312,4	B.
		Chausseehöhe b. Rauschensteig	311,99	10,5	Tr.	.	.137,20	312,2	
		Baireuth .	322,57	12,0	Tr.				
Mittlere Höhe von Bernstein							. . .	312,3	
		Nr. 160.							
Spt. 4	11 M.	Thiersheim, bei der Kirche, auf gleich. Erde	315,75	9,0	B.	.	.44,6	267,7	B.
		Bernstein .	312,47	10,0	B.	.			
		Baireuth .	322,65	12,0	Tr.		.92,2	267,2	
Mittlere Höhe der Kirche in Thiersheim							. . .	267,4	
1826		Nr. 161.							
Nov. 1	10A.	Thiersheim, Post, 2ter Stock	313,46	4,3	.	SW.	108,1		H.
		Baireuth .	321,68	5,5	Tr.				
„ 2	11M.	Thiersh., ebend.	313,62	5,0	.	SO.	98,3	273,3	H.
		Baireuth .	321,07	6,5	Tr.				
Die zweite Messung scheint den Vorzug vor der ersten zu verdienen.									
		Nr. 162.							
Nov. 2	12 M.	Teich nördlich über dem Dorfe Kothigen Biebersbach . . .	314,13	5,3	.	.	91,6	266,6	H.
		Baireuth .	321,06	7,0	Tr.	O.			

Zeit: Jahr, Monat und Tag	Zeit: Stunde der Beob.	Ort der Beobachtung	Barom. bei +10° R.	Temperatur der Luft. C.	Witterung	Wind	Höhen-Unterschied (Toisen)	Absolute Höhe (Toisen)	Beobachter
1825		Nr. 163.							
Sept. 4	9¾ M.	Dietersgrüner Bergfläche, höchster Punkt der Straße zwisch. Kothigen Biebersbach und Schireding .	315,57	8,0	V.	.	5,08	272,5	B.
		Thiersheim,	315,97	9,0	V.	.			
		Kirche .	322,75	11,8	Tr.		.95,8	270,8	
Mittlere Höhe der dietersgrüner Bergfläche							. . .	271,6	
		Nr. 164.							
Sept. 4	9¼ M.	Schirnding, Gränzzollamt an der Röslabrücke 8 Fuß über d. Wasser	319,15	11,0	V.	.	.48,0	223,6	B.
		Dietersgrün. Bergfläche	315,65	8,0	V.		.48,4	223,4	
		Baireuth .	322,90	10,0					
1826 Nov. 3	9 M.	Schirnding, ebendas. 2 F. über d. Wasser	316,86	6,2	.	.	44,4	219,4	H.
		Baireuth .	320,26	6,2					
Mittlere Höhe des Wasserspiegels der Rösla b. Schirnd.							. . .	222,1	
		Nr. 165.							
Nov. 2 und 3	2 Beob.	Egerbrücke bei Hohenberg, 2½ Fuß über dem Wasser .	316,97	6,2	.	.	48,3	223,3	H.
		Baireuth .	320,62	8,1	Tr.	SO.			
Niveau der Eger bei Hohenberg							47,9	222,9	

Zeit: Jahr, Monat, Tag	Zeit: Stunde der Beob.	Ort der Beobachtung	Barom. bei + 10° R.	Temperatur der Luft C.	Witterung	Wind	Höhen-Unterschied (Toisen)	Absolute Höhe (Toisen)	Beobachter
1825		Nr. 166.							Sämmtliche Beobachtungen sind von Berghaus.
Sept. 4	8¾ M.	Mühlbach, 8 Fuß über d. Eger	319,51	10,0	W.	.	46,72	221,7	
		Baireuth .	323,04	9,0	Tr.				
Niveau der Eger bei Mühlbach								220,4	
Nach geometrischem Nivellement ist die Eger bei Mühlbach 1,9 Toisen tiefer als bei Hohenberg, mithin:								221,0	
Mittlere Höhe der Eger bei Mühlbach								220,7	
		Nr. 167.							
Sept. 4	7½ M.	Kreuzenstein, unter dem St. Anna Berge	318,53	9,8	W.	.	14,84	236,5	
		Mühlbach .	319,67	10,0	W.				
		Baireuth .	323,14	8,5	Tr.		.61,0	236,0	
Mittlere Höhe								236,1	
		Nr. 168.							
.	.	Das Niveau der Eger an der Brücke zu Eger ist zufolge geometrischem Nivellement 4,338 Toisen tiefer als der Wasserspiegel bei der Brücke zu Hohenberg, folgl. üb. d. Meere						218,56	
		Nr. 169.							
Sept. 3 und 4	8 Beob.	Franzenbad, im Kaiser von Österreich . .	320,80	13,9	H.	.	50,4	225,4	
		Baireuth .	324,58	11,4	H.				
		Prag*) . .	329,98	17,2	H.		123,6	225,7	
4	6 M.	Franzenb., das.	319,63	10,0	W.	.	.11,5	224,7	
		Kreuzenstein	318,77	9,8	W.				
Mittlere Höhe von Franzenbad								225,3	
Erdboden beim Kaiser von Österreich daselbst								223,8	

*) Nach den Beobachtungen von Prof. Hallaschka, dessen Barometer zu 102,1 Toisen absoluter Höhe angenommen worden ist (s. u. Anh. 1).

Zeit: Jahr, Monat Tag	Zeit: Stunde der Beobachtung	Ort der Beobachtung	Barom. bei +10° R.	Temperatur der Luft C.	Witterung	Wind	Höhenunterschied (Toisen)	Absolute Höhe (Toisen)	Beobachter
1825		Nr. 170.							
Sept. 3	1 A.	Katzengrün, am Ostrande d. Egerlandes .	322,05	18,0	H.	.			
		Franzenbad	321,76	18,4	H.	.	.4,02	221,3	B.
		Baireüth .	325,44	17,7	H.		45,00	220,0	
Mittlere Höhe von Katzengrün							. . .	220,6	
Niveau des Baches daselbst							. . .	219,3	
1819		Nr. 171.							
Spt. 29	11½ M.	Hohenberg, Kirche	319,01	16,0	Heiter	NO.	86,7	261,7	Br.
		Baireüth .	325,38	18,7		S.			
	1½ A.	Hohenb., ebend.	318,52	18,6		NO.	91,6	266,6	Br.
		Baireüth .	325,20	20,4		S.			
Mittel aus 2 Beobachtungen							89,1	264,1	
Höhe des Kirchenpflasters							87,5	262,5	
1826		Nr. 172.							
Nov. 3	10 M.	Schloß, Hohenberg . .	313,27	6,2	.	.	91,6	266,6	H.
		Baireüth .	320,16	7,5	Tr.	SO.			
		Nr. 173.							
Nov. 3	1 A.	Schloß, Neühaus, höchste Stelle	311,26	9,3	.	.	119,3	294,3	H.
		Baireuth .	320,14	10,6	Tr.	SO.			
		Nr. 174.							
Nov. 3	12¼ M.	Königsmühle bei Neühaus	316,35	8,7	.	.	50,73	225,77	H.
		Neühaus .	320,15	9,5	Tr.	SO.			
		Baireüth .	311,26	9,3	Tr.	SO.	68,47	225,83	
Mittlere Höhe der Königsmühle							. . .	225,80	
Oberwasser der Eger daselbst							. . .	225,47	

Zeit		Ort der Beobachtung	Barom. bei +10° R.	Temperatur der Luft C.	Witterung	Wind	Höhen-Unterschied	Absolute Höhe	Beobachter
Jahr, Monat, Tag	Stunde der Beob.						Toisen		
1826		Nr. 175.							
Nov. 3	$2\frac{1}{2}$ A.	Egerbrücke dicht unter Wellerthal	315,75	8,7	.	.	61,95	236,99	H.
		Baireuth .	320,37	12,0	Tr.	SO.			
Niveau der Eger daselbst							...	236,33	
		Nr. 176.							
Okt. 16	2 A.	Schwarzenhammer*) .	319,20	17,0	.	.	77,52	252,56	H.
		Baireuth .	324,81	17,2	H.	SO.			
Niveau der Eger daselbst							...	252,22	
		Nr. 177.							
Nov. 4	1 A.	Kaiserhammer	316,79	10,1	.	.	81,11	256,15	H.
		Baireuth .	322,88	9,7	H.	SO.			
Niveau der Eger daselbst, und zwar Unterwasser . .							80,78	255,82	
		Nr. 178.							
Nov. 4	9 M.	Wendenhammer	316,59	11,8	.	.	84,34	259,38	H.
		Baireuth .	322,90	10,2	H.	SO.			
Niveau der Eger, Oberwasser daselbst							83,84	258,88	
1820		Nr. 179.							
Spt. 13	9 M.	Markt Leuthen, 12 Fuß über d. Boden	321,46	18,8	.	.	82,1	257,1	Br.
		Baireuth .	327,55	15,2	H.	SO.			
[Diese Höhe scheint um 3 bis 4 Toisen zu klein zu sein.]									

*) In Hoffmanns barometrischem Tagebuche ist der Barometerstand am Schwarzenhammer zu 318,20 angegeben, dies ist aber vermuthlich ein Schreibfehler.

Zeit: Jahr, Monat Tag	Zeit: Stunde der Beobachtung	Ort der Beobachtung	Barom. bei +10° R.	Temperatur der Luft. C.	Witterung	Wind	Höhen-Unterschied (Toisen)	Absolute Höhe (Toisen)	Beobachter
1826		Nr. 108.							
Nov. 4	4 A.	Neue Mühle ober Markt Leuthen . . .	316,26	11,8	.	.	89,2	264,2	H.
		Baireuth .	322,94	9,0	H.	SO.			
Niveau der Eger, Unterwasser daselbst							88,7	263,74	
1819		Nr. 181.							
Okt. 10	9 M.	Thierstein, Schloß, am obern Eingang des Thurms .	316,20	5,7	Heiter.	SO.			Diese Beobachtungen sind von Hrn. v. Brand.
		Baireuth .	327,18	6,5		SO.	143,2	318,2	
	3 A.	Thierst., ebend.	316,06	10,5		SO.			
		Baireuth .	326,83	13,4		SO.	143,8	318,8	
		Ochsenkopf.	301,15	8,5		.	.205,4	317,0	
	3½ =	Thierst., ebend.	316,03	10,1		SO.			
		Baireuth .	326,83	12,5		SO.	143,8	318,8	
	4½ =	Thierst., ebend.	315,93	9,7		SO.			
		Baireuth .	326,75	12,5		SO.	144,0	319,0	
		Ochsenkopf.	301,19	6,9		SO.	.202,1	320,3	
	5½ =	Thierst., ebend.	315,88	8,9		SO.			
		Baireuth .	326,67	11,1		SO.	143,2	318,2	
		Ochsenkopf.	300,87	4,8		.	.202,4	320,0	
	6½ =	Thierst., ebend.	315,93	8,1		SO.			
		Baireuth. .	326,60	9,0		SO.	140,7	315,7	
Mittel aus 6 Beobachtungen und 9 Vergleichungen							. . .	318,6	
Das Barometer hing 28 Fuß über dem Erdboden, mithin ist dieser in einer absoluten Höhe von . .							. . .	314,0	
1826									
Nov. 3 u. 4	4 Beob.	Schloß, Thierstein, Burgplatz	311,85	6,8	.	.	131,9	306,9	H.
		Baireuth .	321,78	7,0	Bm.	SO.			

Zeit: Jahr, Monat Tag	Zeit: Stunde der Beob.	Ort der Beobachtung	Barom. bei +10° R.	Temperatur der Luft C.	Witterung	Wind	Höhenunterschied (Toisen)	Absolute Höhe (Toisen)	Beobachter.
1826		Nr. 182.							
Nov. 3	$5\frac{1}{2}$ A.	Hofedecker Mühle bei Thierstein . .	313,97	8,7	.	.	87,86	262,9	H.
		Baireuth . .	320,52	10,6	Tr.	SO.			
Niveau des Wassers daselbst							87,53	262,67	
1819		Nr. 183.							Die Beobachtungen auf dieser Station sind von Hrn. v. Brand.
Okt. 10	$1\frac{1}{2}$ A.	Unter Höchstadt, Schloß, 16 Fuß über dem Erdboden	318,27	10,7	Heiter	.	116,5	291,5	
		Baireuth .	327,04	12,8		SO.			
	7 =	Unter Höchstadt ebendaselbst .	318,16	6,0		.	111,7	286,7	
		Baireuth .	326,72	8,0		SO.			
	8 =	Unter Höchstadt ebendaselbst .	318,11	5,3		.	114,2	289,2	
		Baireuth .	326,87	7,7		SO.			
	10 =	Unter Höchstadt ebendaselbst .	318,13	3,7		.	114,6	289,6	
		Baireuth .	327,02	4,6		SO.			
= 11	7 M.	Unter Höchstadt ebendaselbst .	317,97	0,2		.	112,7	287,7	
		Fröbersham.	326,83	0,0		SO.			
		Baireuth .	315,21	1,9		.	. 35,8	294,9	
	8 =	Unter Höchstadt ebendaselbst .	317,93	0,2		.	115,8	290,8	
		Fröbersham.	327,00	2,2		SO.			
		Baireuth .	315,06	5,7		.	. 37,3	293.4	
	9 =	Unter Höchstadt ebendaselbst .	318,06	3,5		.	116,0	291,0	
		aireuth .	327,03	5,6		SO.			
Mittel aus 7 Beobachtungen und 8 Vergleichungen .							. . .	290,5	
Redukt. auf den Erdboden für 16 Fuß oder 2,6 Toisen							. . .	287,9	

Zeit: Jahr, Monat und Tag	Zeit: Stunde der Beob.	Ort der Beobachtung	Barom. bei + 10° R.	Temperatur der Luft C.	Witterung	Wind	Höhen-Unterschied (Toisen)	Absolute Höhe (Toisen)	Beobachter
1826		Nr. 184.							
Nov. 4	12½ A.	Nacht Berg, über dem Kaiser ammer . .	312,59	9,3	.	.	137,6	312,6	H.
		Baireuth .	3[illegible]2,87	9,5	H.	SO.			
1819		Nr. 185.							Die Beob. in den J. 1819 u. 1820 sind von Hrn. v. Brand, 1826 von Hrn. Hoffmann.
Okt. 9	7½ A.	Selb, im grünen Baum .	319,36	5,7	.	.	101,1	276,1	
		Baireuth .	327,15	6,3	H.	SO.			
	8 =	Selb, ebendas.	319,36	5,6	.	.	101,6	276,6	
		Baireuth .	327,19	6,4	H.	SO.			
	9 =	Selb, ebendas.	319,66	5,7	.	.	98,4	273,4	
		Baireuth .	327,27	4,2	H.	SO.			
= 10	5½ M.	Selb, ebrndas.	319,45	2,0	.	.	100,5	275,5	
		Baireuth .	327,30	2,5	H.	SO.			
	6 =	Selb, ebendas.	319,46	2,0	.	.	100,3	275,3	
		Baireuth .	327,28	3,0	H.	SO.			
	6½ =	Selb, ebendas.	319,49	3,0	.	.	99,8	274,8	
		Baireuth .	327,25	4,0	H.	SO.			
1820 Spt. 10	9½ =	Selb. ebendas.	321,43	15,8	.	.	102,7	277,7	
		Baireuth .	329,25	10,0	Tr.	SO.			
1826 Okt. 16	8 A.	Selb, ebendas.	317,33	10,6	.	.	99,6	274,6	
		Baireuth .	324,79	12,0	H.	SO.			
	10 =	Selb, ebendas.	317,49	7,5	.	.	98,8	273,8	
		Baireuth .	324,95	11,2	H.	SO.			
= 17	7 M.	Selb, ebendas.	319,36	7,0	.	.	95,0	270,0	
		Baireuth .	326,67	5,0	H.	SO.			
	3½ A.	Selb, ebendas.	319,04	17,2	.	.	98,7	273,7	
		Baireuth .	326,29	19,0	H.	SO.			
Mittlere Höhe von Selb aus 11 Beobachtungen . .							99,7	274,7	
Das Barometer hing 2,5 T. über d. Erdbod., dieser also							97,2	272,2	

Zeit: Jahr, Monat Tag	Zeit: Stunde der Beobachtung	Ort der Beobachtung	Barom. bei + 10° R.	Temperatur der Luft C.	Witterung	Wind	Höhenunterschied (Toisen)	Absolute Höhe (Toisen)	Beobachter
1819		Nr. 186.							
Okt. 9	12 U.	Långenauer Warte, 3 F. über dem Erdboden	314,34	11,8	Heiter	W.			Sämmtliche Beobachtungen sind von Hrn. v. Brand.
		Baireuth .	327,17	12,4		SO.	171,8	346,8	
	1 =	Lången. Warte	314,15	10,3		W.			
		Baireuth .	327,10	12,7		SO.	173,1	348,1	
	1½ =	Lången. Warte	314,11	11,8		W.			
		Baireuth .	327,08	13,2		SO.	174,1	349,1	
	2 =	Lången. Warte	314,12	11,0		.			
		Baireuth .	327,06	13,7		W.	173,2	348,2	
		Goldkronach	323,34	13,0	Vm.	SO.	124,1	352,1	
	2½ =	Lången. Warte	314,14	11,8	Heiter	W.			
		Baireuth .	327,01	13,8		SO.	172,6	347,6	
	3 =	Lången. Warte	314,16	10,3		W.			
		Baireuth .	326,96	13,6		SO.	171,7	346,7	
	3½ =	Lången. Warte	314,13	103		W			
		Baireuth .	326,90	13,3		SO.	170,9	345,9	
	4 =	Lången. Warte	313,96	10,3		.			
		Baireuth .	326,85	13,1		W.	172,5	347,5	
		Goldkronach	323,27	12,7		SO.	124,9	352,9	
	4½ =	Lången. Warte	313,91	10,0		W.			
		Baireuth .	326,79	12,2		SO.	172,0	347,0	
	5 =	Lången. Warte	313,97	8,9		W.			
		Baireuth .	326,74	11,3		SO.	169,6	344,9	
	6 =	Lången. Warte	313,88	8,1		W.			
		Baireuth .	326,02	9,5		SO.	168,6	346,6	

Zeit: Jahr, Monat Tag	Zeit: Stunde der Beobachtung	Ort der Beobachtung	Barom. bei +10° R.	Temperatur der Luft C.	Witterung	Wind	Höhen-Unterschied (Toisen)	Absolute Höhe (Toisen)	Beobachter
1820 Spt. 10	12½ A.	Längenauer Warte, 3 Fuß über dem Erdboden	315,87	15,0	.	.	174,7	349,7	Br.
		Baireuth .	328,80	16,2	Tr.	SO.			
	2 =	Längen. Warte	315,88	17,5	.	.	175,4	350,4	Br.
		Baireuth .	328,76	18,0	Tr.	SO.			
	5 =	Längen. Warte	316,06	15,7	.	.	169,0	344,0	Br.
		Baireuth .	328,56	16,5	Tr.	SO.			
	6¼ =	Längen. Warte	315,16	14,6	.	.	179,6		Br.
		Baireuth .	328,50	15,0	Tr.	SO.			
= 11	8 M.	Längen. Warte	314,92	11,2	.	.	173,1	348,1	Br.
		Baireuth .	327,89	13,0	Tr.	SO.			
1826 Okt. 17	1 A.	Längen. Warte	314,02	17,2	.	.	173,6	348,6	H.
		Baireuth .	326,70	18,2	H.	SO.			
Mittel aus 16 Beobachtungen [mit Ausschluß der vom 10. Sept. 6¼ Uhr Abends] und 18 Vergleichungen.							. . .	348,0	
Längenauer Warte, Erdboden, über dem Meere . .							. . .	347,5	
1826		Nr. 187.							
Okt. 17	2 A.	Mühlbach, Mühle unterhalb des Dorfes	318,03	20,0	.	.	119,25	294,29	H.
		Baireuth .	326,72	20,2	H.	SO.			
Niveau des Wassers daselbst							118,92	293,96	

Zeit: Jahr, Monat Tag	Zeit: Stunde der Beobachtung	Ort der Beobachtung	Barom. bei +10° R.	Temperatur der Luft C.	Witterung	Wind	Höhenunterschied (Toisen)	Absolute Höhe (Toisen)	Beobachter
1819		Nr. 188.							
Okt. 17	$3\frac{1}{2}$ A.	Asch, i. schwarzen Adler . .	312,72	7,0	Regen	·			
		Baireuth .	323,48	6,0		NO.	142,3	317,3	Br.
		Fröbersham.	311,83	6,5		·	.12,0	318,7	
	4 =	Asch, ebendas.	312,72	6,3		·			
		Baireuth .	323,56	6,0		NO.	142,8	317,8	Br.
		Fröbersham.	311,94	6,5		·	.10,5	320,2	
	$4\frac{1}{2}$ =	Asch, ebendas.	312,72	6,0		·			
		Baireuth .	323,56	6,2		NO.	142,8	317,8	Br.
Mittlere Höhe des schwarzen Adlers in Asch							. . .	318,4	
Das Barom. hing 6 F. über dem Erdbod., also dieser							. . .	317,4	
1826		Nr. 189.							
Okt. 17	5 A.	Scheitelpunkt der Straße von Selb nach Rehau hinter Schönwald .	313,13	14,0	·	·	185,1	360,1	H.
		Baireuth .	326,78	15,3	H.	SO			
		Nr. 190.							
Okt. 18	$10\frac{1}{4}$ M.	Pfarrhaus auf der Gneisgränze, südöstlich von Pilgramsreuth .	314,66	10,6	·	·	156,9	331,9	H.
		Baireuth .	326,42	12,0	H.	SO.			
		Nr. 191.							
Okt. 18	$10\frac{1}{4}$ M.	Buchbach, Gneisgränze .	314,64	10,6	·	·	157,1	332,1	H.
		Baireuth .	326,36	13,6	H.	SO.			

Zeit: Jahr, Monat Tag	Zeit: Stunde der Beob.	Ort der Beobachtung	Barom. bei +10° R.	Temperatur der Luft C.	Witterung	Wind	Höhenunterschied (Toisen)	Absolute Höhe (Toisen)	Beobachter
1826 Okt. 18	$11\frac{1}{2}$ M.	Nr. 192. Kleppermühle, am Wege v. Selb nach Rehau . Baireuth .	317,51 326,33	12,6 17,0	H.	SO.	118,94	293,98	Nebenstehende Beobachtungen sind von Hrn. Hoffmann.
Niveau des Wassers bei der Kleppermühle							118,61	293,65	
Okt. 18	$9\frac{1}{2}$ M.	Nr. 193. Pilgramsreuth, Kirche Baireuth .	317,76 326,45	11,2 11,0	H.	NO.	115,5	290,5	
Okt. 16	11 M.	Nr. 194. Gneisgränze, nördlich vor Spielberg. Baireuth .	315,05 324,83	13,7 15,0	H.	SO.	132,4	307,4	
Okt. 16	9 M.	Nr. 195. Gneisgränze am Wege von Spielberg nach Martin-Lamitz Baireuth .	312,75 324,85	10,0 10,5	H.	SO.	161,75	336,75	
Okt. 17 und 18	3 Beob.	Nr. 196. Rehau, im geldnen Anker Baireuth .	319,68 326,56	13,1 11,0	H.	SO.	91,43	266,4	
Niveau der Schwesnitz bei Rehau							89,13	264,1	

Zeit		Ort der Beobachtung	Barom. bei +10° R.	Temperatur der Luft	Witterung	Wind	Höhenunterschied	Absolute Höhe	Beobachter
Jahr, Monat Tag	Stunde der Beobachtung			C.			Toisen.		
1826		Nr. 197.							Die hier angeführten Beobachtungen sind von Hrn. Hoffmann.
Okt. 12	3 A.	Lamitzbach nahe über dem Neüenhammer, Granitgränze	320,38	14,3	.	.	96,0	271,0	
		Baireüth .	327,55	15,0	Tr.	W.			
Niveau des Lamitzbaches bei'm Neüenhammer . . .							95,0	270,0	
		Nr. 198.							
Okt. 12	12¼ A.	Grünsteinkopf, im Norden von Martin-Lamitz	319,32	15,6	.	.	109,7	284,7	
		Baireüth .	327,47	15,9	Tr.	NW.			
		Nr. 199.							
Okt. 13	4 A.	Burgplatz vor Hallerstein	316,79	12,5	.	.	146,2	321,2	
		Baireüth .	327,70	14,0	B.	NO.			
		Nr. 200.							
Okt. 20	1½ A.	Gusten Berg, südwestlich von Penk.	317,95	14,1	.	.	125,9	300,9	
		Baireüth .	327,27	17,5	H.	O.			
		Nr. 201.							
Okt. 14	4½ A.	Mühle a. Teich, nordöstlich von Sparneck .	320,24	10,6	.	.	111,2	286,2	
		Baireüth .	328,62	16,0	Tr.	NO.			
Niveau des Wassers bei der Mühle am Teich . . .							110,6	285,6	

Zeit: Jahr, Monat, Tag	Zeit: Stunde der Beobachtung	Ort der Beobachtung	Barom. bei + 10° R.	Temperatur der Luft C.	Witterung	Wind	Höhenunterschied (Toisen)	Absolute Höhe (Toisen)	Beobachter
1826		Nr. 202.							
Okt. 20	4 A.	Gränze d. Thonschiefers und Gneis b. Sparneck	316,34	10,6	.	.	148,0	323,0	H.
		Baireuth .	327,40	15,0	Tr.	NO.			
		Nr. 203.							
Okt. 22	1½ A.	Gipfel d. Heid Berges bei Zell	313,76	8,7	.	.	185,2	360,3	H.
		Baireuth .	327,74	10,0	Tr.	SO.			
1827		Nr. 204.							
Apr. 25	1 A.	Plateau zwisch. Schweinsbach u. Friedmannsdorf, Scheitelpunkt der Straße ...	315,15	7,5	.	.			
		Baireuth .	324,91	12,0	.	.	132,06	307,1	M.
		Würzburg .	331,28	12,0	.	.	215,05	306,2	
1828 Okt. 7	2½ A.	Plateauhöhe .	315,36	10,2	H.	W.	127,40	302,4	B.
		Baireuth .	324,85	15,1	.	.			
Mittlere Höhe des Schweinsbacher Plateaus ...							...	305,2	
1819		Nr. 205.							
Nov. 17	12 M.	Münchberg, unteres Wirthshaus	315,75	5,2	H.	.	98,5	273,5	Br.
		Baireuth .	323,26	5,8	H.	SO.			
Wasserspiegel der Pulsnitz an der Brücke daselbst ..							96,0	271,0	

Zeit: Jahr, Monat Tag	Zeit: Stunde der Beob.	Ort der Beobachtung	Barom. bei + 10° R.	Temperatur der Luft C.	Witterung	Wind	Höhenunterschied (Toisen)	Absolute Höhe (Toisen)	Beobachter.
1828 Jan. 6	8¾ M.	Nr. 206. Münchberg, beim goldenen Stern, 30 Fuß unter der Post Baireuth .	 314,73 323,46	 .7,5 .6,0	B.	SO.	109,4	284,4	B.
Okt. 7	2 A.	Nr. 207. Münchberg, bei der Post . Baireuth .	 316,34 324,84	 11,1 15,0	H.	W.	113,7	288,7	B.
1826 Okt. 20	12 M.	Nr. 208. Weißdorf, Saalebrücke . Baireuth .	 320,31 327,27	 13,1 17,0	Tr.	O.	93,3	268,3	H.
Niveau der Saale bei Weißdorf							92,3	267,3	
Okt. 13	3 A.	Nr. 209. Förbau, Saalebrücke . . . Baireuth .	 321,36 327,67	 12,5 16,0	H.	NO.	84,1	259,1	H.
Niveau der Saale bei Förbau							83,5	258,5	
1820 Spt. 13	3 A.	Nr. 210. Schwarzenbach an der Saale, in der Sonne, 3 Fuß hoch . . . . . Baireuth .	 321,94 327,54	 18,1 19,0	H.	SO.	76,46	251,5	Br.
1826 Okt. 11 bis 19	Zehn Beob.	Schwarzenbach ebendaselbst 15′ hoch . . . . . Baireuth .	 320,95 326,95	 9,3 8,0	Bm.	O.	76,05	251,1	H.
Mittlere Höhe von Schwarzenbach, aus 11 Beob., Erdb.							. . .	251,3	

Zeit: Jahr, Monat Tag	Zeit: Stunde der Beob.	Ort der Beobachtung	Barom. bei +10° R.	Temperatur der Luft C.	Witterung	Wind	Höhen-Unterschied (Toisen)	Absolute Höhe (Toisen)	Beobachter
1826		Nr. 211.							
Okt. 16	8 M.	Saalbrücke bei Schwarzenbach, 4 F. über d. Wasser	319,31	6,2	.	.			
		Schwarzenbach, Sonne	319,05	6,2	.	.	. 4,78	249,02	H.
		Baireuth .	324,86	6,5	H.	SO.	71,80	246,84	
Mittlere Höhe der Saale bei Schwarzenbach üb. d. Meere							. . .	247,93	
1820		Nr. 212.							
Spt. 13	4 A.	Ober Kotzau, 4 Fuß über der Erde	321,92	18,7	.	.	75,3	250,3	Br.
		Baireuth .	327,52	19,3	H.	SO.			
		Nr. 213.							
Spt. 13	5 A.	Signal bei Oberkotzau, auf der Höhe nach Döhlau	318,79	15,3	.	.	181,1	293,1	Br.
		Baireuth .	327,51	18,7	H.	SO.			
	6½ A.	Signal bei Oberkotzau . . .	318,70	11,2	.	.	117,8	292,9	Br.
		Baireuth .	327,50	16,8	H.	SO.			
1826 Okt. 18	5½ A.	Signal bei Oberkotzau . . .	317,25	13,4	.	.	121,9	296,9	H.
		Baireuth .	32[illegible],32	14,0	H.	SO.			
Mittlere Höhe des Signals auf dem Berge zwischen Oberkotzau und Döhlau							119,2	294,3	

Zeit: Jahr, Monat Tag	Zeit: Stunde der Beobachtung	Ort der Beobachtung	Barom. bei +10° R.	Temperatur der Luft C.	Witterung	Wind	Höhenunterschied (Toisen)	Absolute Höhe (Toisen)	Beobachter
1819		Nr. 214.							
Okt. 22	4 A.	Warte bei Hof	312,66	5,7	H.	.	116,9	291,9	Br.
		Baireúth .	321,48	7,5		SO.			
	5 =	Warte b. Hof	312,51	4,8	Trübe	.	117,7	292,7	Br.
		Baireúth .	321,40	7,1		SO.			
	5½ =	Warte b. Hof	312,38	4,3		.	118,5	293,5	Br.
		Baireúth .	321,33	7,0		SO.			
	6 =	Warte b. Hof	312,31	4,1		.	118,5	293,5	Br.
		Baireúth .	321,27	6,8	Rg.	S.			
Mittlere Höhe d. Warte bei Hof aus 4 Beobachtungen							117,9	292,9	

[Diese Bestimmung scheint jedoch, wegen der mangelhaft bekannten Kollimation des Gefäßbarometers = + 0,86, nicht ganz zuverlässig, und wol etwas zu niedrig zu sein.]

Jahr, Monat Tag	Stunde	Ort der Beobachtung	Barom.	Temp.	Witterung	Wind	Höhenunterschied	Absolute Höhe	Beobachter
1826		Nr. 215.							
Okt. 11	3½ A.	Zusammenfluß der obern Regnitz und Saale	321,41	10,0	.	.	.42,9	244,7	H.
		Rondeel . .	318,18	9,3	Tr.	SO.			
		Nr. 216.							
Okt. 11	1½ A.	Rondeel an der Straße von Hof nach Baireúth	318,18	9,3	.	.	112,6	287,6	H.
		Baireúth .	326,68	12,2	Tr.	SO.			
1820		Nr. 217.							
Spt. 14	9 M.	Conradreút, an der Straße zwischen Hof und Baireúth	318,85	11,5	.	.	104,1	279,1	Br.
		Baireúth .	326,67	12,5	H.	SO.			

Zeit: Monat und Tag.	Zeit: Stunde der Beob.	Ort der Beobachtung	Barom. bei +10° R.	Temperatur der Luft C.	Witterung	Wind	Höhen-Unterschied (Toisen)	Absolute Höhe (Toisen)	Beobachter
1828		Nr. 218.							
Okt. 7	1 A.	Bergpl., nordöstlich b. Weißlareuth, a. der Straße v. Hof nach Baireuth	314,14	10,0	.	.	144,6	319,6	B.
		Baireuth .	324,91	14,3	H.	W.			
1819		Nr. 219.							Die Beob. auf den Stationen Nr. 219, 220, 221 u. 222 sind von Hrn. v. Brand.
Nov. 17 bis 19	Zwölf Beob.	Ahornberg zwisch. Münchberg und Hof oberes Wirthshaus	313,93	1,1		SO.	141,9	316,9	
		Baireuth .	324,94	1,4	Tr., Schn.	O.			
Höhe des Kirchenpflasters in Ahornberg							139,9	314,9	
1820		Nr. 220.							
Spt. 14	11 M.	Signal bei Ahornberg	314,43	17,5	.	.	164,8	339,8	
		Baireuth .	326,47	18,0	H.	SO.			
		Nr. 221.							
Spt. 17	7 A.	Stambach .	317,88	10,6	.	.	101,3	376,3	
		Baireuth .	325,50	11,0	Tr.	N.			
„ 18	8 M.	Stambach . .	317,08	10,8	.	.			
		Baireuth .	324,77	13,3	Tr.	SO.	102,8	277,8	
Mittlere Höhe von Stambach über dem Meere . .							. . .	277,0	
		Nr. 222.							
Spt. 18	10 M.	Weißenstein, bei Stambach	311,68	14,3	.	.	173,6	348,6	
		Baireuth .	324,33	17,7	H.	SO.			

Zeit: Jahr, Monat und Tag	Zeit: Stunde der Beob.	Ort der Beobachtung	Barom. bei +10° R.	Temperatur der Luft C.	Witterung	Wind	Höhen-Unterschied (Toisen)	Absolute Höhe (Toisen)	Beobachter
1820		Nr. 223.							
Spt. 18	7½ A.	Markt Schorgast	317,31	17,0	.	.	63,2	238,2	Br.
		Baireúth .	322,66	17,5	H.	SO.			
= 19	7 M.	Markt Schorg.	316,46	15,1	.	.	68,5	243,5	Br.
		Baireúth .	321,46	15,9	Tr.	SO.			
Mittlere Höhe von Markt Schorgast							65,8	240,8	
1826		Nr. 224.							Die Beobachtungen von Nr. 224 bis 227 sind von Hrn. Hoffmann.
Okt. 10	3¾ A.	Stein b. Leúpoldsgrün, 20 Fuß unter der Spitze . .	313,52	8,7	.	.	160,75		
		Baireúth .	325,73	5,0	Tr.	NW.			
Spitze des Steins bei Leúpoldsgrün							163,1	338,1	
		Nr. 225.							
Okt. 10	12½ M.	Mühle b. Epplas	317,35	10,0	.	.	106,4	281,4	
		Baireúth .	325,45	5,0	Tr.	NW.			
Niveau des Wassers bei Epplas							105,8	280,8	
		Nr. 226.							
Spt. 24	10 M.	Köditz, am Bache	319,35	13,7	.	.	71,9	246,9	
		Baireúth .	324,75	10,0	H.	SO			
Niveau des Baches bei Köditz							71,1	246,1	
		Nr. 227.							
Okt. 2	4 A.	Weitersgrün, Selbitzbrücke	318,31	16,5	.	.	92,9	267,9	
		Baireúth .	325,14	17,2	H.	SO.			
Niveau der Selbitz bei Weitersgrün							92,6	267,6	

Zeit: Jahr, Monat und Tag	Zeit: Stunde der Beob.	Ort der Beobachtung	Barom. bei +10° R.	Temperatur der Luft. C.	Witterung	Wind	Höhen-Unterschied (Toisen)	Absolute Höhe (Toisen)	Beobachter
1826		Nr. 228.							
Okt. 3	1½ A.	Schauenstein, die Hagenmühle	316,42	18,7	.	.	93,9	268,9	H.
		Baireuth .	323,72	17,5	H.	NO.			
Niveau der Selbitz, Unterwasser							93,6	268,6	
		Nr. 229.							
Okt. 3	11 M.	Thonberg, bei Schauenstein 30 Fuß unt. der Spitze	312,54	15,0	.	.	153,4	328,4	H.
		Baireuth .	323,76	15,6	H.	NO.			
Gipfel des Thonbergs							. . .	333,4	
		Nr. 230.							
Okt. 3	4 A.	Suttenbach, Gneisgränze .	312,44	18,1	.	.	151,5	326,5	H.
		Baireuth .	323,63	17,0	B.	O.			
1820		Nr. 231.							
Spt. 14	3½ A.	Döbra, Wirthshaus, 2ter Stock .	312,55	16,0	.	.	186,2	361,2	Br.
		Baireuth .	326,14	18,0	H.	SO.			
1826 Okt. 3	10 =	Döbra, ebend.	309,76	11,2	.	.	185,3	360,3	H.
		Baireuth .	323,47	10,6	Tr.	SO.			
= 4	6½ =	Döbra, ebend.	309,07	8,7	.	.	185,3	360,3	H.
		Baireuth .	322,87	10,0	Tr.	SO.			
Mittlere Höhe des Barometers in Döbra							185,6	360,6	
Erdboden vor dem Wirthshause							183,1	358,1	

Zeit		Ort der Beobachtung	Barom. bei +10° R.	Temperatur der Luft C.	Witterung	Wind	Höhen-Unterschied	Absolute Höhe	Beobachter
Jahr, Monat, Tag	Stunde der Beob.						Toisen		
1829		Nr. 232.							
Spt. 15	9½ M.	Döbra Berg, am Fuß der Signals . . .	308,10	13,1	.	.	236,0	411,0	Br.
		Baireuth . .	325,42	13,9	H.	SO.			
	6 A.	Döbrabg., das.	307,19	15,0	.	.	241,8	416,8	Br.
		Baireuth .	324,75	15,5	H.	SO.			
= 16	1 =	Döbrabg., das.	307,89	15,2	.	.	233,1	408,1	Br.
		Baireuth .	324,68	20,8	Tr.	NO.			
= 17	11 M	Döbrabg., das.	308,57	12,1	.	.	236,0	411,0	Br.
		Baireuth .	325,80	17,9	Tr.	N.			
1826 Okt. 3	5½ A.	Döbrabg., das.	306,43	12,5	.	.	234,5	409,5	H.
		Baireuth .	323,57	14,0	Tr.	SO.			
= 4	11 M.	Döbrabg., das.	305,50	8,7	.	.	233,2	408,2	H.
		Baireuth .	322,64	13,0	Tr.	SO.			
Mittlere Höhe des Döbrabergs, nach 6 Beobachtungen							235,8	410,8	
		Nr. 233.							
Okt. 4	1½ A.	Waldrodach, an der Münd. des Schwarzenbaches . .	316,27	11,2	.	.	84,0	259,0	H.
		Baireuth .	322,52	13,4	Tr.	SO.			
Niveau des Wassers der Waldrodach							. . .	258,2	
		Nr. 234,							
Okt. 4	2½ A.	Schloß Schwarzenstein, 50 Fuß unter der Spitze	313,06	12,5	.	.	127,7	302,7	H.
		Baireuth .	322,48	14,0	Tr.	SO.			
Gipfel von Schwarzenstein							136,1	311,1	

Zeit: Jahr, Monat, Tag	Zeit: Stunde der Beobachtung	Ort der Beobachtung	Barom. bei +10° R.	Temperatur der Luft C.	Witterung	Wind	Höhenunterschied (Toisen)	Absolute Höhe (Toisen)	Beobachter
1820		Nr. 235.							
Spt. 15	7 M.	Schwarzenbach a. Wald, im Lamm, 2ter Stock	312,87	11,0	.	.	169,4	344,4	Br.
		Baireuth .	325,49	12,0	H.	SO.			
= 16	1 A.	Schwarzenb., ebendaselbst .	312,79	16,0	.	.	163,8	338,8	Br.
		Baireuth .	324,68	20,0	Tr.	SO.			
	9 =	Schwarzenb., ebendaselbst .	313,00	11,3	.	.	169,8	344,8	Br.
		Baireuth .	325,71	10,3	H.	NO.			
= 17	7 M.	Schwarzenb., ebendaselbst .	313,08	10,2	.	.	172,0	347,0	Br.
		Baireuth .	326,00	9,0	Tr.	N.			
1826									
Okt. 4	9½ A.	Schwarzenb., ebendaselbst .	309,83	9,3	.	.	169,5	344,5	H.
		Baireuth .	322,40	11,5	Tr.	SO.			
= 5	7 M.	Schwarzenbach ebendaselbst .	309,86	7,5	.	.	169,2	344,2	H.
		Baireuth .	322,48	10,0	Tr.	SW.			
Mittlere Höhe aus 6 Beobachtungen							168,9	344,0	
Erdboden beim Wirthshause zum Lamm							166,4	341,5	
		Nr. 236.							
Okt. 5	8¾ M.	Straßdorf, Westeingang .	310,30	7,5	.	.	163,4	338,4	H.
		Baireuth .	322,50	10,0	Tr.	SW.			

Zeit: Jahr, Monat und Tag.	Zeit: Stunde der Beob.	Ort der Beobachtung	Barom. bei +10° R.	Temperatur der Luft. C.	Witterung.	Wind	Höhen-Unterschied (Toisen)	Absolute Höhe (Toisen)	Beobachter
1826		Nr. 237.							Sämmtliche Beobachtungen sind von Hrn. Hoffmann.
Okt. 5	10 M.	Mooshügel od. Schneidberg, a. Wege von Straßdorf nach Geroldsgrün, 30 Fuß unter d. Spitze	308,07	8,7	.	.	195,0	370,0	
		Baireuth .	322,51	11,0	Tr.	SW.			
Spitze des Schneidberges oder Mooshügels							200,0	375,0	
		Nr. 238.							
Okt. 2	10 M.	Hoher Rücken des Spital Waldes . .	313,81	15,0	.	.	157,5	332,5	
		Baireuth .	325,46	13,0	H.	SO.			
		Nr. 239.							
Okt. 2	9½ A.	Naila, im weißen Roß, 2ter Stock . .	318,18	6,8	.	.	84,8	259,8	
		Baireuth .	324,65	6,2	Tr.	SO.			
= 3	7 =	Naila, ebend.	317,28	2,5	.	.	84,7	259,7	
		Baireuth .	323,86	1,5	H.	NO.			
Mittlere Höhe von Naila							84,75	259,75	
		Nr. 240.							
Okt. 3	8¼ M.	Selbitzbrücke b. Naila . . .	317,22	8,7	H.	NO.	. 1,96	257,8	
		Naila, weißes Roß	317,38	7,5	H.	NO.			
Niveau der Selbitz bei Naila							. . .	256,8	

Zeit: Jahr, Monat Tag	Zeit: Stunde der Beob.	Ort der Beobachtung	Barom. bei +10° R.	Temperatur der Luft C.	Witterung	Wind	Höhen-Unterschied (Toisen)	Absolute Höhe (Toisen)	Beobachter
1826		Nr. 241.							Nebenstehende Beobachtungen sind von Hrn. Hoffmann.
Okt. 8	2 A.	Neuhaus, 15 Fuß unter der Spitze	315,52	10,6	.	.	149,9	324,9	
		Baireuth .	326,71	14,6	Tr.	O.			
Spitze von Neuhaus							152,4	327,4	
		Nr. 242.							
Okt. 8	1 A.	Hoher Sandrücken, nordwestlich von Kohlbühl .	315,38	10,6	.	.	152,0	327,0	
		Baireuth .	326,73	14,0	Tr.	O.			
		Nr. 243.							
Spt. 24	12 M.	Anhöhe am Wege neben Schl. Brandenstein . .	314,82	17,5	.	.	129,6	304,6	
		Baireuth .	324,27	17,5	Tr.	SW.			
		Nr. 244.							
Spt. 24	12½ M.	Bach i. Bruck	316,88	17,5	.	.	99,5	274,5	
		Baireuth .	324,15	18,1	Tr.	SW.			
Niveau des Jodiz Baches in Bruck							98,7	273,7	
1828		Nr. 245.							
Okt. 7	9¾ M.	Töpen, am rechten Saal-Ufer b. Zollhause	317,57	10,0	Tr.	W.	94,6	269,6	B.
		Baireuth .	324,68	11,0	Tr.	.			

Zeit: Jahr, Monat Tag	Zeit: Stunde der Beobachtung	Ort der Beobachtung	Barom. bei +10° R.	Temperatur der Luft C.	Witterung	Wind	Höhen-Unterschied (Toisen)	Absolute Höhe (Toisen)	Beobachter
1826		Nr. 246.							Sämmtliche Beobachtungen sind von Hrn. Heßmann.
Spt. 24 und 25	3 Beob.	Hirschberg, im Lowen, 2. Stock	319,17	14,0	.	.	65,4	240,5	
		Baireuth .	324,05	13,3	Tr.	SW.			
		Nr. 247.							
Spt.22	4 A.	Saalbrücke bei Hirschberg	323,55	11,2	.	.	50,46	225,43	
		Baireuth .	327,39	10,0	H.	NO.			
Niveau der Saale bei Hirschberg							47,96	222,93	
		Nr. 248.							
Spt.24	3 A.	Berg, d. Kirche	313,32	18,1	.	.	147,7	322,7	
		Baireuth .	324,03	18,1	Tr.	SW.			
		Nr. 249.							
Spt.29	3 A.	Auf dem Holler, zwischen Reizenstein und Kemlas, 20 F. unter d. Spitze	318,37	17,5	.	.	139,3	314,3	
		Baireuth .	327,58	20,0	H.	N.			
Spitze des Hollers							142,6	317,6	
		Nr. 250.							
Spt.25	4½ A.	Issiga, a. der Brücke	317,53	16,0	.	.	95,0	270,0	
		Baireuth .	324,51	18,0	Tr.	W.			
Niveau des Baches bei Issiga							94,5	269,5	

Zeit		Ort der Beobachtung	Barom. bei +10° R.	Temperatur der Luft C.	Witterung	Wind	Höhen-Unterschied	Absolute Höhe	Beobachter
Jahr, Monat Tag	Stunde der Beobachtung						Toisen.		
1819		Nr. 251.							
Dec. 6	11 M.	Marrgrün, 3 Fuß über dem Erdboden	320,30	. 1,3	.	.	69,7	244,7	W.
		Baireuth .	325,79	2,0	W.	SO.			
		Höhe d. Erdbod.	. . .	. .	. .	. . .	69,2	244,2	
1826									
Okt. 8	12 M.	Marrgrün, 5 Fuß überm Oberwasser. .	321,55	11,2	.	.	68,4	243,4	H.
		Baireuth .	326,70	13,5	Tr.	SO.			
Niveau der Selbitz, Oberwasser							67,6	242,6	
		Nr. 352.							
Spt. 29	$9\frac{1}{2}$ M.	Der ob. Sauerbrunnen i. Höllthale	323,01	13,1	.	.	63,3	238,3	H.
		Baireuth .	327,78	13,0	Tr.	N.			
Niveau der Quelle im Höllthale							62,5	237,5	
		Nr. 253.							
Spt. 22	$11\frac{1}{4}$ M.	Saale, an der Mündung der Selbitz, 3 Fuß üb. dem Wasser	324,64	8,7	.	.	34,1	209,1	H.
		Baireuth .	327,25	11,2	H.	O.			
= 29	1 A.	Saale, ebend.	324,88	17,5	.	.	36,4	211,4	H.
		Baireuth. .	327,59	20,0	H.	N.			
Mittlere Höhe aus zwei Beobachtungen							35,25	210,22	
Niveau der Saale an der Selbitzmündung							33,9	208,94	

Zeit		Ort der Beobachtung	Barom. bei +10° R.	Temperatur der Luft C.	Witterung	Wind	Höhenunterschied	Absolute Höhe	Beobachter
Jahr, Monat Tag	Stunde der Beobachtung						Toisen.		
1826		Nr. 254.							Sämmtliche Beobachtungen sind von Hrn. Hoffmann.
Okt. 2	9 M.	Thierbach, bei der Mühle	319,30	12,5	.	.	82,1	257,1	
		Baireuth .	325,48	10,5	H.	SO.			
Niveau des Erlasbaches, Oberwasser							87,3	256,3	
		Nr. 255.							
Spt. 28	3¾ A.	Gesundbrunnen bei Steben . .	318,66	19,3	.	.	.5,5	292,8	
		Steben, Gasthaus . . .	318,26	19,6	.	.			
Okt. 5	11½ M.	Gesundbrunnen ebendaselbst .	313,76	11,2	.	.	.6,9	291,4	
		Stb., Wirthshaus . . .	313,25	12,5	.	.			
Mittlere des Gesundbrunnens bei Steben							. . .	292,1	
		Nr. 256.							
Spt. 30	11½ M.	Krötenmühle an der thüringisch. Muschwitz	320,01	15,0	.	.	.40,1	258,2	
		Stb., Wthsh.	317,07	15,0	.	.			
		Nr. 257.							
Spt. 28	5 A.	Hirschberg el b. Dorfe Hirschberg . .	315,14	18,7	.	.	46,3	344,6	
		Stb., Wthsh.	318,48	18,0	.	.			

Zeit: Jahr, Monat Tag	Zeit: Stunde der Beobachtung	Ort der Beobachtung	Barom. bei +10° R.	Temperatur der Luft C.	Witterung	Wind	Höhenunterschied (Toisen)	Absolute Höhe (Toisen)	Beobachter
1826		Nr. 258.							Die hier angeführten Beobachtungen sind von Hrn. Hoffmann.
Okt. 5	$10\frac{1}{4}$ M.	Geroldsgrün, 3 Fuß über dem Bach	312,76	10,0	.	.	131,6	306,6	
		Baireuth .	322,53	12,0	.	.			
		Nr. 259.							
Spt. 27	$2\frac{1}{2}$ A.	Sauerbrunnen in der Langenau	322,75	19,3	.	.	62,4	237,4	
		Baireuth .	327,49	21,0	.	.			
Spiegel der Quelle des Sauerbrunnen i. d. Langenau							61,9	236,9	
		Nr. 260.							
Spt. 27	$3\frac{1}{2}$ A.	Auf d. schlächtigen Weide	316,53	15,6	.	.	149,5	324,5	
		Baireuth .	327,50	20,0	.	.			
		Nr. 261.							
Spt. 27	10 M.	Signal auf dem Langenbühl bei Steinbach . .	314,53	16,2	.	.	177,4	352,4	
		Baireuth .	327,58	17,0	.	.			
		Nr. 262.							
Spt. 27	$12\frac{1}{2}$ A.	Schieferbruch bei Dürrenweide . . .	319,26	18,1	.	.	111,1	286,1	
		Baireuth .	327,48	19,6	.	.			

Zeit: Jahr, Monat, Tag	Zeit: Stunde der Beobachtung	Ort der Beobachtung	Barom. bei +10° R.	Temperatur der Luft C.	Witterung	Wind	Höhenunterschied (Toisen)	Absolute Höhe (Toisen)	Beobachter.
1826 Spt. 27	1½ U.	Nr. 263. Stabhammer unter dem Schieferbruch bei Dürrenweide	321,96	19,3	.	.	74,95	249,9	H.
		Baireuth .	327,47	20,0	Tr.	SO.			
Niveau des Wassers bei Stabhammer							74,1	249,1	
1828 Okt. 19	3½ U.	Nr. 264. Rodacherbrunn . . .	314,19	6,2	.		186,2	361,2	Die Beobachtungen Nr. 264 bis 267 sind von Berghaus.
		Baireuth .	328,37	8,8	Tr.	SO.			
.	.	Nr. 265. Scheitelpunkt der Straße, südlich über Rodacherbrunn, 30 Fuß höher .					. . .	366,2	
Okt. 19	2¼ U.	Nr. 266. Kapelle nördlich über Nordhalben	317,41	7,5	.	.	143,0	318,0	
		Baireuth .	328,31	9,5	H.	SO.			
.	.	Nr. 267. Das Zollhaus in Nordhalben liegt nach Schätzung 80 Fuß tiefer als die Kapelle, mithin					. . .	304,7	

Zeit: Jahr, Monat Tag	Zeit: Stunde der Beobachtung	Ort der Beobachtung	Barom. bei +10° R.	Temperatur der Luft C.	Witterung	Wind	Höhen-Unterschied (Toisen)	Absolute Höhe (Toisen)	Beobachter
1828		Nr. 268.							Nebenstehende Beobachtungen sind von Berghaus.
Okt. 19	$1\frac{3}{4}$ A.	Höhe nördlich bei Küttel .	319,18	10,0	.	.	119,5	294,5	
		Baireuth .	328,26	10,5	Tr.	SW.			
		Nr. 269.							
Okt. 19	1 A.	Mauthhaüsel an der Mündung der Küttelschlucht	325,92	9,3	.	.	30,3	205,3	
		Baireuth .	328,26	9,2	Tr.	SO.			
Niveau der Rodach beim Mauthhaüsel							29,7	203,7	
		Nr. 270.							
Jan. 26	3 A.	Steinwiesen in der Post 18 Fuß über der Rodach	327,44	0,0	.	.	17,1	192,1	
		Baireuth .	328,47	1,5	Tr.	SW.			
Niveau der Rodach bei Steinwiesen							14,1	189,1	
Okt. 19	$12\frac{1}{2}$ A.	Steinwiesen, bei der Post im Niveau d. Rodach . . .	327,46	9,3	.	.	11,6	185,6	
		Baireuth .	328,35	9,2	Tr.	SO.			
Mittlere Höhe der Rodach bei der Post in Steinwiesen							. . .	187,8	
Mittlere Höhe der Post in Steinwiesen, 2ter Stock							. . .	190,8	

Zeit: Jahr, Monat Tag	Zeit: Stunde der Beobachtung	Ort der Beobachtung	Barom. bei +10° R.	Temperatur der Luft C.	Witterung	Wind	Höhenunterschied Toisen.	Absolute Höhe Toisen.	Beobachter
1828		Nr. 271.							
Okt. 19	12 M.	Mündung des Waldrodach-Thals am Scheideweg nach Wallenfells	328,16	9,0	.	.	2,5	177,5	B.
		Baireuth .	328,36	9,0	Tr.	SO.			
Niveau der Rodach							2,0	177,0	
		Nr. 272.							
Okt. 19	11¾ M.	Zeiern, Rodachbrücke ..	328,49	10,6	.	.	.1,9	173,1	B.
		Baireuth .	328,34	9,0	Tr.	SW.			
Niveau der Rodach bei Zeiern							...	172,3	
1819		Nr. 273.							
Nov. 29	1 U.	Radspitze, Berg bei Seubelsdorf ...	313,56	.3,7	Heiter.	.	174,9	349,5	Br.
		Baireuth .	327,43	.3,1		SO.			
	2 U.	Rad Spitze .	313,53	.5,2		.	173,5	348,5	Br.
		Baireuth .	327,32	.3,4		SO.			
	3 U.	Rad Spitze .	313,50	.5,0		.	172,4	347,4	Br.
		Baireuth .	327,22	.4,0		SO.			
Mittlere Höhe der Rad Spitze aus 3 Beobachtungen.							173,6	348,6	

Zeit: Jahr, Monat, Tag	Zeit: Stunde der Beob.	Ort der Beobachtung.	Barom. bei +10° R.	Temperatur der Luft C.	Witterung	Wind	Höhen-Unterschied (Toisen)	Absolute Höhe (Toisen)	Beobachter
1819		Nr. 274.							
Nov. 29	2 Beob.	Seubelsdorf, unteres Wirthshaus	325,29	.7,5	Tr.	.			
		Baireüth .	327,28	.6,0	Tr.	SO.	24,3	199,3	W.
	2 "	Seubelsdorf, ebendaselbst .	325,24	.8,0	Tr.	.	26,0	201,0	Br.
		Baireüth .	327,37	.6,6	Tr.	SO.			
" 30	2 "	Seubelsdorf, ebendaselbst .	325,24	.3,1	Sch.	.	25,3	200,3	W.
		Baireüth .	327,29	.4,0	Sch.	SO.			
	3 "	Seubelsdorf, ebendaselbst .	325,24	.2,6	Sch.	.	25,2	200,2	Br.
		Baireüth .	327,28	.4,0	Sch.	SO.			
1820 Okt. 31	9 M.	Seubelsdorf, ebendaselbst .	319,43	4,0	Tr.	.	27,8	202,8	Br.
		Baireüth .	321,56	6,0	Tr.	SO.			
	7 A.	Seubelsdorf, ebendaselbst .	317,93	.4,5	Tr.	.	20,8	195,8	Br.
		Baireüth .	319,51	.6,5	Tr.	SO.			
Mittlere Höhe aus 16 Beobachtungen							24,9	199,9	
Erdboden vor dem Wirthshause							21,6	199,6	
1819		Nr. 275.							
Nov. 29	8 M.	Stadtsteinach, beim Hirschenwirth.	326,85	.9,1	H.		7,2	182,2	W. u. Br.
		Baireüth .	327,44	.9,0	H.	SO.			
Erdboden vor dem Hirschenwirth zu Seubelsdorf . . .							. . .	178,9	
Niveau der Steinach bei Stadtsteinach							. . .	173,9	

Zeit									
Monat und Tag.	Stunde der Beob.	Ort der Beobachtung	Barom. bei +10° R.	Temperatur der Luft. C.	Witterung	Wind	Höhen-Unterschied (Toisen)	Absolute Höhe (Toisen)	Beobachter
1819		Nr. 276,							
Nov. 30	4 Beob.	Stadtkronach, im weißen Lamm, unfern der Kirche	327,42	.1,0	Tr.	.	.3,4	171,6	W.
		Baireüth .	327,14	.2,1	Tr.	SO.			
	4 =	Stadtkronach, ebendaselbst .	327,42	.0,3	Tr.	.	.5,7	169,3	Br.
		Baireüth .	326,96	.2,0	Tr.	SO.			
Dec. 1	4 =	Stadtkronach, ebendaselbst .	327,04	2,3	Nb.	.	.4,2	170,8	W.
		Baireüth .	326,70	.0,4	Bm.	SO.			
	5 =	Stadtkronach, ebendaselbst .	327,70	1,3	Nb.	.	.7,8	167,2	Br.
		Baireüth .	327,08	.1,3	H.	SO.			
= 2	5 =	Stadtkronach, ebendaselbst .	329,55	.2,4	Nb.	.	.6,3	168,7	Br.
		Baireüth .	329,03	.5,4	Nb.	SO.			
Mittlere Höhe des weißen Lamms in Kronach aus 22 Beobachtungen							.5,5	169,5	
Erdboden vor dem weißen Lamm in Kronach . . .							.8,0	167,0	
1828		Nr. 277.							
Okt. 19	10½ M.	Stadtkronach, vor der Post	329,16	7,5	H.	.	.8,5	166,5	B.
		Baireüth .	328,51	6,8	.	.			

Zeit: Jahr, Monat Tag	Zeit: Stunde der Beobachtung	Ort der Beobachtung	Barom. bei +10° R.	Temperatur der Luft C.	Witterung	Wind	Höhenunterschied (Toisen)	Absolute Höhe (Toisen)	Beobachter
1819		Nr. 278.							
Dec. 1	12½ A.	Kronachbrücke bei Stadtkronach	328,09	2,7	Nb.	.	.10,0	159,5	W.
		Kronach, im Lamm .	327,30	3,0	Nb.	.			
1828 Jan. 26	11 M.	Kronachbrücke, ebendaselbst .	329,53	0,6	Sch.	W.	.11,4	163,6	B.
		Baireuth .	328,61	1,0	.	.			
Mittlere Höhe der Kronachbrücke bei Stadtkronach .							. . .	161,5	
Niveau des Kronach Flusses unter der Brücke . . .							. . .	161,1	
1819		Nr. 279.							
Dec. 1	5 A.	Rosenberg, Hof der Kommandanten-Wohnung . .	325,86	0,6	Nb.	.	28,1	197,6	Br.
		Stadtkronach, Lamm . .	328,10	0,7	Nb.	.			
		Nr. 280.							
Nov. 30	12 M.	Kreuzberg, bei Stadtkronach	322,57	.2,7	Nb.	.	61,3	236,3	Br.
		Baireuth .	327,49	.2,5	Tr.	SO.			
	1 A.	Kreuzberg . .	322,41	.2,8	Nb.	.	63,2	238,2	Br.
		Baireuth .	327,47	.2,5	Tr.	SO.			
Dec. 1	11 M.	Kreuzberg . .	322,26	0,3	Nb.	.			
		Stadtkronach, Lamm . . .	327,20	2,2	Nb.	.	62,5	232,0	Br.
		Baireuth .	326,74	0,3	H.	SO.	56,5	231,5	Br.

Zeit: Jahr, Monat und Tag	Zeit: Stunde der Beob.	Ort der Beobachtung	Barom. bei +10° R.	Temperatur der Luft. C.	Witterung	Wind	Höhen-Unterschied (Toisen)	Absolute Höhe (Toisen)	Beobachter
1819									
Dec. 1	12 M.	Kreuzberg . .	322,30	0,3	Nb.	.			
		Baireuth .	326,76	0,3	H.	SO.	56,2	231,2	Br.
	1 A.	Kreuzberg . .	322,28	0,6	Nb.	.			
		Stadtkronach, Lamm . .	327,41	4,1	H.	.	65,3	234,8	Br.
		Baireuth .	326,78	0,3	H.	SO.	56,9	231,9	
" 2	12 M.	Kreuzberg . .	324,05	.3,0	Nb.	.			
		Baireuth .	329,00	.4,0	Nb.	SO.	61,2	236,2	Br.
Mittlere Höhe des Kreuzberges aus 6 Beobachtungen.							. . .	234,0	
1828		Nr. 281.							
Okt. 19	9¼ M.	Oberlangenstadt, Rodachbrücke	330,81	5,0	H.	.	.23,6	151,4	B.
		Baireuth .	328,96	5,0	.	.			
Niveau der Rodach bei Oberlangenstadt.							. . .	150,9	B.
1820		Nr. 282.							
Okt. 14	2 A.	Redwitz, Rodachbrücke . .	327,28	13,0	H.	.	.27,1	147,9	Br.
		Baireuth .	325,22	12,0	H.	SO.			
Niveau der Rodach bei Redwitz.							. . .	147,1	
		Nr. 283.							
Okt. 14	4 A.	Zettlitz . .	326,83	12,8	H.	.	.24,4	150,6	Br.
		Baireuth .	324,98	12,2	H.	SO.			

Zeit: Jahr, Monat und Tag	Zeit: Stunde der Beob.	Ort der Beobachtung	Barom. bei +10° R.	Temperatur der Luft C.	Witterung	Wind	Höhen-Unterschied (Toisen)	Absolute Höhe (Toisen)	Beobachter
1825		Nr. 284							
Sept. 6	5 A.	Mainbrücke bei Zettlitz . . .	324,59	7,0	Tr.	W.			
		Baireuth .	322,25	10,0	.	.	.30,7	144,3	B.
		Gotha, Burg	323,43	10,0	.	.	.15,0	144,5	
1828									
Jan. 26	8 M.	Mainbrücke bei Zettlitz	330,11	1,3	Tr.	SW.	.25,3	149,7	B.
		Baireuth .	328,08	0,0	.	.			
Okt. 19	8½ "	Mainbrücke bei Zettlitz	330,70	2,5	H.	SW.			
		Krabben, Berg	327,34	2,5	.	.	.42,2	146,0	B.
		Baireuth .	328,59	3,0	.	.	.26,5	148,5	
Mittlere Höhe der Mainbrücke bei Zettlitz.							. . .	146,6	
Wasserspiegel des Mains unter der Brücke.							. . .	145,3	
		Nr. 285.							
.	.	Die Mündung der Rodach in den Main liegt, nach Schätzung, etwa 6 Fuß tiefer als die Mainfläche bei Zettlitz, mithin über dem Meere . .					. . .	144,3	B.
1820		Nr. 286.							
Spt. 20	1 A.	Burgkunstadt, Wirthshaus	326,18	1?,1	.	.	.16,4	158,6	Br.
		Baireuth .	324,94	13,1	Tr.	W.			
1825		Nr. 287.							
Sept. 6	2½ A.	Seidenhof, Brücke üb. den weißen Main	323,77	12,0	.	.			
		Baireuth .	322,24	13,0	.	.	.20,7	154,7	B.
		Gotha, Burg	323,35	12,5	.	.	.5,6	153,9	
Mittlere Höhe der Mainbrücke bei Seidenhof. . . .							. . .	154,3	
Niveau des Mains unter der Brücke.							. . .	153,0	

Zeit: Jahr, Monat Tag	Zeit: Stunde der Beob.	Ort der Beobachtung	Barom. bei +10° R.	Temperatur der Luft C.	Witterung	Wind	Höhen-Unterschied (Toisen)	Absolute Höhe (Toisen)	Beobachter
1825		Nr. 288.							
.	.	Das Gefälle von der seidenhofer Brücke bis zur Vereinigung des weißen und rothen Mains beträgt ungefähr 5 Fuß, mithin ist dieser Vereinigungspunkt über dem Meere					. . .	152,2	B.
1820		Nr. 289.							Sämmtliche Beobachtungen sind von Hrn. v. Brand.
Okt. 29	12 M.	Der Baders Berg bei Veitlahm.	317,08	12,5	.	.	90,3	265,3	
		Baireuth .	323,85	9,5	Tr.	S.			
	5 A.	Der Bad. Berg	316,88	5,0	.	.	87,9	262,9	
		Baireuth .	323,61	6,0	Tr.	S.			
Mittlere Höhe des Baders Berges.							89,1	264,1	
1819		Nr. 290.							
Nov. 28	10 M.	Plassenburg schöner Hof .	322,32	.8,1	Nb.	.	39,4	214,4	
		Baireuth .	325,55	.8,1	Tr.	SO.			
	11 =	Plassenb., das.	322,22	.5,2	Nb.	.	42,5	217,5	
		Baireuth .	325,66	.5,6	Tr.	SO.			
	12 =	Plassenb., das.	322,26	.3,6	H.	.	41,9	216,9	
		Baireuth .	325,63	.5,6	Tr.	SO.			
	1 A.	Plassenb., das.	322,24	.3,7	H.	.	39,8	214,8	
		Baireuth .	325,44	.5,0	H.	SO.			
	2 =	Plassenb., das.	322,27	.4,7	H.	.	39,6	214,6	
		Baireuth .	325,46	.4,1	H.	SO.			
Mittlere Höhe der Plassenburg, aus 5 Beobachtungen							40,6	215,6	

Zeit: Jahr, Monat Tag	Zeit: Stunde der Beob.	Ort der Beobachtung	Barom. bei +10° R.	Temperatur der Luft C.	Witterung	Wind	Höhen-Unterschied (Toisen)	Absolute Höhe (Toisen)	Beobachter
1819		Nr. 291.							
Nov. 27	5 Beob.	Kulmbach, Gasth. z. Anker	325,72	.2,3	Sch.	.	.10,9	164,1	Br.
		Baireuth .	324,84	.3,8	Tr.	SO.			
= 28	2 =	Kulmbach, das.	326,78	.4,0	H.	.	.13,5	161,5	Br.
		Baireuth .	325,68	.7,5	H.	SO.			
1820 Juli 29	4 =	Kulmbach, das.	327,70	18,7	Bm.	.	.14,5	160,5	Br.
		Baireuth .	326,61	18,3	Bm.	N.			
= 30	1 =	Kulmbach, das.	328,63	19,8	H.	.	.14,4	160,6	Br.
		Baireuth .	327,54	18,2	H.	N.			
Spt. 19	1 =	Kulmbach, das.	324,10	15,8	Rg.	.	.9,8	165,2	Br.
		Baireuth .	323,20	11,2	Tr.	N.			
= 21	1 =	Kulmbuch, das.	323,17	10,8	.	.	.14,3	160,7	Br.
		Baireuth .	322,07	8,2	Tr.	SO.			
Okt. 29	1 =	Kalmbach, das.	324,18	3,0	.	.	.10,0	165,0	Br.
		Baireuth .	323,40	4,0	H.	SW.			
= 30	1 =	Kulmbach, das.	324,00	.0,0	.	.	.11,0	164,0	Br.
		Baireuth .	323,13	.0,3	H.	S.			
1825 Spt. 6	1 =	Kulmbach, das.	323,11	13,0	Bm.	.	.11,9	163,1	B.
		Baireuth .	322,24	14,0	.	.			
		Gotha, Burg	323,35	12,5	.	.	3,1	162,6	
Mittlere Höhe von Kulmbach aus 17 Beobachtungen.							. . .	162,7	
Straßenpflaster vor dem Anker							. . .	160,2	
1820		Nr. 293.							
Juli 28	6 U.	Lauter Weiher, Damm b. Trebgast . . .	326,03	20,0	Tr.	.	.5,4	169,6	Br.
		Baireuth .	325,63	19,0	Tr.	NW.			
Niveau des Weihers.							. . .	169,1	

Zeit		Ort der Beobachtung	Barom. bei + 10° R.	Temperatur der Luft C.	Witterung	Wind	Höhenunterschied	Absolute Höhe	Beobachter
Jahr, Monat Tag	Stunde der Beobachtung						Toisen.		
1820 Juli 30	12 M.	Nr. 293. Spitzaichen bei Trebgast . Baireuth .	320,53 327,29	24,0 25,0	H. H.	. SO.	93,8	268,8	Br.
Juli 30	1 A.	Nr. 294. Lindau . . . Baireuth .	327,45 327,29	23,1 25,9	H. H.	. SO.	.2,1	172.9	Br.
1825 Sept. 6	10¾ M.	Nr. 295. Straßenhöhe südlich über Leichau . . Baireuth .	322,02 322,33	10,0 12,5	H. .	. .	4,1	179,1	B.
Sept. 6	10 M.	Nr. 296. Rothe Mainbrücke bei Alt Drossenfeld . . . . Baireuth .	323,44 322,37	10,0 12,0	H. .	. .	14,1	160,9	B.
Niveau des Mains bei Alt Drossenfeld							. . .	158,9	
1820 Juli 30	3 A.	Nr. 297. Thetta . . . Baireuth .	324,85 327,23	24,2 25,8	H. H.	. SO.	33,0	208,0	Br.
.	.	Nr. 298. Der Berg über Thetta wurde zu 120 Fuß höher als das Dorf geschätzt, mithin beträgt seine Höhe über dem Meere					. . .	228,0	B.

10.

Vergleichung der Messungen von Goldfuß und Bischof mit den Beobachtungs-Resultaten des neüen Nivellements.

Schon oben (S. 24) ist Erwähnung geschehen, daß die Resultate, welche Goldfuß und Bischof aus ihren Barometer-Beobachtungen hergeleitet haben, um mehr als zweihundert Fuß zu groß ausgefallen sind. Dies rührt von einer irrigen Fundamentalgröße her, und benimmt ihnen nichts von ihrem Werthe als relative Höhen. Um die Korrektion kennen zu lernen, welcher die Messungen von Goldfuß und Bischof unterworfen werden müssen, damit sie auf möglichst wahre gebracht werden können, ist es erforderlich, sie mit den Resultaten der neüen Beobachtugen zu vergleichen; dies ist um so nothwendiger, als die Erlanger Gelehrten mehrere Punkte bestimmt haben, die in dem neüen Nivellement nicht vorkommen. Die Vergleichung ergiebt sich aus folgender Tafel:

Namen der gemessenen Punkte.	Absolute Höhe in Fuß, nach		Differenz
	Goldfuß und Bischof	der neüen Messung	
Schneeberg, auf den Ruinen d. Wartth.	3467	3237	230
Ochsenkopf, an dem Felsen bei d. Pyram.	3394	3135	259
Kösseine, auf der höchsten Felsenspitze .	3060	2859	201
Mainquelle	3000	2739	261
Waldstein, auf dem höchsten Felsen . .	2939	2697	242
Korn Berg (der große), Fuß der Signalpyramide	2769	2550	219
Epprechtstein, in den Schloßruinen . †	2741	2436	305
Döbra Berg, bei der Pyramide . . .	2653	2465	188
Saalquelle	2421	2164	257
Rauhe Kulm bei Neüstadt	2301	2099	202
Bischofsgrün, am Wege nach d. Ochsenk.	2296	2120	176
Zell, zweiter Stock des Wirthshauses .	2108	1910	198

Namen der gemessenen Punkte	Absolute Höhe in Fuß, nach		Differenz
	Goldfuß und Bischof	der neüen Messung	
Warmensteinach*)	2107	1838	269
Kirchenlamitz, zweiter Stock des Wirthshauses (Löwe?).	2107	1815	292
Neühaus, höchste Stelle der Schloßruine†	2085	1766	319
Steben, zweiter Stock des Wirthshauses	2008	1770	238
Alexandersbad, Schloß	1906	1742	164
Wunsiedel, zweiter Stock des Gasthauses bei der Kirche	1841	1664	177
Gefrees, zweiter Stock bei Lochmüller (Löwe?)	1751	1566	185
Schwarzenbach, an der Saale, zweit. St.	1738	1523	215
Hof, zweiter Stock der Hirschen . . .	1736	1551	185
Gold Berg, bei der Grünsteinkoppe . .	2158	1920	238
Mittlere Differenz	. . . .	. . . .	215

*) Warmensteinach liegt nach den Beobachtungen von Goldfuß und Bischof 1287 Fuß unter dem Ochsenkopf; da dieser 3135 Fuß absolute Höhe hat, so ist W. 1848 Fuß über dem Meere; v. Brand fand dagegen 1823,4; Mittel 1838.

In die Mittelzahl dieser Differenz sind die mit einem † bezeichneten Bestimmungen nicht aufgenommen worden, weil bei ihnen die Abweichung so groß ist, daß auch ein Irrthum in der relativen Höhe vorausgesetzt werden muß. Überhaupt zeigt diese Vergleichungstafel keine sehr regelmäßige Unterschiede, was sich dadurch erklärt, daß die Höhenbestimmungen von Goldfuß und Bischof meistens nur auf einzelne Beobachtungen gegründet worden sind; der gefundene mittlere Unterschied, welcher negativ ist, kann daher nur als eine annähernde Korrektion betrachtet werden.

Die Punkte, welche von den Erlanger Professoren, nicht aber von den neüen Beobachtern gemessen worden sind, stellen sich folgender Maßen: (die Stationen-Nummern sind fortlaufend mit dem Haupt-Verzeichniß)

Nr.	Namen der gemessenen Punkte	Absolute Höhe, pariser Fuß	
		Ursprüngliche	Korrigirte
		Angabe	
299	Naabquelle, am Ochsenkopf . . .	2892	2678
300	Armans Berg, bei der Kapelle . .	2526	2311
301	Ober Geiersberg, am Südfuße des Ochsenkopfs	2476	2261
302	Babylon, zweiter Stock des Jägerhaus.	2270	2055
	Hohe Egerbrücke, b. d. neüen Hamm.*)	2185	1970
303	Eppenreüth, zweiter Stock des Wirthshauses.	2164	1949
304	Spielberg, erster Stock des Wirthshauses.	2111	1896
305	Pichel (Büchel) Berg, Basaltspitze .	2092	1877
306	Schindellohe, zweiter Stock des Zechenhauses	2037	1822
307	Schlechte Kulm, bei Neüstadt**). .	1970	1761
308	Reitzenstein, zweiter St. des Wirthsh.	1943	1738
309	Neüstadt, an den Kulmen, zweiter Stock der Sonne***)	1833	1624
310	Hohenberg, erster St. des Wirthshaus.	1835	1620
311	Ober-Kotzau, dritter Stock des Schlosses.	1811	1596

*) Hoffmann hat für die Höhe des Neüenhammers 1869,5 Fuß. Dieses Hammerwerk liegt aber mit der Hohen-Egerbrücke in gleichem Horizont, mithin ist hier zwischen den beiderseitigen Messungen ein Unterschied von 101 Fuß; die Hoffman'sche verdient, in Vergleich mit der Höhe von Weißenstadt und Voitsömmern, unstreitig den Vorzug.

**) Goldfuß und Bischof maßen den Höhenunterschied zwischen dem rauhen Kulm und dem schlechten Kulm = 331'; dies giebt für den zuletztgenannten 1768'; mit der obigen Korrektion erhält man 1756; daher mittlere Höhe des schlechten Kulms 1761,5 par. Fuß.

***) Auch hier maßen sie die Höhendifferenz mit dem rauhen Kulm zu 468', was 1631' giebt; die Korrektion dagegen 1618; Mittel 1624,5.

Nr.	Namen der gemessenen Punkte	Absolute Höhe	
		Ursprüngliche	Korrigirte
		Angabe	
312	Kulmain, zweiter Stock des Wirthsh.	1747	1532
313	Kammerbühl bei Eger	1732	1517
314	Wellerthal, zweiter Stock des Herrenhauses	1710	1495
315	Weidenberg, zweiter Stock d. Wirthshauses am Markte.	1671	1456
316	Goldkronach, zweiter Stock des obern Wirthshauses	1630	1415
317	Höllthal, am mittlern Sauerbrunnen	1613	1398
318	Arzberg, zweiter Stock des henzischen Wirthshauses bei dem untern Thore .	1605	1390
319	Eger, zweiter Stock des Gasthauses zu den drei Prinzen	1569	1354
320	Goldene Adlerhütte bei Wiersberg, zweiter Stock des Herrenhauses . . .	1560	1345

Endlich ist hier noch der frühesten Barometer-Beobachtungen Erwähnung zu thun, die auf dem Fichtelgebirge angestellt worden sind, derer nämlich vom Justiz-Direktor Klinger in Wunsiedel, in den Jahren 1785 und 1788. Insbesondere handelt es sich um die Höhe von

Nr. 321.

Leupoldsdorf, die Goldfuß und Bischof nach dem, von Klinger beobachteten fünfjährigen mittlern Barometerstande, bei dem aber keine Quecksilberwärme angegeben worden ist, zu 1765,8 Fuß berechnet haben. Ferner ist nach Klingers Beobachtungen Leupoldsdorf tiefer als der Ochsenkopf 1414 Fuß, folglich über dem Meere . . . . 1721,0 „
und tiefer als der Schneeberg 1444 Fuß, mithin über dem Meere . . . . 1691,0 „

Mittlere absolute Höhe von Leupoldsdorf . . . . 1726,0 Fuß.

Diese Bestimmung hormonirt recht gut mit der von Hoffmann gemessenen Höhe von Schönbrun, einem Dorfe, welches, eine halbe Stunde unterhalb Leupoldsdorf, an der Rösla liegt. Der Wasserspiegel dieses Flusses ist daselbst 1696 Fuß über dem Meere.

Über die Höhenmessungen des Astronomen David und anderer Beobachter im Egerlande.

Der k. k. Astron. David theilt in dem Bericht über seine trigonometrische Vermessung des Egerlandes die Höhenbestimmung mehrerer Punkte dieses Landes mit*), die theils von ihm selbst, theils von andern Beobachtern, vermittelst des Barometers, gemessen worden ist. David berechnete diese Höhen durch Vergleichung mit dem Stationsbarometer auf der k. k. Sternwarte im Clementin zu Prag, dessen absolute Höhe zu 98,6 Toisen über dem Meere angenommen werden muß. Seine Zahlen sind in wiener Klaftern ausgedrückt, deren Verwandlungs-Logarithmus zur Reduktion auf pariser Klafter oder Toisen = + 9,9887090.

Nr. 322.

Die Löwenapotheke in Eger bestimmt Davids nach korrespondirenden Beobachtungen, welche er daselbst am 16. September 1820 anstellte und Mayr im Pfarrgebaüde St. Anna, zu 132 wiener Klafter über Prag; dies giebt 227,05 Toisen oder 1362,3 Fuß über dem Meere.

Nr. 323.

Märkel und Sommer nivellirten, auf Davids Veranlassung, im Herbste 1823 die Höhe vom Wasserstande der Eger an der Brücke beim Brückenthore bis zum Barometerort in der Löwenapotheke, und fanden diese Höhe 8 Klafter 5 Fuß 9 Zoll, daher 123 Klafter oder 119,69 Toisen über Prag, und man erhält

*) Trigonometrische Vermessung, astronomische Ortsbestimmung des Egerlandes zur Zeit, als sich 1820 den 7ten September die ringförmige Sonnenfinsterniß ereignete, bewerkstelligt und herausgegeben von Aloys David. Prag 1824. 8. S. 63—76.

für die Höhe des Egerflusses am Brückenthore der Stadt Eger über dem Meere in Toisen 218,29

Aus der Hoffmann'schen Barometermessung der Eger bei Hohenberg und dem geometrischen Nivellement des Flusses von da bis zur Stadt Eger, welches der Bürgermeister Totzauer im März 1824 ausführen ließ, ist jene Höhe [siehe Nr. 168] 218,56

Demnach besteht zwischen beiden Resultaten ein Unterschied von 0,27

einer Toise oder 1,6 Fuß, der, in Rücksicht auf die in Anwendung gebrachten Methoden, so unbedeütend ist, daß er gleich Null gesetzt werden kann und unleügbar für die gegenseitige Richtigkeit der Messungen spricht.

Nr. 324.

Ein Jahr früher als David maaß Hauptmann v. Brand die Höhe von Eger ebenfalls mit dem Barometer. Seine, mit dem Gefäßbarometer (dessen Kollimation hier =+0,64), gemachten Beobachtungen, die sich auf das Eckhaus an der Steingasse, 16 Fuß über dem Straßenpflaster, beziehen, stellen sich mit den korrespondirenden Beobachtungen von Gerstner in Baireüth, nebst denen von Hallaschka im Konviktgebaüde zu Prag (Kollimation = — 0,20) und den daraus hergeleiteten Höhenunterschieden auf nachstehende Weise:

1819		Eger			Baireüth				Höhen-Unterschied	Prag				Höhen-Unterschied
Monat und Tag	Stunde	Barom. bei 10° R.	Temper. der Luft	Wetter	Barom. bei 10° R.	Temper. der Luft	Wetter	Wind	Toisen	Barom. bei 10° R.	Temper. der Luft	Wetter	Wind	Toisen
Spt. 27	9 A.	321,46	14,3	Tr.	325,35	12,5	Tr.	SO.	51,7	.	.	,	.	.
„ 28	6 M.	321,73	14,3	Tr.	325,90	13,0	Tr.	SO.	55,5	331,43	13,7	H.	W.	128,5
	7 „	321,84	15,1	Tr.	.	.	.	.	.	.	.	.	.	.
	8 „	321,83	15,2	Tr.	325,27	13,2	Rg.	SO.	46,0	.	.	.	.	.
	9 „	321,87	16,5	Rg.	.	.	.	.	.	.	.	.	.	.
	11½ „	322,09	17,1	Rg.	.	.	.	.	.	.	.	.	.	.
	12 „	322,12	18,1	Tr.	325,48	19,9	Heiter	W.	45,7	.	.	.	.	.
	2 A.	322,05	19,0	Tr.	325,41	20,0		W.	45,8	331,53	20,8	H.	SW.	128,4
	4½ „	321,85	18,1	Bm.	325,71	18,9		W.	52,8	.	.	.	.	.
	5½ „	321,78	16,8	Bm.	325,86	18,7		SW.	55,1	.	.	.	.	
	6½ „	321,82	14,7	H.	.	.	.	.	.	.	.	.	.	
	7½ „	321,83	13,7	H.	.	.	.	.	.	.	.	.	.	.
	9 „	322,02	13,0	Nb.	325,89	9,1	H.	SW.	50,9	.	.	.	.	.
„ 29	6 M.	322,08	7,0	Nb.	.	.	.	.	.	332,04	11,8	H.	S.	124,4
	7 „	322,09	7,7	Nb.	325,71	11,1	Nb.	S.	47,4	.	.	.	.	.
Mittlerer Höhenunterschied									50,0	. . . .				128,7
Absolute Höhe von . . . . . Baireüth									175,0	. . . . Prag				102,1
Absolute Höhe von Eger durch Baireüth									225,0	. . . . Prag				230,8
Mittlere absolute Höhe von Eger, Pflaster an der Ecke der Steingasse . .														225,3

Hernach liegt der genannte Punkt um 11 Fuß niedriger als der Barometerort in der Löwenapotheke.

Nr. 325.

Den Barometer-Beobachtungen zufolge, welche David im September 1820 zu St. Anna, im ersten Stock des Pfarrgebäudes angestellt hat, beträgt die Höhe desselben über Prag, Clementin, 212 wiener Klafter oder 206,29 Toisen, mithin über dem Meere . . . . 304,89 Toisen.

Nr 326.

Der Grün Berg, welcher westlich von da auf derselben Bergkette liegt, ist noch um 25 Klafter höher als der Annaberg, folglich 329,2 Toisen über der Meeresfläche.

Nr. 327.

Im August 1814 beobachtete der Regierungs- und Medicinal-Rath Dr. Mogalla aus Breslau sein, mit den Prager Instrumenten des Clementins verglichenes Barometer in Franzenbad. David fand aus diesen Beobachtungen Franzensbad um 118,9 wiener Klafter höher als Prag. Professor Freysmuth aus Prag stellte im Mai 1815 in Franzensbad ebenfalls Barometer-Beobachtungen an, die von David in Rechnung genommen wurden und 119,2 wiener Klafter Höhe über Prag gaben. Im Mittel aus beiden Bestimmungen beträgt der Höhenunterschied zwischen Prag, Clementin, und Franzensbad in pariser Toisen 115,84
Das Barometer auf der k. k. Sternwarte im Clementin . 98,60

Mithin Franzensbad über dem Meere 214,44
Aus meinen Beobachtungen von 1825 ergiebt sich . . . 223,80 Höhe für das Gasthaus zum Kaiser von Österreich und ein Unterschied von 9,4 Toisen, der vielleicht erklärlich ist, wenn Mogalla und Freysmuth im niedrigeren Theile von Franzensbad beobachtet haben, da mein Standpunkt im höhern Theile des Orts liegt.

Ich schalte hier noch die Beobachtung auf einem Punkte ein, welcher den östlichen Begränzungsrand der egerländischen Terrasse bildet, nämlich

Nr. 328.

Maria Kulm. Den 3ten September 1825 beobachtete ich das Barometer um $12\frac{1}{2}$ Uhr auf der Höhe gleich östlich vom Orte, an der Chaussee . . . . 319,02 + 12°,4
Eine halbe Stunde später fand ich in Katzengrün 322,05 18 ,0
Dies giebt einen Höhenunterschied von 41,1 Toisen, und da Katzengrün 220,6 Toisen über dem Meere liegt (s. Nr. 170), so ist die absolute Höhe von Maria Kulm 261,7 Toisen. Gleichzeitig standen die Instrumente in Baireüth auf . . . 325,82 + 20°,0
in Prag, im Konviktgebaüde . . . . 331,11 19 ,1
Hieraus erhält man die Höhe von Mariakulm durch Vergleichung

mit Baireüth 91,91 + 175,05 Toisen . . . . = 266,96
mit Prag 161,87 + 102,099 „ 263,97
Die obige Vergleichung mit Katzengrün gab 261,70

Mittlere absolute Höhe von Maria Kulm . . . . . . = 263,54
eine Zahl, welche auch für die Probstei gilt, da mein Standpunkt mit dieser in gleichem Horizontale lag.

Messungen von Mädler, auf der Straße von Baireüth über Hof nach Plauen;

im April 1827.

Zeit: Tag	Zeit: Stunde der Beob.	Ort der Beobachtung	Barom. bei +10° R.	Temperatur der Luft C.	Höhenunterschied (Toisen)	Absolute Höhe (Toisen)
		Nr. 329.				
25.	8 M.	Bindloch, die Brücke, zwei Fuß darüber	323,91	4,8	+9,43	184,46
		Baireüth . . .	324,54	4,0		
		Würzburg . . .	331,22	9,0	96,18	187,31
		Mittlere Höhe des Barometers				185,88
		Die Brücke				185,55
		Nr. 330.				
25.	10 M.	Brücke am nordöstlichen Eingang des Bernecker Passes	321,32	7,6		
		Baireüth . . .	324,69	8,0	44,43	219,46
		Würzburg . . .	331,26	11,0	130,87	222,00
		Mittlere Höhe des Bernecker Passes				220,73
		Nr. 331.				
25.	$11\frac{1}{2}$ M.	Brücke über die Lübnitz nördlich von Gefrees . .	318,35	8,0		
		Baireüth . . .	324,80	9,5	86,95	261,98
		Würzburg . . .	331,27	11,4	171,41	262,54
		Mittlere Höhe der Brücke über die Lübnitz . .				262,26
		Niveau der Lübnitz				259,26

Zeit: Tag	Zeit: Stunde der Beob.	Ort der Beobachtung.	Barom. bei +10° R.	Temperatur der Luft C.	Höhenunterschied (Toisen)	Absolute Höhe (Toisen)
		Nr. 332.				
25	4 U.	Hoher Punkt der Chaussee bei Marquardsreuth	314,83	7,0		
		Baireuth .	325,10	11,0	139,22	314,25
		Würzburg .	331,50	12,0	222,09	313,22
		Mittlere Höhe				313,73
		Nr. 333.				
26	9 M.	Höchster Chausseepunkt ¾ Meile NO. von Hof, nahe der sächs. Gränze .	317,36	6,0		
		Baireuth . .	325,43	7,0	108,77	283,80
		Würzburg . .	332,05	9,5	193,21	284,34
		Mittlere Höhe				284,07
		Nr. 334.				
26	10 M.	Waldbach, 1¼ Meile von Hof, an der Chaussee .	322,09	6,2		
		Baireuth . .	325,42	9,0	43,76	218,79
		Würzburg . .	332,03	10,0	130,11	221,24
		Mittlere Höhe				220,01
		Niveau des Waldbachs				219,68
		Nr. 335.				
26	10¾ M.	Steile Waldhöhe SW. von Zöbern	322,50	6,5		
		Baireuth . .	325,41	10,0	38,32	213,45
		Würzburg . .	332,01	11,0	124,70	215,83
		Mittlere Höhe				214,59
		Nr. 336.				
26	12½ U.	Elsterfluß, unterhalb Zöbern, die Brücke . .	325,61	7,5		
		Baireuth . .	325,39	12,5	. 2,91	172,12
		Würzburg . .	331,96	11,0	83,02	174,15
		Mittlere Höhe der Elsterbrücke				173,13
		Niveau des Flusses				171,80

Zeit		Ort der Beobachtung.	Barom. bei +10° R.	Temperatur der Luft.	Höhen-Unterschied	Absolute Höhe
Tag.	Stunde der Beob.			C.	Toisen.	
		Nr. 337.				
26	1½U.	Höhenpunkt der Chaussee 1 Meile SW. von Plauen	321,52	9,6		
		Baireuth . .	325,47	13,5	52,93	227,96
		Würzburg . .	331,95	11,5	138,04	229,17
	1¾ U.	Höhenpunkt.	321,45	9,6		
		Baireuth . .	325,49	13,5	54,15	229,18
		Würzburg . .	331,94	11,5	138,85	229,98
		Mittel aus zwei Beobachtungen				229,07
		Nr. 338.				
26	4½U.	Plauen, Gasthof, nahe der Post	325,83	10,5		
		Baireuth . .	325,59	12,0	.3,19	171,84
		Würzburg . .	332,20	11,0	83,80	174,83
	5 "	Plauen, ebendaselbst . .	325,83	10,6		
		Baireuth . .	325,61	11,0	.2,92	172,11
		Würzburg . .	332,26	11,0	84,58	175,71
	5½ "	Plauen, ebendaselbst . .	325,90	10,6		
		Baireuth . .	325,63	10,5	.3,58	171,45
		Würzburg . .	332,32	10,6	84,39	175,52
	6¼ "	Plauen, ebendaselbst . .	326,02	10,0		
		Baireuth . .	325,70	9,5	.4,22	170,81
		Würzburg . .	332,48	10,0	84,60	175,73
	7 "	Plauen, ebendaselbst . .	326,10	9,6		
		Baireuth . .	325,72	9,0	.4,99	170,04
		Würzburg . .	332,52	9,4	83,86	174,99
	8 "	Plauen, ebendaselbst . .	326,25	7,8		
		Baireuth . .	325,78	8,5	.6,33	168,70
		Würzburg . .	332,64	9,0	83,01	174,14
	8½ "	Plauen, ebendaselbst . .	326,33	7,2		
		Baireuth . .	325,80	8,0	.6,90	168,13
		Würzburg . .	332,70	8,8	82,58	173,71
	9 "	Plauen, ebendaselbst . .	326,40	6,5		
		Baireuth . .	325,83	7,7	.7,35	167,68
		Würzburg . .	332,76	8,6	82,28	173,41
		Mittlere Höhe von Plauen durch Baireuth 170,115				
		durch Würzburg 174,870				
		Mittel =				172,49
		Straßenpflaster vor dem Gasthofe				169,49
		Niveau der Elster bei Plauen				168,00

Systematisches Verzeichniß der gemessenen Höhen des Fichtelgebirges.

Namen und Bezeichnung der gemessenen Punkte	Höhe über dem Meere Par. F.	Beobachter	Nummer d. Berechnung
I. Nördlicher Theil des Plateaus der Oberpfalz und der gegen dasselbe gerichteten Höhen des Böhmerwaldes.			
Fahrenberg, zwischen Bleistein und Waldthurn, Boden an der Kirche . .	2431,4	Bonne D 3.	
Muglhof, südöstlich v. Weiden, Signalsp.	1945 5	derselbe E 2.	
Parkstein, Boden am Signal, auf d. Gipfel	1793 8	derselbe D 3.	
	1827 6	v. Brand	104
—, Fuß des Parksteins	1406 4	derselbe	103
Töltscher (oder Döllnitzer?) Höhe .	1634 4	derselbe	105
Pressat	1269 0	derselbe	102
Kreußen Bach, am Wege von Pressat nach Eschenbach	1237 8	derselbe	101
Spiegelschleife bei Eschenbach . . .	1355 4	derselbe	100
Eschenbach	1403 4	derselbe	99
Vorbach . . . . ?	1321 8	derselbe	98
Neustadt an den Kulmen, zweiter Stock der Sonne	1624 5	Goldf., Bisch.	309
Neustadt, (ohne Angabe der Station)	1568 4	v. Brand	97
Der rauhe Kulm, Steingerölle a. dems.	1715 4	derselbe	95
— —, Anlagen an demselben	1716 0	derselbe	96
— —, Gipfel des Kulms	2099 4	derselbe	94
	2062 3	Bonne D4.	
— —, Sandberg am Kulm	1702 8	v. Brand	93
Der schlechte Kulm, Gipfel	1761 5	Goldf., Bisch.	307
St. Quirian bei Pezerreut, Thurmsp.	1604 7	Bonne E 2.	
Plößberg, Spitze des Signals	1873 5	derselbe E 1.	
—, Kirchenpflaster	1843 8	v. Brand	52
—, mittleres Wirthshaus . . .	1759 8	derselbe	53
Hohentann, Kirchenpflaster	1773 0	derselbe	54
Baierische Schanze, östl. von Bärnau	2334 0	derselbe	55
Aborn Berg, nördlich von Bärnau, Fuß des Signals	2404 8	Bonne D 2.	
	2416 8	Weiß, Brand	41
Marcheney, Kirche	1977 0	v. Brand	42
Griesbach, Kirche	2170 8	derselbe	57
—, Pfarrhaus	2152 8	derselbe	56

Namen und Bezeichnung der gemessenen Punkte.	Höhe über dem Meere Par. F.	Beobachter	Nummer der Berechnung
Poppenreüth	1776,0	v. Brand	43
Poppenreüther oder Märinger Berg, Gipfel	2274 6	derselbe	44
Rödenbacher Felder, nächst der Oed	2044 2	derselbe	45
Märinger Radschuhsaüle, am Wege nach Poppenreüth	2323 8	derselbe	48
Märing, Pfarrhaus	1957 2	Weiß, v. Br.	47
St. Niklas, Kapelle	2183 4	v. Brand	46
Mugler Berg oder Neü Mugl Rang	2185 2	derselbe	49
Neü-Albenreüth, Hirschenwirth . .	1659 6	Weiß, v. Br.	50
Bonzenhau, Berg	1921 2	dieselben	51
Waldsassen, Klosterwirthshaus . . .	1444 2	Weiß	7
— , Hofwirthshaus	1468 8	derselbe	7
— , Schedelwolf	1462 1	v. Brand	7
Mitterteich, Wirthshaus zum Lamm	1603 2	derselbe	59
Tirschenreüth, Straßen-Pflaster des Markts bei der Post	1503 4	Weiß, v. Br.	6
Falkenberg, Wirthshaus	1411 6	v. Brand	40
— , Niveau der Naab. . .	1387 6	derselbe	40
Sauerbrunnen bei Falkenberg, Niveau der Quelle	1384 2	derselbe	39
Wiesau, unteres Wirthshaus b. d. Kirche	1625 1	Weiß	60
Friedenfels, Weiherdamm	1595 4	v. Brand	33
— , Niveau des Wassers . .	1565 4	derselbe	33
Quelle des Griesbachs	2254 8	derselbe	34
Zusammenfluß des Griesbaches und Herrmannsreüther Baches	1839 0	derselbe	35
Am Griesweiher	1717 2	derselbe	36
Reüth, Schloßhof	1458 7	Weiß, v. Br.	5
— , Niveau des Baches beim Weiher	1391 1	v. Brand	5
Erbendorf, Wirthshaus zum Kreüz	1546 8	derselbe	32
Butterfaß an der Naab	1380 6	derselbe	38
Dörnerviesbach, am Wege von Reüth zum Steinwald.	1759 8	derselbe	63
Kemnath, Schloß . . . . ?	1322 4	derselbe	91
Gemünd, Brücke	1690 8	derselbe	92
Kulmain, zweiter Stock des Wirthshauses	1532	Goldf., Bisch.	312
Döbereiner Bach, 1 Std. v. Witzlesreüth	1500 6	v. Brand	86
Lindlas, Gebirgsgränze	1607 4	Hoffmann	89
— , Niveau der Heidenaab . . .	1606 2	derselbe	89
Muckenreüth	1670 4	Weiß	87
Wasserscheide zwischen Kirchenbiengarten und Weidenberg	1692 0	Hoffmann	88
Seibotenreüth, an der Straße von Baireüth nach Kemnath	1284 0	v. Brand	90

Namen und Bezeichnung der gemessenen Punkte.	Höhe über dem Meere Par. F.	Beobachter	Nummer der Berechnung
II. Die weißensteiner Bergkette von Ost nach West.			
St. Anna Berg, erster Stock des Pfarrgebaüdes	1829,3	David	325
Grün Berg, westlich von St. Anna	1975 2	derselbe	326
Dreifaltigkeits Kirche, Pflaster	1827 0	v. Brand	58
Lehenbüchl, bei Konnersreüth, Boden am Signal	1873 2	Bonne D2, E1	
Büchel Berg bei Mitterteich, Gipfel des Basaltberges	1877	Goldf., Bisch.	305
Steinwald, Ziegelhütte an der Straße von Friedenfells nach Poppenreüth	2286 0	Weiß	61
Weißenstein, Schloßruine .	2599 2	v. Brand	37
—, Spitze des Signals	2353 8	Bonne E2	
Steinwald, höchster Gipfel, westlich von Weißenstein	3021 6	v. Brand	62
Armannsberg, bei der Kapelle .	2311	Goldf., Bisch.	300
Poppenreüth am Steinwald, Schloß	1963 8	Weiß	64
Schindellohe, zweiter Stock des Zechenhauses	1822	Goldf., Bisch.	306
Pullenreüth	1703 2	v. Brand	85
Witzlesreüth, Schloß	1715 4	Weiß	84
—, Niveau des Weihers	1691 4	derselbe	84
—, (ohne Angabe des Beobachtungsortes)	1794 6	v. Brand	84
Babylon, zweiter Stock des Jägerhauses	2055	Goldf., Bisch.	302
Grünberg, Naab Brücke . .	1689 6	Hoffmann	83
—, Niveau der Naab .	1687 2	derselbe	83
Ebnat, herrschaftliche Amtswohnung	1653 0	v. Brand	31
III. Die Centralgruppe des Fichtelgebirges, mit ihren Anhängen von Südost nach Nordwest.			
Waltershof	1539,6	Weiß	65
Podenzreüth, bei der Mühle .	1622 4	derselbe	65
—, Niveau des Kösseine Baches unter der Mühle	1619 4	derselbe	65
Die Kösseine, höchster Fels . .	{ 2862 4 2859 6	Bonne D3 Weiß, v. Br.	72
Kösseine Paß, Scheitelpunkt der Straße von Fahrenbach nach Nagel .	2002 8	Hoffmann	73

Namen und Bezeichnung der gemessenen Punkte.	Höhe über dem Meere Par. F.	Beobachter	Nummer der Berechnung
Brand, im Gasthofe, eine Treppe hoch	1786,2	Hoffmann	82
Fichtelberg oder Gottesgab, zweiter Stock des Brauhauses	2031 6	v. Brand	80
—, (ohne Angabe des Stationspunktes) . .	2146 8	derselbe	81
Platten Berg	2688 0	derselbe	74
Zinnhaus auf dem Farmleiten .	2832 6	Hoffmann	75
Nußhardt, höchster Felsen . .	3004 2	derselbe	76
Schnee Berg, der höchste Gipfel des Fichtelgebirges . .	3237 3	Bürg, Weiß, v. Brand und Hoffmann	10
Auf dem kalten Buch . .	2634 6	Hoffmann	132
Rudolfstein, Burgplatz . .	2599 8	derselbe	126
Torfmoor oder Hölle, Scheitelpunkt der Straße von Gefrees nach Weißenstadt	2079 0	Brgh., Hoffm.	123
Knopfhammer, Straßenhöhe .	1848 4	dieselben	122
—, Niveau des Kornbachs	1844 5	dieselben	122
Hohe Haide, am Wege von Bischofsgrün nach Weißenheid . .	2565 0	Hoffmann	138
Scheitelpunkt des Weges von Schamlesberg nach Bischofsgrün .	2196 0	derselbe	139
Hohe Fläche bei Wülfersreüth .	2179 2	derselbe	140
Metzlersreüth, Bach am untern Ende des Dorfes	1588 8	derselbe	141
Bischofsgrün, zweiter Stock d. Wirthh.	2105 6	derselbe	134
—, am Ausgange z. Ochsenk.	2119 8	derselbe	136
Fröbershammer, Erdboden des Hofes	1968 9	Weiß, v. Br.	3
—, Niveau des untern Weihers . .	1954 4	dieselben	3
—, Mainbrücke .	1934 8	Hoffmann	3
Gneisgränze über dem Fröbershammer	2144 2	derselbe	133
—, am nördlichen Fuß des Ochsenkopfs . .	2386 2	derselbe	137
Kohlschütt am Ochsenkopf . .	2626 8	v. Brand	78
Ochsenkopf, der Gipfel . .	3134 9	Weiß, v. Br. Hoffmann	4
Der Fichtelsee	2361 6	Hoffmann	79
Quelle des weißen Mains, am östlichen Abhang des Ochsenkopfs .	2739 0	derselbe	77
Naabquelle am Ochsenkopf . .	2678	Goldf., Bisch.	299
Egerquelle, zwischen dem Schnee Berg und dem Kalten Buch . .	2215 4	Hoffmann	131
Ober Geiersberg, am Südfuße des Ochsenkopfs	2261	Goldf., Bisch.	301

Namen und Bezeichnung der gemessenen Punkte.	Höhe über dem Meere Par. F.	Beobachter	Nummer der Berechnung
Warmensteinach, Erdboden vor dem Wirthshause	1809,6	v. Brand	27
Die Platte bei Weidenberg . .	2552 3	derselbe	*)
Sophienthal	1416 0	Weiß.	107
Weidenberg, obere Mühle, Niveau der Steinach . .	1377 0	Hoffmann	106
— , zweiter Stock des Wirthshauses am Markte	1456	Goldf., Bisch.	
Wohnung in der Königshaide .	2388 0	Weiß	111
Goldkronach, Straßenpflaster vor dem rothen Adler .	1354 2	Weiß, v. Br.	2
— , Niveau des Goldkronach Bächleins . .	1344 2	Gerstner	2
Mühlleite bei Goldkronach .	1434 0	v. Brand	19
Sickenreuth, ebendaselbst, Niveau des Baches . . .	1423 2	derselbe	20
— , die Felder des Dorfes	1432 8	derselbe	20
Leisaner Leite bei Goldkronach .	1705 8	derselbe	21
Kapelle auf dem Kirchhofe bei Goldkronach	1435 2	derselbe	22
Otterl bei Schacht, unfern Goldkronach	1683 6	derselbe	23
Goldberg bei Goldkronach, der Weiler	1791 6	derselbe	24
— , Fuß des Signals . .	1920 0	Weiß, v. Br.	26
Zölmar, zwischen den zwei höchsten Häusern	2095 8	Weiß	118
Berneck, Straßenpflaster bei der Post	1209 0	Berghaus	113
— , am obern Eingang .	1228 2	derselbe	114
Unteres Schloß von Berneck .	1320 0	Hoffmann	115
Auf dem Hoch, über dem bernecker Schloßberge	1590 6	derselbe	116
Wolfen Berg, Signal zwischen Berneck und Mittel-Schorgast . .	1820 4	v. Brand	30
Bernecker Paß, nördlicher Eingang Brücke über dem Bach . .	1324 4	Mädler	330
Die Oelsnitz, an der Mündung des heinersreuther Wassers	1271 7	Hoffmann	119
— , an der Mündung der Lübnitz . .	1369 2	derselbe	120
— , an der Brücke auf der Straße von Berneck nach Gefrees . .	1435 2	derselbe	121
Die Lübnitz, an der Brücke, W. bei Gefrees, auf der Straße nach Berneck	1512 7	derselbe	11

*) Nach Gerstners Mittheilung des Höhen-Resultats.

Namen und Bezeichnung der gemessenen Punkte.	Höhe über dem Meere Par. F.	Beobachter	Nummer der Berechnung
Die Lübnitz, an der Brücke N. bei Gefrees, auf der Straße nach Hof .	1555,6	Mädler	331
Gefrees, Straßenpflaster vor dem Löwen	1549,7	v. Br., Hoffm. und Berghaus	11
IV. Das innere Plateau des Fichtelgebirgs, von Westen nach Osten.			
Voit Sömmern, die Schenke .	2029,7	Berghaus	124
Neüehammer bei Weißenstadt .	1869,6	Hoffmann	125
Weißenhaid, die Mühle oberhalb des Ortes	2034,4	derselbe	130
Weißenstadt, zweiter Stock des Posthauses (mit dem Kirchenpflaster in gleicher Höhe)	1950,2	Brgh., Hoffm.	9
Meierhofen, der Hammerteich .	2021,4	Hoffmann	127
Scheitelpunkt zwischen der Eger und Rösla, am Wege von Weißenstadt nach Wunsiedel	1950,6	derselbe	128
Leüpoldsdorf	1726	Klinger	
Röslabrücke, unterhalb Schönbrun	1696,2	Hoffmann	129
Wunsiedel, Kirchenpflaster . .	1649,4	Weiß	70
—, Niveau des Rösla .	1604,4	derselbe	70
Alexandersbad, Schloßhof . .	1728,6	Weiß, v. Br.	71
Redwitz, Erdboden vor dem weißen Roß	1592,4	v. Brand	66
Arzberg, Kirchenpflaster . .	1455,0	derselbe	67
—, zweiter Stock des Hegischen Wirthshauses . .	1390	Goldf., Bisch.	
Grafenreüth, Erdboden vor dem Wirthshause	1716,0	v. Brand	68
Wartthurm Berg bei Grafenr., Gipfel	1907,4	derselbe	69
Frankenhammer, unterhalb Weißenstadt	1831,7	Brgh., Hoffm.	156
Burg Berg, der Gipfel, nördlich von Frankenhammer	2066,4	Hoffmann	155
Fichtenhammer, nördlich unterm Buch Berge	1732,8	derselbe	154
Lamitzbach, am Wege von Kirchenlamitz nach Weißenstadt	1838,4	derselbe	151
Kirchenlamitz, Pflaster vor dem Löwen	1800,0	v. Br., Hoffm.	149
Lauterbach, an der Chaussee nördlich von Kirchenlamitz	1836,6	Hoffmann	150
Neüe Mühle, oberhalb Marktleiten	1585,2	derselbe	180
Marktleiten (zweifelhafte Bestimmung)	1542,6	v. Brand	119

Namen und Bezeichnung der gemessenen Punkte.	Höhe über dem Meere Par. F.	Beobachter	Nummer der Berechnung
Ober-Rößlau, Hofraum des Burggutschlosses	1757,3	v. Brand	8
Unter Rößlau, Egerbrücke . .	1708 4	v. Br., Bergh., und Hoffmann	8
Chausseehöhe, westlich über dem Dorfe Rauschensteig	908 6	Berghaus	157
Rauschensteig, Straße . .	1836 6	Hoffmann	158
Bernstein, Boden bei der Kirche .	1873 8	Berghaus	159
Thiersheim, Boden bei der Kirche	1604 4	derselbe	160
—, zweiter Stock des Posthauses	1639 8	Hoffmann	161
Kothigen Biebersbach, der Teich nördlich über dem Dorfe . .	1599 6	derselbe	162
Dietersgrüner Bergfläche, höchster Punkt der Straße zwischen kothigen Biebersbach und Schirnding . .	1630 2	Berghans	163
Schirnding, Wasserspiegel der Rösla unter der Brücke	1332 6	Bgh., Hoffm.	164
Hohenberg, Egerbrücke . .	1339 8	Hoffmann	165
—, Kirchenpflaster . .	1575 0	v. Brand	171
—, Schloßhof	1599 6	Hoffmaun	172
—, erster Stock des Wirthshauſ.	1620	Goldf., Bisch.	
Schloß Neuhaus, höchste Stelle .	1765 8	Hoffmann	173
Königsmühle bei Neuhaus . .	1354 8	derselbe	174
Wellerthal, Egerbrücke . . .	1421 9	derselbe	175
—, zweiter Stock des Herrnhauſ.	1495	Goldf., Bisch.	314
Schwarzenhammer	1515 4	Hoffmann	176
Kaiserhammer	1536 9	derselbe	177
Nacht Berg, über dem Kaiserhammer	1875 6	derselbe	184
Wendenhammer . . .	1556 3	derselbe	178
Thierstein, Schloß, oberer Eingang des Thurms . . .	1911 6	v. Brand	181
—, Fuß des Thurms .	1883 6	derselbe	181
—, Burgplatz . . .	1841 4	Hoffmann	181
Hofedecker Mühle bei Thierstein .	1577 4	derselbe	182
— —, Niveau des Wassers	1575 4	derselbe	182
Unter Höchstadt, Schloßhof .	1727 4	v. Brand	183
Spielberg, Erdboden vor dem Försterh.	1822 1	derselbe	14
—, erster Stock des Wirthshauſ.	1896	Goldf., Bisch.	304
Selb, Erdboden vor dem grünen Baum	1633 2	v. Br., Hoffm,	185
Mühlbach, Mühle, unterhalb des Dorfes (NO. von Selb) .	1765 7	Hoffmann	187
—, Wasserspiegel daselbst .	1763 7	derselbe	187

Namen und Bezeichnung der gemessenen Punkte.	Höhe über dem Meere Par. F.	Beobachter	Nummer der Berechnung
V. Die Terrasse des Egerlandes.			
Mühlbach an der Eger, Ufer des Flusses	1330,2	Berghaus	166
— , die Kirche . . .	1365	derselbe	166
— , das k. k. Gränzmauthamt	1360	derselbe	166
Kreuzenstein, unterm St. Anna Berge, der Straße	1417 5	derselbe	167
Eger, zweiter Stock des Gasthauses zu den drei Prinzen . . .	1354	Goldf., Bisch.	319
— , Straßenpflaster an der Ecke der Steingasse	1351 8	v. Brand	324
— , Löwenapotheke, Barometer=Niveau	1362 3	David	323
Franzensbad, Boden vor dem Kaiser von Österreich . . .	1342 8	Berghaus	169
— , unterer Theil des Orts (?)	1286 6	Megassa und Freysmuth	327
Katzengrün, am Ostrande des Egerlandes, die Straße .	1323 6	Berghaus	170
— , Niveau des Baches daselbst	1315 8	derselbe	170
Maria Kulm	1518 2	derselbe	328
Kammerbühl bei Eger . .	1517	Goldf., Bisch.	313
IV. Die Waldsteiner Bergkette des Fichtelgebirgs, von Ost nach West.			
Längenauer Warte, östlich von Selb, unfern der egerländischen. Gränze .	2085,0	v. Br., Hoffm.	186
Scheitelpunkt der Straße von Selb nach Rehau, hinter Schönwald .	2160 1	Hoffmann	189
Pfarrhaus auf der Gneisgränze, südöstlich von Pilgramsreuth . .	1991 4	derselbe	190
Buchbach, die Gneisgränze . .	1992 6	derselbe	191
Spielberg, Gneisgränze vor dem Dorfe	1844 4	derselbe	194
Großer Korn Berg, am Fuß des Signals	2550 0	v. Br., Hoffm.	13
Gneisgränze am Wege von Spielberg nach Kirchenlamitz	2020 5	Hoffmann	195
Kalte Buche, Scheitelpunkt des Schieda Passes	1998 0	derselbe	148
Scheitelpunkt des Weges von Kirchenlamitz nach Hallerstein .	2076 6	derselbe	147
Epprechtstein, in den Schloßruinen	2436 6	v. Br., Hoffm.	146

Namen und Bezeichnung der gemessenen Punkte.	Höhe über dem Meere Par. F.	Beobachter	Nummer der Berechnung
Gneisgränze am Wege von Weißenstadt nach dem Waldstein .	2139,6	Hoffmann	145
Waldstein, höchste Klippe . .	2697 4	v. Br., Hoffm.	144
Gneisgränze, nördlich unterm Waldstein	2214 6	Hoffmann	143
Scheitelpunkt des Weges zwischen Rupertsgrün und Zell . ,	2297 4	derselbe	152
Nördliche Gneisgränze an demselben Wege	2240 4	derselbe	153

IV. Die äußere Bergebene des Fichtelgebirgs, von Süden nach Norden.

Namen und Bezeichnung der gemessenen Punkte.	Höhe über dem Meere Par. F.	Beobachter	Nummer der Berechnung
Plateau zwischen Schweinsbach und Friedmannsdorf, Scheitelpunkt der Straße, Wassertheiler zwischen Saale und Main	1831,2	Mädler, Bgh.	204
Heidberg bei Zell, der Gipfel .	2261 8	Hoffmann	203
Zell, Gasthof bei der Kirche, Erdboden	1895 4	v. Br., Hoffm.	18
— , Försterhaus	1854 6	v. Brand	18
Gränze des Thonschiefers u. Gneis bei Sparneck	1938 0	Hoffmann	202
Mühle am Teich, nordöstlich von Sparneck, Niveau des Wassers . .	1713 6	derselbe	201
Münchberg, Niveau der Pulsnitz unter der Chausseebrücke .	1626 0	v. Brand	205
— , unteres Wirthshaus .	1641 0	derselbe	205
— , Straße beim goldn. Stern	1706 4	Berghaus	206
— , Straßenpflaster vor dem Posthause . . .	1732 2	derselbe	207
Weißdorf, Saalebrücke . . .	1609 8	Hoffmann	208
Gustenberg, südwestlich von Penk .	1805 4	derselbe	199
Hallerstein, der Burgplatz . .	1927 2	derselbe	200
Neüehammer, am Lamitzbach nahe über dem Hammer, Granitgränze . . .	1626 0	derselbe	197
— , Niveau des Lamitzbaches	1620 0	derselbe	197
Grünsteinkopf, im Norden von Martinlamitz	1708 2	derselbe	198
Pilgramsreüth, die Kirche . .	1743 0	derselbe	193
Klappermühle, am Wege von Selb nach Rehau, Niveau des Wassers .	1761 9	derselbe	192

Namen und Bezeichnung der gemessenen Punkte.	Höhe über dem Meere Par. Fuß	Beobachter	Nummer der Berechnung
Sophienreüth, Erdboden . .	1741,4	v. Brand	15
— , Niveau des Perlbachs am Stege beim Jägerhause unterhalb Sophienreüth	1647 7	derselbe	15
Asch, Erdboden vor dem schwarzen Adler	1904 4	derselbe	188
Rehau, im goldenen Anker . .	1598 4	Hoffmann	196
— , Niveau der Schwesnitz .	1584 6	derselbe	196
Schwarzenbach a. d. Saale, Erdboden vor der Sonne	1507 8	v. Br., Hoffm.	210
Förbau, Saalebrücke . . .	1554 6	Hoffmann	209
Ober Kotzau (ohne Angabe des Beobachtungsorts) . .	1501 8	v. Brand	212
— , dritter Stock des Schlosses	1596	Goldf., Bisch.	311
Signal bei Oberkotzau, auf der Höhe am Wege nach Döhlau . .	1765 8	v. Br., Hoffm.	213
Warte bei Hof	1757 4	v. Brand	214
Schloß Gattendorf, Erdboden .	1701 1	derselbe	16
Höchster Chausseepunkt, ¾ Meile NO. von Hof, nahe d. sächsischen Gränze	1704 4	Mädler	333
Waldbach, 1¼ Meile von Hof, an der Chaussee nach Plauen . . .	1308 1	derselbe	334
Steile Waldhöhe südlich von Zöbern	1287 5	derselbe	335
Elsterfluß, unterhalb Zöbern, die Brücke . . .	1038 8	derselbe	336
— , Wasserspiegel . .	1030 8	derselbe	336
Höhenpunkt der Chaussee, 1 Meile SW. vor Plauen	1374 4	derselbe	337
Plauen, Barometer-Niveau im Gasthofe nahe der Post . . .	1034 9	derselbe	338
— , Straßenpflaster vor dem Gasthofe	1016 9	derselbe	338
— , Niveau der Elster b. d. Brücke	1008 0	derselbe	338
Hof, Erdboden vor dem brandenburger Gasthof	1511 5	Weiß, v. Br.	12
— , Niveau des Marktplatzes .	1526 6	Mädler	12
— , Erdboden vor dem goldnen Hirsch	1536 0	Hoffm., Bgh.	12
Rondeel an der Straße von Hof nach Baireüth	1725 6	Hoffmann	216
Konradsreüt, an derselben Straße	1674 0	v. Brand	217
Bergplatte, nordöstlich bei Weißlareüth, auf derselben Straße .	1917 6	Berghaus	218
Höhe bei Marquardsreüth, auf derselben Straße	1882 4	Mädler	332

Namen und Bezeichnung der gemessenen Punkte.	Höhe über dem Meere Par. Fuß	Beobachter	Nummer der Beobachtung
Ahornberg, oberes Wirthshaus .	1901,4	v. Brand	219
— , Kirchenpflaster . .	1889 4	derselbe	219
— , Signal auf der Höhe N. vom Dorfe	2038 8	derselbe	220
Stambach	1662 0	derselbe	221
Der Weißenstein bei Stambach .	2091 6	derselbe	222
Markt Schorgast . . .	1444 8	derselbe	223
Goldene Adlerhütte bei Wiersberg	1345	Goldf., Bisch.	320
Stadtsteinach, Erdboden vor dem Hirschen . .	1073 4	Weiß, Brand	275
— , Niveau der Steinach	1043 4	dieselben	275
Eppenreüth, zweiter Stock der Wirthsh.	1949	Goldf., Bisch.	303
Der Stein bei Leüpoldsgrün .	2028 0	Hoffmann	224
Mühle bei Eplas . . .	1688 4	derselbe	225
— — , Niveau des Wassers	1684 8	derselbe	225
Ködiz, am Bache	1481 4	derselbe	226
— , Niveau des Baches . .	1476 6	derselbe	226
Wintersgrün, Selbitzbrücke . .	1607 4	derselbe	227
— , Niveau der Selbitz	1605 6	derselbe	227
Schauenstein, bei der Hagenmühle	1613 4	derselbe	228
— , Niveau der Selbitz, Unterwasser . .	1611 6	derselbe	228
Thon Berg bei Schauenstein, der Gipfel	2000 4	derselbe	229
Suttenbach, Gneisgränze . .	1959 0	derselbe	230
Döbra, Erdboden vor dem Wirthshause	2148 6	v. Br., Hoffm.	231
Döbra Berg, Fuß des Signals .	2464 8	dieselben	232
Waldrödach, an der Mündung des Schwarzenbachs, Niveau des Wassers	1549 2	Hoffmann	233
Schloß Schwarzenstein, Gipfel	1866 6	derselbe	234
Schwarzenbach am Wald, Erdboden vor dem Lamm	2049 0	v. Br., Hoffm.	235
Straßdorf, Westeingang . .	2030 4	Hoffmann	236
Mooshügel oder Schneid Berg, am Wege von Straßdorf nach Geroldsgrün	2250 0	derselbe	237
Hoher Rücken des Spitalwaldes .	1995 0	derselbe	238
Naila, zweiter Stock des weißen Roß	1558 5	derselbe	239
— , Selbitzbrücke . . .	1546 8	derselbe	240
— , Niveau der Selbitz . .	1540 8	derselbe	240
Neühaus, Spitze . . .	1964 4	derselbe	241
Hoher Sandsteinrücken nordwestlich vor Kohlbühl	1965 0	derselbe	242
Anhöhe am Wege neben Schloß Brandenstein	1827 6	derselbe	243

Namen und Bezeichnung der gemessenen Punkte.	Höhe über dem Meere Par. Fuß	Beobachter	Nummer der Beobachtung
Bruck, Niveau des Jodißbaches .	1642 [illegible]	Hoffmann	244
Töpen, am rechten Saalufer, beim Zollhause	1617 6	Berghaus	245
Hirschberg, im Löwen, zweiter Stock	1443 0	Hoffmann	246
Berg, die Kirche	1936 2	derselbe	248
Gipfel des Hollers, zwischen Reizenstein und Kemlasli.	1905 6	derselbe	249
Reitzenstein, zweiter Stock des Wirthsh.	1738	Goldf., Bisch.	308
Issiga, an der Brücke . . .	1620 0	Hoffmann	250
— , Niveau des Baches . .	1617 0	derselbe	250
Marxgrün, Niveau der Selbitz, Oberw.	1455 6	derselbe	251
— , Erdboden . . .	1465 2	Weiß	251
Höllthal, der obere Sauerbrunnen, Niveau der Quelle . .	1425 0	Hoffmann	252
— , der mittlere Sauerbrunnen	1398	Goldf., Bisch.	317
Mündung des Selbitzthals in das Saalthal	1261 3	Hoffmann	253
Thierbach, bei der Mühle . .	1542 6	derselbe	254
— , Niveau des Erlas Baches	1537 8	derselbe	254
Unter Steben, zweiter Stock des Bergamtes . . .	1803 4	Weiß	17
— — , zweiter Stock des Wirthshauses . .	1790 3	Hoffmann	17
Gesundbrunnen bei Steben .	1742 6	derselbe	256
Krötenmühle, an der thüringischen Muschwitz	1549 2	derselbe	257
Hirsch Bergel, beim Dorfe Hirschberg	2067 6	derselbe	258
Geroldsgrün, Ufer des Baches .	1839 6	derselbe	258
— , Niveau des Baches	1836 6	derselbe	259
Sauerbrunnen in der Längenau	1424 4	derselbe	259
— , Niveau der Quelle	1421 4	derselbe	260
Auf der Schlächtigen Weide .	1947 0	derselbe	261
Signal auf dem Langenbühl bei Steinbach	2114 4	derselbe	262
Schieferbruch bei Dürrenweide	1716 6	derselbe	263
Stabhammer, unterm Schieferbruch bei Dürrenweide . .	1499 4	derselbe	263
— , Niveau des Wassers	1494 4	derselbe	263
Rodachbrunn, Ursprung der Rodach	2167 2	Berghaus	264
Scheitelpunkt der Straße südlich über Rodacherbrunn . . .	2197 2	derselbe	265
Nordhalben, Kapelle nördlich über dem Ort, am Wege nach Rodacherbrunn	1908 0	derselbe	266

Namen und Bezeichnung der gemessenen Punkte.	Höhe über dem Meere Par. Fuß	Beobachter	Nummer der Berechnung
Nordhalben, das Gränzzollhaus .	1828,0	Berghaus	267
Höhe nördlich bei Küttel . .	1767 0	derselbe	268
Mauthhaüsel, an der Mündung der Küttelschlucht .	1231 7	derselbe	269
— , Niveau der Rodach	1222 2	derselbe	269
Steinwiesen, zweiter Stock des Posthauses . .	1144 8	dersebe	270
— , Niveau der Rodach bei der Post . .	1126 8	derselbe	270
Mündung des Waldrodach Thals am Scheideweg nach Wallenfels, die Armsaüle	1065 0	derselbe	271
Mündung des Waldrodach Thals, Niveau der Rodach . . .	1062 0	derselbe	271
Zeiern, die Rodachbrücke . .	1038 6	derselbe	272
— , Niveau der Rodach . .	1033 8	derselbe	272
Die Radspitze, Berg zwischen Zeiern und Seübelsdorf	2091 6	v. Brand	273
Seübelsdorf, Erdboden vor dem untern Wirthshause	1179 6	Weiß, v. Br.	274

VIII. Die westliche oder bamberg-baireüther Vorterrasse des Fichtelgebirgs; von Norden nach Süden.

Namen und Bezeichnung der gemessenen Punkte.	Höhe über dem Meere Par. Fuß	Beobachter	Nummer der Berechnung
Kreüz Berg bei Stadtkronach . .	1404,0	v. Brand	280
Rosenberg, Hof der Kommandanten-Wohnung	1185 6	derselbe	279
Stadtkronach, Erdboden vor dem weißen Lamm . .	1002 0	Weiß, v. Br.	276
— , Straßenpflaster vor der Post . . .	999 0	Berghaus	277
— , Kronachbrücke .	969 0	Weiß, Bergh.	278
— , Niveau des Kronachflusses an der Brücke .	966 6	dieselben	278
Ober-Langenstadt, Rodachbrücke .	908 4	Berghaus	281
— — , Niveau der Rodach	905 4	derselbe	281
Redwitz, Rodachbrücke . . .	887 4	v. Brand	282
— , Niveau der Rodach , ,	882 6	derselbe	282
Mündung, der Rodach in den Main	865 8	Berghaus	285
Zettlitz	903 6	v Brand	283
Mainbrücke bei Zettlitz . .	879 6	Berghaus	284

Namen und Bezeichnung der gemessenen Punkte.	Höhe über dem Meere par. Fuß	Beobachter	Nummer der Berechnung
Wasserspiegel des Mains b. Zettlitz	871,8	Berghaus	284
Burgkunstadt, Wirthshaus . .	951,6	v. Brand	585
Seidenhof, Brücke über den weißen Main . . .	925,8	Berghaus	286
— , Niveau des weißen Mains	918,0	derselbe	286
Vereinigung des weißen Mains mit dem rothen Main . .	913,2	derselbe	287
Der Baders Berg bei Veitlahm .	1584,6	v. Brand	280
Kulmbach, Straßenpflaster vor dem goldenen Anker	961,2	v. Br., Bergh.	291
Plassenburg, schöner Hof . .	1293,6	v. Brand	290
Chausseehöhe südlich über Leichau	1074,6	Berghaus	295
Lindau, östlich von Leichau . .	1037,4	v. Brand	294
Spitzeichen, westlich von Trebgast .	1612,8	derselbe	293
Lauterweiher-Damm, südlich von Trebgast	1017,6	derselbe	292
Lauterweiher, Niveau des Wassers	1014,6	derselbe	292
Lanzendorf, zunächst am weißen Main	1018,2	Weiß	112
Signal bei Laitschen Hof .	1509,0	v. Brand	29
Alt-Drossenfeld, Mainbrücke .	965,4	Berghaus	296
— — , Niveau des rothen Mains	953,4	derselbe	296
Thetta	1248,0	v. Brand	297
Der Berg über Thetta . . .	1368,0	derselbe	298
Plateau zwischen Benk und Bindloch, Chausseehöhe	1507,9	Mädl., Brgh.	110
Bindloch, die Brücke . . .	1113,3	Mädler	329
Gränze des bunten Sandsteins über Weidenberg	1695,6	Hoffmann	108
Scheitelpunkt der Straße von Weidenberg nach Baireuth . .	1729,2	derselbe	109

Anmerkung.

Eine Zusammenstellung der Flußhöhen des Mains, der Saale, Eger und Naab bleibt für ein allgemeines Strom-Nivellement von Deutschland ausgesetzt, das, nach Maaßgabe des Vorschreitens der orographischen Übersichten, in einem späteren Hefte mitgetheilt werden soll.

14.

Allgemeine Übersicht der Höhen-Verhältnisse des Fichtel-Gebirges.

Fußgestelle des Gebirges.

Gegen Norden hangt das Fichtelgebirge mit dem Frankenwald und dem voigtländischen Bergrevier unmittelbar zusammen; letzteres legt vor das äußere Plateau einen Bergzug, der als Fortsetzung des Frankenwaldes betrachtet, von der Saale unterhalb Hirschberg durchbrochen wird. Dahinwärts ist kein Fuß des Fichtelgebirgs; unser Gebirge vermengt sich mit dem vorliegenden Berglande, aber als tiefsten Punkt auf der Nordseite läßt sich die Stelle annehmen, wo sich die Selbitz in die Saale mündet, was in einer absoluten Höhe von 1248′ erfolgt.

Bestimmter ist die Gränze gegen Osten, wo das Fichtelgebirge ziemlich steil abfällt gegen das flache Egerland, welches längs der Eger in einer mittlern Höhe von 1360′ über dem Meere steht, eine Zahl, welche zu gleicher Zeit die Höhe des östlichen Fußes unseres Fichtelgebirges ausdrückt.

Sind die Orte Waldsassen, Wiesau, Kulmain, Lindlas und Muckenreüth die Repräsentanten des Südfußes, so beträgt die mittlere absolute Höhe desselben 1560′.

Die Höhen der Orte Sophienthal, Goldkronach, Berneck, Lanzendorf, Wirsberg, Stadtsteinach, Seübelsdorf und Kronach geben die mittlere Höhe des Westfußes unseres Gebirges zu 1170′ über dem Meere. Dieser West-, oder gegen das Stromgebiet des Rheins gerichtete, Fuß steht daher um 400′ tiefer als der südliche Fuß, welcher dem Donau-Gebiet zugewendet ist, dagegen ist er nur um ungefähr 200′ niedriger als der Ost-, oder der gegen das Elb-Gebiet gerichtete, Fuß. Der tiefste Punkt des ganzen Fichtelgebirges ist in seinem nordwestlichen Winkel aufzusuchen, da, wo die vom Frankenwald herabkommende Kronach mit der Rodach sich vereinigt; dieser Zusammenfluß hat eine absolute Höhe von etwa 960 Fuß. Und betrachtet man die bamberg-baireüther Vorterrasse als äußerstes Glied des Fichtelgebirgs, so liegt sein tiefster Punkt, die Main-Fläche bei Zettlitz, 872 über dem Meere.

Gipfel- und Kammhöhe.

Der Schneeberg und der Ochsenkopf sind die höchsten Gipfel in der Centralgruppe; man kann daher sagen, die mittlere Gipfelhöhe dieser Gruppe betrage 3180′. Die mittlere Gruppenhöhe wird durch die Farmleiten, Nußhardt, kalte Buch, hohe Haide und Fichtelsee ausgedrückt, und beträgt 2670′. Hiernach ergiebt sich das Höhen-Verhältniß der Gruppe zum Gipfel, wie 1:1,2.

Die Kammhöhe wird durch die Höhe der Ubergangspunkte bezeichnet, deren in der Centralgruppe und in der waldsteiner Bergkette sechs vorkommen, diese Ubergangspunkte bestimmen die mittlere Kammhöhe des ganzen Gebirges zu 2100′, und geben das Verhältniß des Kammes zum Gipfel (in der Centralgruppe) wie 1:1,51.

In der waldsteiner Bergkette ist dieses Verhältniß weit kleiner, denn es beträgt in dieser die, aus dem Waldstein, dem Epprechtstein und dem gr. Kornberg hergeleitete mittlere Gipfelhöhe 2530′ und die mittlere Kammhöhe 2130′; die Gipfel ragen also nur um 400′ über dem Kamm hervor, und es ergiebt sich das Verhältniß 1:1,19. — Die Gipfel der waldsteiner Kette sind um 650′ niedriger als die der Centralgruppe; der Kamm dieser Kette ist dagegen nur um 540′ niedriger als die Mittelhöhe der Gruppe.

Die mittlere Höhe der weißensteiner Kette beträgt 2220′; sie erhebt sich demnach nur um 630′ über ihr Fußgestell, wärend die Centralgruppe 1500′ über den westlichen Fuß des Gebirgs emporragt.

Vom niedrigsten Punkte des Gebirgs bei Kronach bis zu seinem höchsten Gipfel, dem Schneeberg, hat man eine senkrechte Höhe von 2270′ zu übersteigen.

Mittelhöhe der Bergebene.

Der innere Bergebene des Fichtelgebirgs hat eine mittlere Seehöhe von 1800′; sie steht mithin 440′ höher als die Terrasse des Egerlandes, 240′ höher als der südliche, und 630′ höher als der westliche Fuß des Gebirges. Die Gipfel der Centralgruppe erheben sich 1370′, die Gipfel der waldsteiner Bergkette 720′, und die Kammhöhe des Gebirgs nur 290′ bis 320′ über ihr allgemeines Niveau. Daher erscheinen die Höhen des Fichtelgebirges, von den Flächen dieser Bergebene gesehen, als verhältnißmäßig unbedeütend. Das Egerthal senkt sich innerhalb des Plateaus, vom Neüenhammer bis zur Einmündung der Rösla, das ist eine Strecke von viertehalb deütsche Meilen in gerader Linie, um 530′, oder beilaüfig 150′ auf 1 Meile. Diese Größe wird aber bedeütend modificirt durch die Krümmungen des Flusses und das partielle Gefälle zwischen den verschiedenen, innerhalb seines Laufes gemessenen Punkten.

Das allgemeine Niveau der äußern Bergebene steht um 100 Fuß tiefer als das der inneren Bergebene, denn die mittlere Seehöhe beträgt genau 1700′. Doch erhebt sie sich in der Quellgegend der Rodachflüsse zu einem Plateau von 2000′ Mittelhöhe, aus dem der Döbra Berg, als höchster Punkt, um 460′ hervorragt. Bemerkenswerth ist es, daß diese bedeütende Lokal-Erhebung dem tiefsten Punkte des ganzen Fichtelgebirges so sehr benachbart ist, denn das Döbra-Plateau steht nur drei deütsche Meilen von Stadtkronach ab, und die senkrechte Entfernung beträgt 1040′, die, in Beziehung auf den Kulminationspunkt dieses Plateaus, den Döbra Berg, bis auf 1500′ steigt, d. i. fast um eben so viel, als die Centralgruppe des Gebirgs über dem Westfuße steht. Die allgemeine Neigung der aüßern Bergebene folgt dem Lauf der Saale und ihrer Zuflüsse, geht daher von Süden nach Norden. Die Saale ist bei Zell aus dem waldsteiner Bergzuge heraus auf das Plateau getreten. Ihre Höhe daselbst ist zwar nicht gemessen, doch läßt sie sich füglicher Weise auf etwa 1860′ annehmen. Hiernach würde die Saale bis zur Selbitz Mündung, das ist auf ihrem Laufe durch die aüßere Fichtelbergebene, ein Gesammtgefälle von 610′ haben, welches, da die Entfernung vier deütsche Meilen in gerader Linie beträgt, ein mittleres Fallen von 150′ auf 1 Meile giebt. Die aüßere Bergebene hat mithin in ihrem Hauptthale eine eben so große mittlere Neigung als die innere; diese Neigung ist aber bei jener gegen Norden, bei dieser gegen Osten gerichtet.

Anhang.

I. Über die absolute Höhe von Prag.

Hr. Professor Hallaschka nimmt die absolute Höhe seines Stationsbarometers im k. k. Konviktgebaüde in Prag zu 95,5 Toisen an. Zur Prüfung dieser Zahl unternahm es Hr. Major v. Oesfeld die prager Beobachtungen vom Jahre 1828 mit den genau korrespondiren Beobachtungen des Hrn. Mädler in Berlin zu vergleichen, indem er die letztern auf den Horizont des Pflasters bei der königl. Sternwarte reducirte.

Nach den in den eilf Jahren von 1818 bis 1828 angestellten Beobachtungen des Hrn. Prof. Hallaschka ist der mittlere Barometerstand auf dem Standpunkte im Konviktgebaüde 27 Zoll 5,534 Linien bei der Temperatur des Gefrierpunktes, oder 330,200 Linien bei 10° R.; die mittlere Temperatur der freien Luft 8°,25 R. oder 10°,31 C. Mit diesen Elementen und dem Barometerstand am Meere [338,20 bei 10° R. für Lat. 50° N.] und der Temperatur der freien Luft daselbst [8°,4 R. oder 10°,5 C.] ergiebt sich für die absolute Höhe des Barometer-Niveaus von Hallaschka, im Konviktgebaüde zu Prag, über dem Meere . . 102,212 Toisen.

Hr Wiemann berechnete die Höhe von Prag über dem mathematischen Salon zu Dresden nach den Beobachtungen des Jahres 1828 zu 39,3 Toisen; und da letzterer Punkt (und zwar das Barometer-Niveau des Ober-Insp. Lohrmann) 42,1 Toisen höher ist als Berlin (Mädlers Wohnung), diese aber 21,546 Toisen über dem Meere liegt), so ergiebt sich für Prag eine absolute Höhe von . . . 102,946 Toisen.

Aus der Vergleichung mit Baireüth folgt die Höhe von Prag = 175,037 — 72,411 T. 102,626 —

Die nachstehende Berechnun gdes Majors von Oesfeld giebt . . . . 100,614 —

Mittlere Höhe von Prag, Hangstelle von Hallaschkas Barometer im Conviktgebaüde . 102,099 Toisen.

Das Barometer auf der k. k. Sternwarte im Clementin zu Prag ist 3,497 Toisen tiefer als das Barometer im Konviktgebaüde), mithin über dem Meere . . . . . 98,602 —

Der Wasserspiegel der Moldau an der Brücke zu Prag ist 9,175 Toisen tiefer als der Ort des Barometers im Observationszimmer des Clementinums, daher über dem Meere . 89,427 —

Mittlere Baro- und Thermometerstände in Berlin und Prag.

1828.	Berlin, Pflaster bei der Sternwarte.						Prag, k. k. Konviktgebaüde.					
	Barometer bei 0° R.			Temp. der Luft, R.			Barometer bei 0° R.			Temp. der Luft, R.		
	8 M.	12 M.	10 A.	8	12	10	8 M.	12 M.	10 A.	8	12	10
Jan.	337,910	338,052	338,174	.2,89	.1,35	.2,49	331,670	331,434	331,611	.2,10	.0,32	.1,66
Febr.	336 310	336 287	336 293	.2 39	0 38	.1 51	329 407	329 393	329 323	.2 16	.0 63	.1 61
März	334 470	334 489	334 464	2 31	4 81	2 93	328 258	328 211	328 252	3 06	-5 63	3 42
April	335 002	335 069	335 189	7 04	10 37	6 90	328 886	328 692	328 506	7 44	11 81	8 06
Mai	335 902	335 800	335 788	10 68	13 74	10 10	329 478	329 230	329 181	10 20	15 52	11 07
Juni	337 065	336 998	336 803	13 89	16 76	13 01	330 590	330 448	330 604	14 00	17 26	13 80
Juli	334 267	334 111	334 223	15 83	18 55	14 41	328 353	328 113	328 165	15 84	19 29	15 20
Aug.	335 151	335 106	335 110	13 00	16 15	12 53	329 030	329 315	328 876	13 15	15 98	12 77
Sept.	337 207	337 181	337 194	10 18	14 63	10 11	330 637	330 552	330 636	13 13	14 79	11 10
Okt.	338 035	338 050	338 022	6 10	9 27	6 25	331 459	331 700	331 735	5 97	8 91	6 84
Nov.	337 462	337 440	337 449	2 34	4 46	2 79	331 070	331 330	330 760	3 16	5 50	3 75
Dec.	337 791	337 743	337 858	1 05	2 45	1 62	331 590	331 590	331 570	1 71	3 45	1 91

Mit den vorstehenden Elementen erhielt Major v. Oesfeld folgende Höhenunterschiede aus den einzelnen Beobachtungsstunden nach den Monats-Mittelzahlen:

	8 U. M.		12 U. M.		10 U. A.	
Januar	75,436	Minimum	80,607		79,399	Minimum
Februar	83,956		84,734		86,354	Maximum
März	77,773		79,589		77,964	
April	78,159		83,030		85,530	
Mai	83,179		86,814		85,662	
Juni	84,950	Maximum	87,194		81,155	
Juli	78,871		81,186		80,403	
August	80,377		77,104		81,778	
Septemb.	84,641		87,272	Maximum	84,670	
Oktober	82,849		81,159		79,373	
November	79,358		76,673		83,301	
Dezember	76,375		76,375	Minimum	77,577	
Mittel	80,493	Toisen	81,811	Toisen	81,930	Toisen

Maximum der ganzen Reihe . .	87,272
Minimum der ganzen Reihe . .	75,436
Differenz	11,836
Mittel aus Maximum und Minimum	81,354

Hiernach ergiebt sich der Höhenunterschied zwischen dem Pflaster bei der berliner Sternwarte und dem Barometer-Niveau im k. k. Konviktgebaüde zu Prag im Mittel aus 1098 Beobachtungen und 36 Berechnungen . . . . 81,411 Toisen.

Das Straßenpflaster im Thorwege der königl. Sternwarte zu Berlin ist nach meinen Untersuchungen über dem Meere . . . 19,203 —

Mithin die Hangstelle von Hallaschka's Barometer in Prag über dem Meere . . 100,614 Toisen.

II.

Höhe von Gotha über dem Meere.

Einige meiner Barometer-Messungen sind, außer mit Baireuth, auch mit Gotha verglichen worden. Die korrespondirenden Beobachtungen verdanke ich der Mittheilung des Hrn. Geh. Konferenz-Rath's von Hoff; sie sind in dessen Gartenhause, die Burg genannt, angestellt, wo das Barometer, nach Bär's Nivellement der Stadt Gotha, um 170 Fuß tiefer ist, als die Fenster-Brustwehr der Sternwarte Seeberg.

Nach den, bei der hannoverschen Gradmessung des Hrn. Hofraths Gauß beobachteten wechselseitigen Zenithdistanzen ist die Seehöhe des Thurms auf dem Brockenhause 3540 par. Fuß*). Encke berechnete aber die Höhe des Brockens über Seeberg, ebenfalls aus gemessenen Vertikalwinkeln 2413 par. Fuß; folglich ist Seeberg über dem Meere, in pariser Fuß 1127 oder 187,8 T.

Mithin:

Die Burg, Barometer des Hrn. v. Hoff . . 957 . . . 159,1 —

Die zuletztgenannte Zahl ist bei der Reduktion auf den Spiegel des Meeres für diejenigen Punkte, welche mit Gotha berechnet wurden, zum Grunde gelegt worden. Daß diese Höhenbestimmung von Gotha, welche auf rein geometrischem Wege ermittelt worden ist, die, auf barometrischem Wege festgesetzte, Höhe von Baireuth kontrollirt, und umgekehrt, erhellet z. B. daraus, daß Kulmbach, mit Gotha verglichen, 162,6 Toisen hoch liegt, durch die Berechnung mit Baireuth dagegen im Mittel 162,7 Toisen; daher ein Unterschied von nur einem Zehntel der Toise.

*) Hertha XI. Band, Seite 90.

III.

Über die Wärme-Abnahme in vertikaler Richtung im Parallelkreise des Ochsenkopfs, verglichen mit der auf dem Harze und der schwäbischen Alp.

Bei der so genau ermittelten Höhe des Ochsenkopfs über Baireüth ist es vielleicht nicht ohne Interesse, das Verhalten der Temperatur der freien Luft und die Abnahme derselben in senkrechter Richtung kennen zu lernen. Baireüth liegt in Lat. 49° 57′ N., der Ochsenkopf in Lat. 50° 2′ N.; daher Breitenunterschied 5′. Setzt man, daß sich die Temperatur bei einem Grad der Breite um 0°,5 R. oder 0°,62 C. vermindert, so würde der wagerechten Richtung nach, die Temperatur des Ochsenkopfs um 0°,04 R. oder 0°,05 C. geringer sein, als die von Baireüth. Betrachten wir die beiden Beobachtungsreihen eine jede für sich, so ergiebt sich für

A. die August-Reihe

aus siebenzehn Thermometerständen, welche Hauptmann v. Brand aufgezeichnet hat, daß die mittlere Temperatur der freien Luft auf dem Gipfel des Ochsenkopfs, wärend der fünf Tage des 12, 17, 18., 19. und 21. August, betragen hat

+ 19°,76 Cent. oder 15°,81 R

Die gleichzeitigen Beobachtungen des Hrn. Gerstner geben für die mittlere Temperatur der Luft in Baireüth

+ 25°,95 Cent. oder 20,76 R.

Die obige Korrektion, wegen des Breiten-Unterschiedes in Rechnung genommen, stellt sich der Unterschied der Temperatur zwischen Baireüth und dem Ochsenkopf auf

6°,14 Cent. oder 4°,90 R.,

welcher einer Temperatur-Verminderung von {1° C. für 56,5 / 1° R. für 70,9} Toisen entsprechen würde; oder mit andern Worten: Steigt man im Monat August auf den Ochsenkopf, so wird die Luft bei je 425 Fuß Erhöhung um einen Grad der Reaumür'schen Thermometer-Skale kälter.

B. Die Oktober-Reihe

gewährt aus dreißig, vom Hauptmann Weiß am 3. 4. 10. 11. 20 und 21 Oktober beobachteten Thermometerständen eine mittlere Temperatur des Ochsenkopfs von

+ 8°,90 Cent. oder 7°,12 R.

Die korrespondirenden Beobachtungen von Gerstner geben für Baireuth

+ 13°,92 Cent. oder 11°,14 R.

Daher Differenz der Wärme zwischen beiden Punkten, mit Rücksicht auf den Breiten-Unterschied von fünf Minuten,

4°,97 Cent. oder 3°,98 R.,

der eine Temperatur-Verminderung von {1° C. für 69,9 / 1° R. für 87,3} Toisen entspricht; d. h. besteigt man den Gipfel des Ochsenkopfs im Monat Oktober, so wird die Wärme der Luft um einen Grad R. kälter, so oft man 524 Fuß in vertikaler Richtung zurückgelegt hat.

Es bestätigt sich also auch hier die, schon von Saussure gemachte, Wahrnehmung*), daß die Höhe, in welcher das Thermometer um 1° sinkt, wärend der warmen Monate geringer als wärend der kalten Monate ist; indessen sind physikalische Untersuchungen dieser Art von sehr delikater Beschaffenheit, wenn sie, auf außerhalb-tropische Klimate angewendet, nicht eine lange Beobachtungsreihe zur Grundlage haben.

Nach den Thermometer-Beobachtungen, welche Major v. Oesfeld gemeinschaftlich mit dem Verfasser gegenwärtiger Darstellung im Herbste 1818 auf dem Brocken, und Dokt. Winkler gleichzeitig auf der Sternwarte Halle anstellten**), ergiebt sich aus drei und dreißig Beobachtungen im Oktober eine mittlere Temperatur

für den Brocken + 7°,011 Cent. oder 5°,609 R.
für Halle . . + 12,733 Cent. oder 10,187 R.

Halle liegt in Lat. 51°30′ N., der Brocken in Lat. 51°48′ N.; der Breitenunterschied ist demnach 18 Minuten, und diesem entspricht eine Differenz der Luftwärme von 0°,082 Cent. oder 0°,066 R., daher korrigirte Temperatur von Halle = 12°,651 Cent. oder 10°,121 R. auf dem Parallelkreis des Brockens. Es ist mithin

*) Reisen durch die Alpen, IV.

**) Berghaus' Hertha, XI. Seite 92.

der Unterschied der Temperatur zwischen dem Brocken und der Sternwarte Halle

5°,64 Cent. oder 4°,512 R

Die Höhendifferenz beider Punkte beträgt 534,935 Toisen.

Hiernach vermindert sich die Temperatur der Luft um $\left\{\begin{matrix} 1^\circ \text{ C. bei } 94 \\ 1^\circ \text{ R. bei } 118 \end{matrix}\right\}$ T.;

oder anders ausgedrückt: Besteigt man den Brocken im Oktober, so nimmt die Luftwärme um 1° R. so oft ab, als man 708 Fuß höher gelangt. Beim Ochsenkopf war dies Verhältniß 524 ,

Differenz . . 184 Fuß.

Abgesehen davon, daß die Beobachtungen auf dem Ochsenkopf nur sechs Tage umspannen, die des Brockens aber vierzehn Tage (vom 1sten bis 14ten Oktober) in sich fassen, (ein Unterschied, der auf die beiderseitigen Resultate allerdings von Einfluß sein muß, und diese eben darum nur zu einem Versuche stempeln), so dürfte die bedeutende Differenz von 184 Fuß vielleicht erklärt werden können, wenn man erwägt, daß der Ochsenkopf in seiner örtlichen Stellung zur baireüther Thalebene einem isolirten Pike zu vergleichen *), der Brocken dagegen in seiner Stellung gegen Halle als dem, von Nordwest nach Südost sich erstreckenden, langen Harz-Plateau angehörig zu betrachten ist; denn „die Wärmeabnahme ist geringer über großen Bergmassen und Bergebenen, als über einzelnen Bergspitzen"·

Es bestätigt sich dies auch durch die werthvollen Zusammenstellungen, welche Dokt. Kern über die Temperatur der würtembergischen Alp geliefert hat **). Auf der Alp ist in einer Höhe von 2400 Fuß über dem Meere die mittlere Temperatur des Herbst's 5°66 R.; in Stuttgart, welches 759 Fuß über dem Meere liegt, 7°84 R.; der Beobachtungspunkt auf der Alp ist ein und zwanzig Minuten südlicher, und besitzt dadurch eine um 0°,175 R. relativ höhere Temperatur als Stuttgart. Diese Korrektion bringt den Unterschied der Herbst-Temperatur zwischen Stuttgart und der Alp

*) Der Ochsenkopf ist noch keine drei Meilen von Baireüth entfernt: von Goldkronach, das am südwestlichen Fuße des Fichtelgebirges, am Rande der baireüther Ebene liegt, kaum 2¼ Stunden.

**) Berghaus' Annalen, Juliheft 1831, Bd. IV. Seite 297. f. f.

auf 2 ,355 R. oder 2 ,943 Cent. Mit der Höhendifferenz von 1641 Fuß wird der

Temperatur-Abnahme von {1° C. / 1° R.} eine Höhe von {92,8 / 116,1} Toise.

oder, für den Grad der Reaumur'schen Skale, eine Höhe von 697 Fuß entsprechen, womit die Brocken-Beobachtungen sehr nahe übereinstimmen. In den Sommer-Monaten beträgt diese Größe auf der Alp 82,7 Toisen oder 496 Fuß für den Reaumur'schen Grad.

Unter einen allgemeinen Gesichtspunkt gestellt, ergeben sich für die drei verglichenen Punkte folgende Resultate:

Unter der N. Breite von	Und zwar auf dem	Nimmt die Luftwärme um 1°R. ab. im Sommer	im Herbst
		bei einer Höhe von	
48° 25′	Plateau der Schwäbischen Alp	496	697
50° 02′	Ochsenkopf, isolirt. Pik d. Fichtelg.	425	524
51° 48′	Brocken, Gipfel des Harzplateaus	?	708
		pariser Fuß.	

IV. Mittlere Temperatur von Baireüth.

Die Größe der mittlern freien Lufttemperatur von Baireüth ist bereits oben nach den einzelnen Beobachtungs-Jahren summarisch angeführt worden. Nach den Monaten geordnet stellt sich die Temperatur R. folgender Maßen:

Jahre	1 Jan.	2 Februar	3 März	4 April	5 Mai	6 Juni	7 Juli	8 Aug.	9 Sept.	10 Okt.	11 Nov.	12 Dec.	Jahres-Mittel
1814	.2,88	.4,98	0,12	7,97	8,80	11,42	14,15	12,47	8,53	5,73	3,74	2,01	5,59
1815	.3 84	1 92	4 53	6 49	9 64	12 73	12 44	12 48	9 71	6 37	1 62	.1 40	6 05
1816	.0 55	.1 69	2 01	6 26	8 87	11 03	12 17	12 42	9 73	6 41	0 72	.0 36	5 58
1817	1 19	2 61	2 11	2 87	10 45	14 64	14 00	13 38	11 50	4 35	4 00	.0 85	6 69
1818	0 45	.0 46	3 33	8 59	10 57	14 07	14 96	12 40	11 01	6 66	3 58	.2 92	6 84
1819	.0 08	1 35	3 52	7 37	10 80	13 87	14 87	14 40	10 99	6 41	1 71	.0 90	7 02
1820	.4 15	0 96	1 61	7 88	11 52	10 96	13 07	15 43	9 48	6 33	0 50	.1 22	6 06
1821	0 18	.2 74	2 31	7 90	9 29	10 91	12 55	13 72	11 71	7 06	5 66	2 56	6 76
1822	0 40	1 92	5 67	8 92	13 59	16 58	16 12	14 38	11 29	9 43	4 51	.2 33	8 37
1823	.5 84	1 29	2 97	5 59	12 24	12 30	13 54	15 05	11 04	6 92	2 43	1 42	6 58
1824	.0 64	0 82	2 14	5 44	9 43	11 56	13 61	13 64	11 75	7 27	4 55	3 60	6 93
1825	0 13	.0 63	0 52	7 29	9 52	11 16	12 09	12 56	10 85	5 62	3 85	2 58	6 29
1826	.7 69	0 08	2 99	5 59	7 49	11 98	14 56	15 50	10 51	7 22	1 73	0 38	5 86
1827	.2 97	.5 87	3 74	7 48	11 12	12 38	14 36	12 40	10 59	7 08	0 03	2 35	6 06
1828	.0 12	.0 40	3 04	6 88	9 60	12 54	13 60	11 60	10 08	6 05	2 88	1 65	6 45
1829	.4 23	.3 69	1 51	6 69	9 18	10 99	13 68	11 25	9 67	5 01	.0 85	.6 10	4 43
1830	.6 60	.3 11	3 71	7 78	10 44	12 29	13 73	13 04	9 73	5 91	3 71	.0 60	5 83
1831	.3 61	.0 03	3 58	8 58	9 39	11 80	14 52	13 51	9 59	9 23	2 29	0 78	6 64
1832	.2 01	0 08	2 39	6 60	8 61	12 11	13 06	14 20					
Mittel	.2,256	.0,662	2,726	6,956	10,029	12,385	13,741	13,360	10,431	6,559	2,640	0,036	6,335

Vergleicht man die Resultate der letzten Horizontal-Spalte (welche die Mittelzahl einer fast neünzehnjährigen ununterbrochenen Reihe, und von mehr als zwanzig taüsend Beobachtungen sind), so zeigt es sich, daß in Baireüth der Monat März mit dem November beinahe gleiche Wärme hat; daß der April etwas wärmer ist als der Oktober; daß der Mai kühler ist als der September; daß der Juni kühler ist als der August; daß der Juli der wärmste Monat ist und der Januar der kälteste; und daß der Monat Oktober mit der jährlichen mittlern Lufttemperatur beinahe übereinstimmt. Diese Verhältnisse geben sich noch deütlicher zu erkennen, wenn man die Resultate der letzten Horizontal-Spalte obiger Tafel graphisch darstellt, indem die Monate als Abscissen, die entsprechenden Temperaturen als Ordinaten betrachtet werden, woraus eine krumme Linie entsteht, die, bei den langjährigen Beobachtungen, als Normal-Kurve für die mittlere Wärme von Baireüth anzusehen ist; (die fortlaufende Zahlen 1 bis 12 in dieser Figur bezeichnen die Monate Januar bis Dezember.)

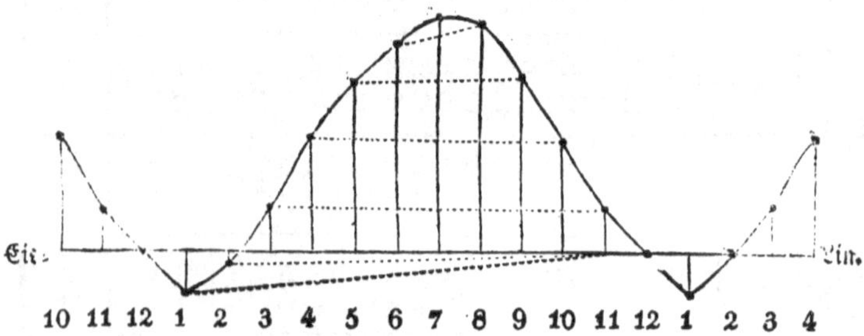

Diese Kurve gründet sich auf die Temperatur, welche aus den Beobachtungsstunden des Hrn. Gerstner hergeleitet worden ist. Diese Stunden sind 7 Uhr Morgens, 1 Uhr Nachmittags und 9 Uhr Abends. Nun aber zeigen die paduar sowol als leither Beobachtungen, daß Thermometer-Stände, welche an jenen drei Perioden des Tages aufgezeichnet worden, die wahre Mittel-Temperatur eines gegebenen Orts nicht genau ausdrücken, obwol ihr mittleres Resultat dem wahren Medium ziemlich nahe steht. Es ist nämlich (in der Reaumürschen Skala) ausgedrückt:

Temperatur fürs ganze Jahr in . . .	Padua,	Leith.
Medium aus 7—1—9 .	11,144	7,296
Wahres Medium	11,000	7,224
Unterschied . . .	0,144	0,072

Dies würden zwei Korrektionszahlen sein, womit man die beobachtete mittlere Jahrestemperatur von Baireüth zu verbessern hätte um die wahre Temperatur zu erhalten, entweder mit der paduaer oder mit der leither; doch scheint es den Vorzug zu verdienen, das arithmetische Mittel aus beiden Resultaten zu nehmen, demnach also die Verbesserung = — 0,108 zu setzen. Allein diese Korrektionsgröße für das allgemeine Jahresmittel bedarf an sich selbst noch einer Verbesserung, die von der Verschiedenheit des Spielraums der Tages-Temperatur herrührt. Der Unterschied der Temperatur der kältesten und wärmsten Stunde ist nämlich in Padua um 1,824 größer als in Leith, im Durchschnitt für das ganze Jahr; diese Abweichung schreibt Schouw dem Instrumente zu, welches in Leith zum Beobachten gebraucht wurde*). Nun aber ist der Spielraum abhangig von der Länge des Tages, mithin von der geographischen Breite des Orts und den Jahreszeiten. Unter den Orten, von denen genaue Beobachtungen über den Unterschied des Maximums und Minimums der Tages-Temperatur bekannt sind, kann Baireüth, in Hinsicht auf die Polhöhe, am füglichsten mit London verglichen werden. In London, Padua und Leith stellt sich die Größe des Spielraums in den verschiedenen Jahreszeiten auf folgende Weise:

	London	Padua	Leith	
Winter . . .	4°,229 . . .	2°,288 . . .	1°,240	R.
Frühling . . .	6 ,842 . . .	4 ,696 . . .	3 ,688	=
Sommer . . .	7 ,933 . . .	4 ,998 . . .	6 ,664	=
Herbst . . .	6 ,109 . . .	4 ,360 . . .	2 ,448	=
Jahr	6 ,358 . . .	4 ,552 . . .	2 ,728	=

Mit diesen Elementen erhält man die Größe der Korrektion, welche an der Temperatur von Baireüth für die vier Jahreszeiten sowol als für das ganze Jahr angebracht werden muß, wie nachstehende Übersicht zeigt:

*) Beiträge zur vergleichenden Klimatologie, 1. Heft, S. 124. —

Korrektion durch	Padua,	Leith,	Mittel
Winter . . .	0°,580	0°,191	0°,386 R.
Frühling . .	0 ,147	0 ,222	0 ,185 „
Sommer . .	0 ,549	0 ,226	0 ,387 „
Herbst . . .	0 ,148	0 ,252	0 ,200 „
Jahr	0 ,201	0 ,168	0 ,184 „

Man sieht, daß die Verbesserung nicht eben von großer Bedeutung ist, daß also die Stunden 7 Uhr Morgens, 1 Uhr Nachmittags, 9 Uhr Abends ziemlich nahe die wahre Mittel-Temperatur eines Orts, namentlich im Frühling und im Jahresdurchschnitt, angeben. — Durch Anwendung der Korrektion haben wir nun die

Mittlere Temperatur von Baireüth				
Lat. 49°57′ N. Long. 9°15′ O. Höhe 175 Toisen.	Beobachtet		Korrigirt	
	Reaum.	Centigr.	Reaum.	Centigr.
Winter	. 0°,960	. 1,200	. 1,346	. 1,682
Frühling	6 ,570	8,212	6,385	7,981
Sommer	13 ,162	16,452	12,775	15,968
Herbst	6 ,543	8,178	6,343	7,928
Jahr	6 ,335	7,918	6,151	7,813

V.

Höhen des gefallenen Luftwassers in Baireüth.

Unter den meteorologischen Beobachtungen, welche Hr. Gerstner seit den letzt vergangenen neünzehn Jahren in Baireüth angestellt hat, nehmen die über den atmosphärischen Niederschlag einen ausgezeichneten Rang ein. Die Resultate dieser Beobachtungen sind in der nachstehenden Tafel zusammengestellt, die Hr. Gerstner mit interessanten Bemerkungen über die Beschaffenheit der verschiedenen Jahre, hinsichts ihrer Fruchtbarkeit, vermehrt hat.

Höhen des gefallenen

für jeden Monat beigesetzter Jahre, nach französischen D

Manate	1814	1815	1816	1817	1818	1819	1820	1821	182
Januar . .	20,4	4,7	8,6	12,5	27,5	14,9	3,9	21,3	22,
Februar . .	7,8	26,1	6,4	33,5	19,9	26,9	1,3	5,6	5,
März . .	14,3	32,1	8,4	31,4	21,5	11,8	18,3	32,0	27,
April . .	13,5	6,4	3,4	15,7	3,0	6,6	10,4	19,6	6,
Mai . . .	18,6	12,5	9,6	30,4	36,8	13,6	20,3	33,7	18,
Juni . . .	25,8	36,1	32,3	13,4	12,8	27,2	30,2	36,3	3,
Juli . . .	5,2	27,6	32,9	34,9	26,0	20,1	24,8	40,9	6,
August . .	31,5	33,2	31,3	26,8	46,0	25,8	13,2	32,2	43,
September .	12,3	20,1	28,8	32,0	32,8	5,8	6,0	40,4	47,
Oktober . .	3,8	11,5	15,1	20,8	15,7	25,2	27,0	9,4	0,
November .	14,3	10,6	29,3	5,5	14,2	22,3	22,8	30,8	12,
December .	19,2	3,2	20,5	16,2	7,3	30,3	5,6	35,5	0,
Summen	186,7	224,1	226,6	273,1	263,5	230,5	183,8	337,7	193,
In pariser Zollen ausgedrückt beträgt die Menge der wässrigen Niederschläge aus der Atmosphäre, jährlich 20 Zoll 10,6 Linien, oder 20,88 Zoll.	Ziemlich gutes Jahr durch alle Gattungen.	Gutes Mittel Jahr in allen Früchten.	gr. Theürung Das J. 1816 traurigen Andenk., hatte zwar nicht so viel Luftwasser als die 2 gesegn. 1818-19, nur erfolgte es in jenem zur unrecht. Zeit.	Ziemlich schlechtes Jahr in allen Gattungen.	Sehr gutes Jahr in allen Früchten.	Sehr gutes Jahr in allen Früchten.	Mittel Jahr in allen Gattungen.	Mittel Jahr. In diesem Jahre waren die Körner zwar schön, aber gehaltlos.	bei St. Georgen zwei Mal zur Reife gekommen.

NB. Für den Buchbinder: diese Tabelle wird nach

wassers in Baireuth,

nien angegeben. Beobachtet durch Gerstner.

24	1825	1826	1827	1828	1829	1830	1831	1832	Mittel aller Monate.
,3	19,6	0,6	31,3	40,0	10,7	5,6	9,4	4,7	15,2
,3	15,8	18,5	16,0	16,8	12,8	12,9	17,3	2,1	14,7
,9	12,7	8,8	40,2	33,0	0,3	18,2	40,0	7,4	20,3
,3	14,2	15,3	7,4	28,6	28,2	5,2	15,9	5,4	11,9
,3	14,6	35,4	29,3	20,3	22,8	22,7	39,4	12,8	22,4
,9	28,8	29,0	43,5	36,2	20,3	46,3	47,3	39,6	31,4
,7	5,0	48,3	1,8	40,3	48,0	11,7	48,7	12,4	26,5
,5	29,6	18,6	40,2	46,8	35,8	20,3	35,9	5,8	28,9
,8	15,8	11,5	17,0	5,4	44,8	36,8	36,8		24,7
,2	24,2	9,0	30,1	15,4	17,5	14,4	2,3		16,1
,7	39,3	20,2	29,2	7,9	16,9	14,5	39,7		21,2
,3	22,6	21,3	28,3	22,7	5,0	22,6	16,8		17,3
,2	242,2	236,5	314,3	313,4	263,1	231,2	349,5		250,6
Mittel Jahr, denn die Körner waren zwar schön aber ge=	Gutes Mittel Jahr in allen Gattungen.]	Gutes Jahr, mittelmäßig gute Körner, aber sehr viel Erdäpfel.	Mittel Jahr in allen Gattungen.	Mittel Jahr, wenig Körner, aber sehr viel Erdäpfel.	Gutes Jahr, sehr viel Körner und Erdäpfel.	Mittel Jahr, wenig Getraide und Erdäpfel.	Mittel Jahr, nämlich wenig Getraide und Erdäpfel.	Sehr gutes Jahr mit gehaltvollen Körnern, aber wenig, jedoch guten Erdäpfeln.	Winter . . 47,2 Lin. 3,925 Zoll 19 Frühling . 54,6 „ 4,550 „ 22 Sommer . 86,8 „ 7,233 „ 34 Herbst . . 62,0 „ 5,166 „ 25 Prozente der jährlichen Regenmenge.

gebunden und diese Zeile abgeschnitten.

Vergleichende Übersicht der mittleren Jahres-Te
mit denen ei

Temperatur, R.

Baireüth	(Lat. 49° 57′.	Long.	9° 15′.	Höhe	175,0T.)	6°,
Stuttgart	(„ 48 46	„	6 57	„	126 5)	7
Manheim	(„ 49 29	„	6 08	„	47 3)	7
Würzburg	(„ 49 48	„	7 36*)	„	91 1)	8
Jena	(„ 50 56	„	9 15	„	75 0)	6
Dresden	(„ 51 03	„	11 24	„	60 0)	7
Prag	(„ 50 05	„	12 04	„	102 1)	7
Regensburg	(„ 49 01	„	9 45	„	175 0)	6

Regensburg, Baireüth und Jena kommen sich, Hinsi der Meridiane, in der Lage am nächsten. Die Tempera Differenz zwischen Regensburg und Baireüth beträgt 0°,8 R mur, was der südlichern Lage des zuerst genannten Ortes z schreiben ist, da beide in gleicher absoluter Höhe liegen. J hat ein, um 0°,61 R. wärmeres Klima als Baireüth, ob es einen Grad nördlicher liegt; dieser Unterschied rührt von geringern absoluten Höhe her, die für Jena um hundert To oder sechs hundert pariser Fuß niedriger ist als für Baire

*) Würzburg, Kirchthum der Residenz, liegt nach den geodäti baierischen Ruthen nördlich und 40322,41 baier. Ruthen Long. 7° 36′ 8″,3 O. Paris; dies zur Berichtigung

**) Sie geben 23,17 Zoll; doch können einjährige Beobach Hr. Dr. Schrön hat die Hyetometer-Beobachtungen o Klimatologie des mittlern Deutschlands so wichtigen Beob mit dem Ende

r, und der mittleren Reg nmenge von Baireüth d'ern Punkte.

Regenmenge.

aireüth	20,88	Zoll	(19 Jahre. Gerstner).
tuttgart	25,30	"	(Schübler u. Wiest, Pflanzengeog. Deütschl.)
anheim	20,66	"	(8 Jahre. Manh. Ephem. Schön, Witt. K.)
ürzburg	16,17	"	(7 Jahre. Desgleichen.)
na	?	"	(Nur die Beob. von 1827 sind mir bekannt.**)
resden	20,47	"	(5 Jahre. Lohrmann, Meteorol. Beob.)
rag	15,50	"	(Nach einer Angabe von Schouw.)
egensburg	19,49	"	(5 Jahre. Manh. Ephem. Schön, Witt. K.)

Baireüth hat mit Manheim und Dresden nahe dieselbe Jah- smenge der wässrigen Niederschläge aus der Atmosphäre; doch hierbei zu bemerken, daß die Vergleichung unsicher wird, wenn e Jahre der Beobachtung nicht korrespondiren. So geben die er Jahre 1828 bis 1831 für Baireüth 23,60 Zoll, für Dres- n 22,70 Zoll. Nach Schübler beträgt die mittlere Regenmenge eütschlands 25,32 Zoll; davon fallen auf den Winter 4,32; rühling 5,29; Sommer 9,73; Herbst 5,99. Baireüth hat mit n ein verhältnißmäßig trockneres Klima als das übrige Deütschland.

---

onen des königl. Baierischen General-Quartiermeister-Stabes, 63447,38 nördlich Frauen-Thurm in München, d. i. in Lat. 49° 48′ 11″,81 N. n Angaben in so mancher geographischen Ortspositionen-Tabell

allgemeinen Vergleichungen der Regenmenge nicht in Betracht kommen. seit 1827 fortgesetzt; leider aber ist die Bekanntmachung der, für die den meteorologischen Anstalten des Großherzogthums Sachsen-Weimar ten Jahres unterblieben.

Der
Franken-Jura.

Dargestellt

von

Berghaus.

(1832).

1.

Horizontale Ausbreitung des Gebirgs.

Unsere geographischen Lehr- und Handbücher lassen die schwäbische Alp in ihrem östlichen Theile an den Ufern der Wernitz und der Jaxt in einer weiten Ebene sich verlieren, oder sie führen aus der Gegend von Aalen unter dem Namen der fränkischen Höhe einen Höhenzug nordwärts über Elwangen, Kreilsheim, Rothenburg, und dann nach Südost über Ansbach nach Weißenburg, d. i.: um die Quellen der Jaxt, Tauber, Regnitz einer- und der Eger, Wernitz, Altmühl anderer Seits. So geben die geographischen Karten auf der angedeüteten Wasserscheidungslinie einen zusammenhangenden Bergzug an, der von Aalen stets auf der Wasserscheide zwischen den Donau- und Main-Zuflüssen verfolgt wird bis in die Gegend von Pegnitz und Kreüssen, wo er, den Zeichnungen zufolge, als ein mächtiges Gebirge in undurchbrochener Fortsetzung mit dem Fichtelberg in Zusammenhang zu stehen scheint.

Nichts ist irriger als eine solche Vorstellung von der geographischen Verbreitung der Höhenzüge Frankens*).

*) Seit der ersten Ausgabe dieser Abhandlung (1830) ist der Irrthum in mehreren geographischen Elementar-Schriften und Karten berichtigt worden.

Zwar liegen um die Quellen der Wernitz und Tauber einige ausgezeichnete Höhen, doch sind sie isolirt und scheinen nicht den Ursprung der Altmühl zu umgürten und gegen Ansbach zu ziehen. Das Dorf Wernitz, unfern der Quelle des gleichnamigen Flusses, liegt 1389 pariser Fuß über dem Meere, und der Kulminationspunkt der Höhen bei Frankenau (Schillingsfürst), welche die Wernitz von der Tauber scheiden, nur 30′ Fuß höher (1419′ über dem Meere), wärend das Dorf Ostheim, das an einem der Quellbäche der Tauber gelegen ist, 1308′ absolute Höhe hat. Etwas weiter nördlich, zwischen Wohnbach und Gastenfelden, ist die Scheidung zwischen den Tauber- und den Altmühl-Gewässern auf 1336′ Seehöhe herabgesunken, und das Dorf Hornau, welches unfern der Quelle der Altmühl liegt, steht 1356′ über dem Meere. In der Nähe von Ansbach liegt auf der Wasserscheide der Brückleinsweiher, in einer Höhe von 1302 pariser Fuß; er sendet sein Wasser sowol zur fränkischen Rezat, die bei Ansbach eine Höhe von 1194′ hat, als auch zur Altmühl bei Neünstetten, einem Orte, der nur um 25′ niedriger liegt als das Niveau des genannten Weihers *). Hier ist also, nicht allein kein Gebirge, kein Bergzug zwischen den Stromsystemen des Rheins und der Donau vorhanden, sondern es verschwindet an einer Stelle auch der Begriff einer Wasserscheide. Diese Gegenden um die Quellen der Wernitz, Altmühl, Rezat, Aisch und Tauber bilden ein Plateau von 1300′ mittlerer Erhebung, das sich nach SO. und O. gegen die Donau und Regnitz unmerklich senkt, nach Westen aber, gegen den Main um 700 bis 800 Fuß steil abfällt; denn Mergentheim, an der Tauber, liegt 624 **) und Markt Breit, am Main, 525′ über dem Meere. Auf der Nordseite steht dieses Plateau mit dem Steiger-Wald in Verbindung; dieser aber ist so weit davon entfernt, „einen bis 2000 Fuß hohen Berghaufen zu bilden“, daß er im Gegentheil noch niedriger ist, als sein südlicher Plateau-Nachbar; denn Mädler fand die Scheideck zwischen Preppach und Ebrach (auf der Straße von Würzburg nach Bamberg), nur 1201,6 Fuß hoch, und sah weit und breit keinen Berg, der sich um acht hundert Fuß über die Plateauebene erheben könnte; Preppach selbst, am westlichen Fuß

*) Alle diese Höhenbestimmungen gründen sich auf Barometer-Messungen und sind von Stolz mitgetheilt in dem: System schiffbarer Kanäle im Königreich Baiern. München, 1828.

**) Nach den mehrjährigen Barometer-Beobachtungen von Baumgärtinger, s. diese Zeitschrift, erste Reihe, Hertha, Bd. XII., geogr. Zeit., S. 119.

des Steigerwaldes, liegt nach Mädlers Messung, 754′ über dem Meere*); nach Osten hin senkt sich auch der Steigerwald ganz unmerklich.

Da wo der angebliche Bergzug südlich von Weißenburg zwischen der Altmühl und der Quelle der Rezat die Scheidung der Donau- und Rhein-Stromsysteme bewirken soll, ist eine vollkommene Niederung, eine sumpfige Wiesenfläche bei dem Dorfe Dettenheim, die ihre Wasser sowol der Rezat als der Altmühl tusendet. Weißenburg, unfern der Rezat, und Dietfurt, an der Altmühl, liegen fast in gleichem Niveau; und die Altmühl, oberhalb Treüchtlingen, bei Graben, wo sie der schwäbischen Rezat am nächsten ist, hat eine größere Höhe, als der zuletzt genannte Fluß bei Weißenburg. Dettenheim liegt 1337′ über dem Meere; östlich übr diesem Dorfe ist der Ursprung der Rezat, die als ein unbedeütendes Riesel (im Oktober) durch diesen Ort geht, nach der schon erwähnten Wiesenfläche, welche „auf dem Ried“ genannt wird. Südlich von Dettenheim muß die Wasserscheide aufgesucht werden; sie ist keineswegs durch einen Bergzug bezeichnet, im Gegentheil — durch eine flache Weitung (zwischen dem isolirten Nagel Berg im Westen, und dem Kipfen Berg im Osten) auf der man, von Süden kommend, das Gebirge hinter sich hat und nun am Eingange steht der hügelreichen Flächen Frankens, die sich von da an nordwärts erstrecken; diese Weitung erhebt sich kaum 10 F., über die Kirche von Dettenheim oder etwa 100′ über das Niveau der Altmühl bei Dietfurt; die Wasserscheide senkt sich von ihr, indem sie den Nagel Berg übersteigt gegen die Fossa Carolina dergestallt, daß der Wasserspiegel dieses Grabens nur noch 22′ baierische Fuß über der Altmühl bei Graben liegt. Von Günzenhausen abwärts bis Treüchtlingen fließt die Altmühl durch ein offenes, breites Bruchthal, dessen Ränder nordostwärts sanft ansteigen, eine Bergebene bildend, aus der nur eine einzige Höhe, der Flüglinger Berg, sich mäßig empor hebt. Dieser Berg liegt eine Stunde westlich von Weißenburg. Die Bergebene senkt sich aber nordostwärts in ziemlich steilen, und bewaldeten Rändern gegen das Rezat-Thal, unterhalb Ellingen**).

*) Hr. Mädler maß diese Höhen am 23. April 1827. Für Preppach fand er durch Vergleichung mit Baireüth 124,8 Toisen, mit Würzburg 126,5 Toisen; für die Scheideck, durch Baireüth 197,8 Toisen, durch Würzburg 201,0 Toisen.

**) Der Freiherr von Pechmann bemerkt über diese Gegend Folgendes:

Analoge Verhältnisse treten bei der angeblichen Verbindung der sogenannten fränkischen Höhe mit dem Fichtelgebirge auf.

Die Fossa Carolina, so nennt man jetzt noch dieses Überbleibsel eines für seine Zeit großen Unternehmens, ist in der Nähe des Dorfes Graben noch mit Wasser gefüllt. Die Gestalt der Böschungen der hohen Dämme, welche sie auf beiden Seiten begränzen, und durch die ausgegrabene Erde gebildet werden sind, gestattet keinen Zweifel, daß der Kanal an dieser Stelle seine vollkommene Breite und Tiefe erhalten hatte. Hätte man ihn noch tiefer, oder wol gar bis zur gegenwärtigen Oberfläche der Altmühl graben wollen, so hätte er keine hinlängliche Breite mehr behalten können, oder sein Querschritt würde unten wol gar in eine Spitze ausgelaufen, und gar keine Breite mehr übrig geblieben sein, woraus ganz unzweifelhaft erhellet, daß die Altmühl damals viel höher als jetzt gelegen haben müsse. Die größere gegen die Rezat sich hin erstreckende Hälfte dieses Kanals scheint verschüttet, oder wahrscheinlicher, unvollendet. Die Möglichkeit dieses Kanals setzt einen Naturzustand dieser Gegend voraus, welcher jetzt nicht mehr vorhanden ist. Die Altmühl mußte mit ihrem Wasserspiegel mit jenem des Kanals gleich hoch liegen; sie mußte Wasser genug enthalten, um wenigstens kleine Schiffe tragen zu können, und eben so die Rezat; wenigstens mußte sie mit der Vermehrung, welche sie durch den Kanal erhielt, oder erhalten sollte, eine dafür hinlängliche Wassermenge enthalten können. Dieses war zu einer Zeit möglich, in welcher Deütschland mit Wäldern und Sümpfen bedeckt war, und alle Bäche und Flüsse viel mehr Wasser, als heüt zu Tage, enthielten. Wie ganz anders ist aber jetzt diese Gegend beschaffen. Der Wasserspiegel der Altmühl liegt um 22½ Fuß tiefer als der Wasserspiegel des Kanals, und dieser Fluß ist hier zu einem mäßigen Bach, die Rezat wol gar zu einem unbedeütenden Bächelchen geworden. Die jetzt tiefere Lage der Altmühl ist ein unstreitig höchst merkwürdiger Umstand. Wenn man die ganze Gegend aufmerksam untersucht, so bleibt beinahe kein Zweifel übrig, daß das Altmühl Thal wenigstens zehn bis zwölf Stunden aufwärts von Treüchtlingen mit Wasser bedeckt, folglich ein See gewesen sei. In dieser Ausdehnung besitzt dieser Fluß ein Gefälle von nur 1½ bis 2 Zollen auf 1000 Fuß der Länge, erst bei Treüchtlingen, ungefähr eine Stunde unter der Fossa Carolina, beginnt er ein größeres Gefälle zu erhalten. War die Altmühl ehemahls 22½ Fuß höher als gegenwärtig, worüber die Fossa Carolina keinen Zweifel gestattet, und war dieses ganze Thal ein See, so war es um so möglicher, der Rezat eine, um sie schiffbar zu machen, hinlängliche Menge Wasser aus demselben zuzuführen. Die allmälige Senkung des Thals muß in der Gegend von Treüchtlingen vorgegangen sein, wo die Berge näher aneinander treten, und der Fluß ein bedeütendes Gefälle zu gewinnen an-

Auch hier schwindet jedes Gebirge, wie bereits früher in diesen Blättern angemerkt worden ist. (S. oben S. 9).

Aber es giebt allerdings ein Gebirge, das von der schwäbischen Alb bis in das Quellgebiet des Mains zieht; doch folgt es einem andern Zuge, als unsere geographischen Bücher und Karten ihn anzugeben pflegen.

Die schwäbische Alb gehöret bekanntlich der Formation des Jurakalksteins an, welche aus weiter französischer Ferne, von den Küsten des mittelländischen Meeres bis zum Ausfluß der Rhone aus dem Genfersee, als Parallelbegleiter der Alpen zieht, hier sich absondert von den Alpen, und als selbstständiges Gebirge auf der Gränze Frankreichs und der Schweiz gelagert ist, an der Aarmündung über den Rhein setzt, und in Deütschland eintritt, wo das Gebirge in den Gegenden zwischen Ebingen und (Würtembergisch-) Heidenheim eben jenen Namen der schwäbischen oder würtembergischen Alb führt. Dieselbe Jurakalk-Formation setzt von hieraus fort in der bisherigen nordöstlichen Normal-Direktion bis in die Gegend von Regensburg, auf einer Länge von beilaüfig 20 deütschen Meilen. Zwischen Stadt am Hof und Donaustauf berührt sie die primitiven Gebirgsarten des baierischen Waldes, und wendet sich hier, fast unter einem rechten Winkel, gegen Norden, um in dieser Richtung, ebenfalls etwa 20 deütsche Meilen weit, bis an den obern Main zu streichen, wo sie bei Lichtenfels gegen das Sandsteingebilde des koburger Landes steil hinabfällt.

Diesen ganzen Gebirgszug können wir füglicher Weise mit dem gemeinsamen Namen Jura belegen; eine Benennung, die der Geognosie geläufig ist, und von dieser in die Erdbeschreibung übergenommen werden kann. Es ist dies übrigens keine Neüerung, die wir einzuführen gedenken, — denn schon in dem Repertorium zum Atlasblatt Burglengenfeld des topographischen Atlas von Baiern, München, 1827, heißt es S. 31: „In diesem Blatte vereinen sich „die Auslaüfe von drei bedeütenden Gebirgszügen, welche dasselbe „mit einem wellenförmigen Hügelland bedecken, nämlich: 1stens „jener Gebirgszug, bekannt unter dem Namen Jura-Gebirge „(Höhlenkalkstein), der von der rauhen Alb auf dem linken Donau-„Ufer herzieht, sich östlich bei Regensburg an das Granit-Gebirg, „und nördlich an die Auslaüfer des Fichtelgebirgs anlegt, über-

fängt. Nahe an dem Dorfe Graben liegen die Felder rechts und links von dem ehemaligen Kanal niedriger als der Wasserspiegel desselben. (Entwurf für den Kanal zur Verbindung der Donau mit dem Main. München, 1832. S. 25 ff.

„zieht den westlichen Theil des Blattes von Kalmünz über Ens„dorf, längs des rechten Ufers der Vils und besteht aus Kalkstein“ u. s. w., — wir wünschen nur den nördlichen Zweig eines Gebirges, das die wahre Scheidewand zwischen den Rhein- und Donau-Landschaften bildet, durch eine systematische Benennung in der Geographie bekannter zu machen; — ein Wunsch, der auch, seit der ersten Ausgabe dieser Abhandlung, in Erfüllung gegangen ist; denn mehrere Schriften und Karten haben die Benennung: Jura, in dem Sinne aufgenommen, wie wir es allgemeiner vorgeschlagen haben.

Vom Rhone bis zum Main hat der Jura eine Ausdehnung von hundert deûtschen Meilen; er gehöret somit zu den längsten Gebirgen Eûropa's. Seine Länge ist noch ein Mal so groß als die der Pirâneen; er ist eben so lang als das hercynische System von Bergketten und Bergebenen; die Alpen übertreffen ihn um dreißig bis vierzig Meilen.

Den Jura kann man nach den Landschaften, welche er durchschneidet, in drei Theile zerlegen: in den helvetischen, schwäbischen und fränkischen Jura. Der helvetische oder Schweizer-Jura ist dasjenige Gebirge, welches unsere Erdbeschreibungen unter diesem Namen seit lange aufführen; als schwäbischen Jura nehmen wir die ganze Erstreckung der Jurakalk-Formation vom Rheindurchbruch bei Schaffhausen bis zum Wernitz Thal bei Donauwörth an. Der fränkische Jura reicht von Donauwörth bis Lichtenfels am Main, eine Erstreckung von fünf und dreißig deûtschen Meilen Länge. Schwaben-Jura (zu dem die Alb gehört) und Franken-Jura machen zusammengenommen den deûtschen Jura aus.

Im Schweizer-Jura ist die Kettenbildung vorherrschend, im deûtschen Jura die Plateauform.

Die Alb fällt nach Nordosten hin steil, nach Südosten sanft ab; ebenso ist es beim Franken-Jura. Die Ostseite der Alb ist durch einen meist geradlinigen Rand bezeichnet; derselbe Fall findet beim Franken-Jura Statt. Die Westseite der Alb hat viele busenartige Einschnitte und inselartig abgesonderte Berggipfel, wie die Achalm, den Floriansberg, die Tek, Hohenstaufen, Rechberg; dieselbe Erscheinung wiederholt sich beim fränkischen Jura, nur in größerm Maaßstabe.

Die Benennung Alb hört bei Heidenheim auf. Von da an nordostwärts über Neresheim hinaus führt der schwäbische Jura den Lokalnamen Herdtfeld, welcher sein, am weitesten gegen Norden vorgeschobenes, Glied ist. Auf seinen nördlichen Ecken liegt der Braunen Berg, welcher nach des Grafen v. Mandelslohe Messung 2236′ Seehöhe hat und sich mehr als 900′ senkrecht über die Flächen von Aalen und Ellwangen erhebt. Von ihm aus setzt der steile Jurarand in südöstlicher Richtung bis an die Wernitz. An seinem Fuße liegt hier Bopfingen 1420′ hoch, im Egerthal, (jenseits dessen der isolirte Nipf Berg 2100′) und in der weiten Ries-Ebene liegt die Stadt Nördlingen 1327′ über dem Meere. Harburg liegt am Eingange des Wernitz-Thals.

Hier lassen wir den fränkischen Jura beginnen. Folgende Orte bezeichnen seinen gegen Westen gerichteten Fuß: Wemding, Baierisch-Heidenheim, Treüchtlingen, Weißenburg, Heideck, Greding, Neümarkt, Hersbruck, Gräfenberg, Ebermannstadt, Scheßlitz; und am Nordende: Lichtenfels. Doch wird, einer bestimmtern Scheidung wegen, der Lauf der Regnitz *) als westliche Begränzungslinie des fränkischen Jura angenommen werden müssen, so daß der östliche Theil der großen Thalebene, welche dieser Fluß bewässert, als eine Vorterrasse des Plateaus zu betrachten ist.

Der jenseitige Fuß folgt von Donauwörth bis Regensburg dem Lauf der Donau. Zwischen Donauwörth und der marxheimer Spitze, der Lechmündung gegenüber, bildet dieser Jurarand mäßige Anhöhen; von da bis Neüburg treten sie, immer niedriger werdend, vom Stromufer weit zurück; doch bildet sich gleich unterhalb Neüburg, zwischen Ried und Joshofen, ein steiler Rand, der unmittelbar in das Niveau des Stromes abfällt. Von da an bis drei Stunden unterhalb Ingolstadt verlaüft sich der Jura-Abfall so unmerklich gegen die Donauebene, daß alle Spur eines Gebirgs verschwunden ist. Hat man vom Altmühl Thal bei Eichstädt den Jura erstiegen und seine wellenförmigen Höhen bis Eittensheim überschritten, so befindet man sich auf einer Pläne, die im eigentlichen Sinne des Worts eine tafelförmige ist, so platt und eben wie eine Tafel, und, erst in der Stadt Ingolstadt selbst, um wenige Zehner Fuß gegen die Donau sich neigt. Bei Großmehring tritt der Jurarand wieder in merklicherer Form an die Donau; er wird um so steiler, je mehr man sich den Mündungen der Altmühl, bei Kellheim, der Naab und des Regens, bei Regensburg, nähert.

*) Nach der Vereinigung der schwäbischen und fränkischen Rezat, zwischen Pleinfelden und Roth, heißt der Fluß Rednitz; nachdem er bei Fürth die Pegnitz aufgenommen hat, wird er Regnitz genannt.

Von Regensburg bis an den Main wird der Ostfuß des Jura durch eine Linie bezeichnet, welche man über folgende Orte zieht: Donaustauf, Regenstauf, Burglengenfeld, Amberg, Sultzbach, Auerbach, Schnabelwaid, Thurnau, Weißmain, Lichtenfels. Das südliche Ende, zwischen Donaustauf und Regenstauf hangt mit den Abfällen des baierischen Waldes innig zusammen, so daß hier, der äußern Gestalt nach, keine merkbare Scheidung zwischen den verschiedenen Gebirgsarten Statt findet; sobald aber der Regen Fluß bei Regenstauf das Gebiet des Jura betritt, erkennt man, in der Richtung auf Burglengenfeld, den östlichen, gegen das Plateau der Oberpfalz gerichteten Fuß des Jura, der, wenn er auch nicht durch einen so scharfen Rand karakterisirt ist, als der westliche Fuß, doch in weit größerer Steilheit auftritt, als die Neigung gegen die Donau, die, wie wir gesehen haben, an mehreren Stellen zu einer vollkommenen Ebene wird.

Die vielen busenartigen Einschnitte, welche die Westseite des fränkischen Jura karakterisiren, machen es schwierig, die Breite desselben nach einem mittlern Durchschnitt zu bestimmen. Folgende Angaben lassen sich als annähernde Werthe betrachten:

Zwischen Donauwörth	und Harburg	. . . .	$1\frac{1}{2}$	Meilen
Zwischen Marxheim	und Baierisch-Heidenheim		5	Meilen
Zwischen Marxheim	und Treüchtlingen	. . .	3	Meilen
Zwischen Neüburg	und Heideck	. . . . .	$5\frac{1}{4}$	Meilen
Zwischen Ingolstadt	und Beilngries	. . . .	$3\frac{1}{4}$	Meilen
Zwischen Regensburg	und Neüm. (a. d. Diagon.)		$6\frac{1}{4}$	Meilen
Zwischen Sülzbach	und Hersbruck	. . . .	$2\frac{1}{2}$	Meilen
Zwischen Schnabelwaid	und Gräfenberg	. . .	$3\frac{1}{2}$	Meilen
Zwischen Thurnau	und Scheßlitz	. . . .	3	Meilen

Man kann hiernach die mittlere Breite des Franken Jura zu 4 deütschen Meilen annehmen, was also wenig schmäler ist, als die der würtembergischen Alp, welche zu 4 bis 6 Meilen angegeben wird.

Die Westseite des Frankenjura zeichnet sich, wie schon erwähnt wurde, durch eine merkwürdige Busen-Bildung aus. Dieser Busen giebt es, außer mehreren kleinen, hauptsächlich sechs größere, nämlich: bei Harburg, bei Treüchtlingen und Dietfurt, bei Greding, Beilngries, Hersbruck und bei Ebermannstadt.

Vier derselben dienen eben so viel Flüssen als Eingangspforten zum Durchbruch durch das Gebirge. Der Busen von Harburg dem Wernitz Flusse, welcher den Jura in einem nicht sehr engen Thale quer durchbricht, und bei Donauwörth in die Donau fällt. Der Busen von Treuchtlingen nimmt die von den fränkischen Flächen kommende Altmühl auf, welche das Juragebirge in einem viel gekrümmten Thale, das einer engen Spalte gleicht, der Länge nach durchzieht, um bei Kellheim in die Donau zu fallen. In den Busen von Greding fällt die hintere Schwarzach, und in den Busen von Beilngries die Sulz, beide zur Altmühl.

Durch den Busen von Hersbruck strömt die Pegnitz vom Jura herab zur Ebene von Nürnberg, und durch den Ebermanenstädter Busen die Wiesent in die große Bamberger Ebene nach Vorchheim, beide zur Regnitz.

Auf der Ostseite sind die Naab und der Regen zwei Flüsse, welche das Gebiet des fränkischen Jura an seiner Südseite durchschneiden.

Und außer diesen Thälern ist auch noch das Schutterthal zu bemerken, welches den Jura in einem Querthale durchbricht, auf der Strecke zwischen Dollenstein, an der Altmühl, und Neuburg an der Donau, indem es sich unterhalb Wellheim in zwei Richtungen spaltet, westwärts gegen Rennertshofen, ostwärts gegen Nassenfels, so daß die Jurahöhen nördlich von Neuburg gleichsam als eine Insel erscheinen.

Unter den, dem Westrande vorgelagerten, isolirten Berggipfeln zeichnen sich aus: der Hesselberg, zwischen Dinkelsbühl und Günzenhausen, eine wahre Landmarke für die südlichen Gegenden des fränkischen Terrassen-Landes; das Gelbe-Gebirge, südlich von Günzenhausen vor dem westlichen Promontorium des treuchtlinger Busens, der Hahnenkamm genannt; die Sülzburg, bei Neumarkt, am Eingang zum Busen von Beilngries, und der Arz Berg im Hersbrucker Busen.

2.

Geographische Lage des Franken-Jura.

Donauwörth und Regensburg sind auf der Südseite, Lichtenfels und Bamberg auf der Nordseite die äußersten Punkte des langen Plateauzuges; fast in gleich großem Abstande von Donauwörth und Lichtenfels liegt, mitten auf dem Tafellande, zwischen Neumarkt und Amberg, das Örtchen Habsberg, einer von den Punkten, welche Brousseaud zu den Stationen seines, von den baierischen Geodäten fortgesetzten, Dreiecknetzes auserwählte. Der

Hessel-Berg bezeichnet gleichsam das südwestliche Ende des Franken-Jura; Nürnberg, Erlangen, Vorchheim bezeichnen die westliche Kante.

Nach den Atlasblättern der topographischen Karte vom Königreich Baiern liegen

Donauwörth in Lat. 48° 43′ 10″ N. Long. 8° 26′ 30″ O. Paris
Regensburg in Lat. 49 01 10 " Long. 9 45 40 " "

beide Bestimmungen für die Mitte der Städte geltend.

In den nachstehenden zwei Tafeln sind die trigonometrischen und die geographischen Daten für einige der Hauptpunkte auf dem Plateau und am westlichen Rande des Franken Jura zusammengestellt, als Resultate aus den geodätischen Operationen des königl. Baierischen General-Quartiermeister Stabes.

Erste Tafel.

Namen der Dreieckpunkte.	Baierische Ruthen		Logarithm. d. Toisen	
	Abscissen	Ordinaten	Abscissen	Ordinaten
	vom nördlichen Frauenthurm in München.			
Bamberg', Dom, NO. Thurm	66847,55	16995,19 W.	5,0004389	4,4056797
Gorkum, Signal . . .	73199,53	11007,36 —	5,0398617	4,2170396
Habsberg, Signal . .	44755,00	1467,19 O.	4,8261950	3,3418398
Hessel Berg	35613,17	26207,25 W.	4,7269640	4,5937748
Lichtenfels, Pfarr-Kirchthurm	76560,86	12432,19 —	5,0593691	4,2699014
Nürnberg, Vestungsth.	50300,37	12334,80 —	4,8769246	4,2664855
Staffelberg, Thurm . .	74483,99	13405,69 —	5,0474164	4,3026425
Vorchheim, Pfarrthurm	60222,67	12579,32 —	4,9551134	4,2750106

Anmerkung.

Die Konstruktion der zweiten Tafel ist dieselbe, welche bei der analogen Tafel des Fichtelgebirges in Anwendung gekommen ist. (Siehe oben Seite 17 u. 20).

Zweite Tafel.

Dreiecks-punkte	Breite			Länge			
	$\beta + \psi$	ω	β'	log. λ	$x = 0{,}0000$	$\chi' = 0°$	Λ
	° ′ ″	″	° ′ ″			′ ″	° ′ ″
Bamberg	49 53 37,15	7,38	49 53 29,77	3,3955190	122	41 26,0	8 32 49,0
Gorkum	50 03 37,30	3,00	50 03 34,30	3,2083719	052	26 55,7	8 47 19,3
Habsberg	49 18 49,65	0,05	49 18 49,60	3,2665211	000	03 04,7	9 17 19,7
HesselBerg	49 04 23,35	17,05	49 04 06,30	3,5763476	275	62 49,8	8 11 25,2
Lichtenfels	50 08 55,05	3,98	50 08 51,07	3,2620426	066	30 28,2	8 43 46,8
Nürnberg	49 27 33,60	3,80	49 27 29,80	3,2524515	062	29 48,3	8 44 26,7
Staffelbg.	50 05 38,71	4,62	50 05 34,09	3,2942975	077	32 49,2	8 41 25,8
Vorchheim	49 43 11,20	4,00	49 43 07,20	3,2632955	070	30 33,5	8 43 41,5

3.

Höhen des Franken-Jura.

Seit der ersten Ausgabe dieser Abhandlung ist die Zahl der Höhenbestimmungen durch Mittheilungen des Generals der Infanterie, Freiherrn von Naglovich, nicht unbedeütend vermehrt und die Beurtheilung der physikalischen Topographie des Franken-Jura dadurch wesentlich erleichtert worden. Die Methoden, welche zur Erlangung dieser Resultate angewendet wurden, sind die trigonometrische, die barometrische und die geometrische.

Zu den trigonometrischen Höhenbestimmungen gehören die Messungen von Brousseaud, welche Lieutenant Kellner berechnet hat. Sie beruhen, wie sich der Leser aus der Darstellung des Fichtelgebirges erinnern wird, auf der Annahme, daß das absolute Niveau des Pflasters an der Frauenkirche zu München, nach Seiffer's Bestimmung, 1568,5 par. Fuß über die Meeresfläche erhöht sei. Zur Prüfung dieses Werths können wir 3004 Barometer-Beobachtungen benutzen, welche Kellner im Laufe des Jahres 1827 im Amtslokal des Topographischen Büreaus zu München anstellte. Sie gaben als mittlere Werthe: Barometerstand 318,395 par. Linien bei 15°,76 R. oder 318,023 bei 10° R., Temperatur der Luft 11°,15 C., Erhöhung des Instruments über dem Pflaster der Frauenkirche 19,5 par. Fuß. Setzt man den Barometerstand am Meere, in der Breite von 48° N. = 338,26 par. Linien bei 10° R, und die Temperatur der Luft 13°,0 C. so ergiebt sich aus dieser Beobachtungsreihe die Höhe des topographischen Bureaus zu 1588,9 par. Fuß, und die des Pflasters an der Frauenkirche zu 1569,4 par. Fuß, ein Resultat, welches mit der seifferschen Bestimmung bis auf einen Fuß harmonirt.

Zu den barometrischen Höhenbestimmungen gehören die Messungen, welche der ehemalige Mauth-Direktor Miller nach dem Auftrage der Landes-Vermessungs-Behörde in einem großen Theile von Süd-Baiern angestellt hat. Diejenigen seiner Messungen, welche hier in Betracht kommen, beziehen sich auf die südöstliche Ecke des Franken Jura, die Gegenden nördlich von Regensburg. Das handschriftliche Heft, aus dem wir sie entnehmen, giebt eine übersichtliche Zusammenstellung aller dieser Messungen, verfaßt von dem Professor Karl König in München; diese Übersicht enthält in neün Rubriken den Ort der Beobachtung, die Anzahl der Beobachtungen, den Stand des Barometers, des attaschirten und detaschirten Thermometers nach R., an der Reisestation sowol als an der Station zu München, den Abstand des Barometers von der Erde oder der Wasserfläche, die Lage des gemessenen Orts gegen München. „Die in der letzten Rubrik angesetzten Resultate", bemerkt Lieut. Klein, „sind nur nach einer approximativen Schätzung, gerechnet hat Prof. König nichts". Nach einer Bemerkung desselben Offiziers war der Standpunkt in München 8,19 Toisen über dem Pflaster beim nördlichen Frauenthurm, mithin 269,60 Toisen oder 1617,6 par. Fuß über dem Meere.

Ferner gehören zu den barometrischen Höhenmessungen im Franken-Jura, diejenigen, welche der Hauptmann v. Brand in den Jahren 1819 und 1820 angestellt hat. Sie beziehen sich hauptsächlich auf den nördlichen Theil des Gebirges, der über den Parallel von Amberg hinaus liegt. Daran knüpfen sich die Barometer-Beobachtungen welche ich in den Jahren 1825 und 1828, namentlich in dem zuletzt genannten Jahre, auf einigen Schnellreisen über den Franken-Jura, und längs seines westlichen und östlichen Fußes, gemacht habe. Meine Messungen geben vier Hauptprofile:

1. Das Profil längs des Ostfußes des Franken-Jura, von Baireüth und Kreüssen, durch die Oberpfalz über Amberg bis Regensburg an der Donau.

2. Das Profil von Weißenburg nach Ingolstadt, quer über den fränkischen Jura durch das Altmühlthal bei Eichstädt.

3. Profil der Straße von Nürnberg nach Kreüssen durch die fränkische Terrasse bis Gräfenberg, quer über das Juraplateau bei Leüpoldstein bis zum Thal des rothen Mains bei Kreüssen.

4. Das Profil von Donauwörth bis Bamberg; es zeigt den Querdurchschnitt des Jura von der Donau über Monheim bis zum treüchtlinger Busen bei Dietfurt und die Senkung des Rezat-Regnitz Thales von Weißenburg nach Bamberg.

Brand's und meine Messungen sind mit den korrespondirenden Beobachtungen von Gerstner in Baireüth berechnet worden, dessen Barometer, ich erlaube mir daran zu erinnern, in einer Höhe von 175,04 Toisen über dem Meere steht.

Zwei Barometer-Messungen hat auch Mädler für den Franken-Jura geliefert; die eine giebt die Höhe eines Punkts am Westrande des Gebirges auf der Straße von Bamberg nach Baireüth; die andere die Höhe von Bamberg.

Endlich müssen für das Nivellement des Franken-Jura auch die vieljährigen Barometer-Beobachtungen benutzt werden, welche in Regensburg und Ingolstadt angestellt worden sind; die regensburger Beobachtungen umspannen einen Zeitraum von nicht weniger denn vier und fünfzig Jahren; und die Beobachtungen in Ingolstadt einen sechszehnjährigen Zeitraum, so daß die Höhe beider Punkte als genau bestimmt zu betrachten ist.

Die geometrischen Nivellements im Franken Jura verdankt man dem Freiherrn von Pechmann, der sie Behufs Anlage eines Kanals zwischen der Donau und dem Main ausgeführt hat Seine Messungen folgen von Kellheim an der Donau dem Lauf der Altmühl bis Beilngries, von da im Thal der Sulz hinauf nach Neümarkt, dann längs des Thales der vordern Schwarzbach auf Nürnberg, und im Thale der Regnitz abwärts bis Bamberg. Bemerkenswerth ist es daß die Resultate dieser geometrischen Operationen die Resultate der Barometer-Beobachtungen für mehrere der gleichnamigen Punkte auf eine mehr oder minder überraschende Weise bestätigen.

4.

Trigonometrische Höhenbestimmungen.

Die Orte sind nach alphabetischer Ordnung aufgeführt. In der dritten Rubrik bezeichnet (g) gegenseitige, (e) einseitige Zenithdistanzen, die beigeschriebenen Ziffern die Zahl der Messungen.

Nr.	Namen der gemessenen Punkte.	Zenithdistanz.	Höhe über dem Meere in	
			Bair. F.	Par. F.
1	Brennberg, Boden am Schloßthurm . . .	3 g	2195,3	1972,4
	— , Spitze des Schloßthurms . . .	3 g	2292,5	2059,7
2	Donauwörth, Spitze des Pfarrthurms . . .	1 e	1572,9	1409,9
3	— , Spitze des Heiligenkreuzthurms .	1 e	1630,7	1465,1
4	Eichelberg, Spitze des Kirchthurms	8 e	2162,4	1942,8
5	Erlangen, Spitze des Kirchthurms	2 e	1297,0	1165,3
6	Frauenschlag, Boden am Signal	2 g	1798,7	1616,1
	— , Spitze desselben	2 g	1834,3	1648,0
7	Gammersfeld, Boden an der Kirche . . .	2 g	1814,3	1630,8
	— , Kirchthurmspitze	2 g	1913,4	1719,1
8	Habsberg, Boden an der Kirche	4 g	2091,5	1879,2
	— , Kirchthurmspitze	4 g	2195,0	1972,3
9	Hessel Berg, Boden an der Baracke . . .	1 e	2335,1	2098,0
10	Hohenstein, Boden am Schloßthurm . . .	2 g	2135,9	1919,0
11	Hopfenohe, Spitze des Thurms	3 e	1983,0	1781,6
12	Ingolstadt, Spitze des südlichen Pfarrthurms	2 e	1483,6	1336,0
13	Mariahilf, Boden an der Kirche	4 g	1742,4	1565,5
	— , Spitze des Thurms	4 g	1922,7	1727,5
14	Nürnberg, Boden am Vestungsthurm . . .	3 g	1161,7	1043,8
	— , Spitze des Thurms	3 g	1284,3	1153,7
15	Regensburg, Spitze von St. Emeran . . .	2 g	1310,0	1177,0
16	Riet Berg, Boden an der Pyramide . . .	2 g	1788,8	1607,2
	— — , Spitze derselben	2 g	1889,0	1697,2
17	Sülzburg, Boden am Signal	2 g	1900,1	1707,2
	— , Spitze derselben	2 g	2003,0	1799,6
18	Thurndorf, Spitze des Kirchthurms . . .	2 e	2218,8	1993,8
19	Wülzburg, Boden an der Vestung	2 g 2 e	2121,7	1906,3

Bemerkungen.

1. Brennberg liegt in Lat. 49° 4′20″ N., drei Meilen von Regensburg. Dieser Punkt liegt außerhalb des Juragebiets und gehört zum baierischen Walde; er ist hier aufgenommen worden, um as Verhältniß der Abfälle des baierischen Waldes zum Jura beurtheilen zu können.

4. Eichelberg liegt in Lat. 49° 5′ 5″ N., mitten auf dem Plateau des fränkischen Jura, zwischen der schwarzen Laber, die unmittelbar in die Donau fällt, und der westlichen Laber, die sich in die Altmühl ergießt. Die Höhe des Thurms ist nicht bekannt; schätzt man sie auf 80 Fuß, so würde der Jura-Plateau bei Eichelberg etwa 1860 Fuß über dem Meere stehen.

6. Frauenschlag bei Oberhof, in Lat. 49° 14′ 50″ N., nicht volle drei Viertel Meilen nordöstlich von Burglengenfeld, auf dem rechten Ufer der Naab, und dem östlichen Rande des Jura.

7. Gammersfeld liegt auf dem Plateau, in Lat. 48° 48′ 20″ N., noch keine ganze Meile nördlich von der Donau, auf der Westseite des Schutterthals, dessen Rand durch diesen Punkt bezeichnet ist.

8. Habsberg bezeichnet ebenfalls einen der Scheitelpunkte des Jura-Plateaus; Habsberg ist eine und drei Viertel Meilen ONO. von Neümarkt entfernt.

9. Der Hessel-Berg ist die große Landmarke der fränkischen Terrasse, zwei Meilen östlich von Dinkelsbühl. Von den würtembergischen Dreiecken aus bestimmte der Ober-Landesvermessungs-Kommissair v. Gasser die Höhe des Hessel Berges zu 2124′, was ohne Zweifel für die Spitze der Baracke gilt.

10. Das Schloß Hohenstein liegt eine und eine Viertel Meile nördlich von Hersbruck, auf dem rechten Ufer der Pegnitz und am westlichen Rande des Jura-Plateaus.

11 und 18. Hopfenohe und Thurndorf bezeichnen den Ostrand des Plateaus gegen den nördlichen Theil der Oberpfalz. Der zuerst genannte Ort liegt ungefähr eine und eine halbe Meile südöstlich, und der zweite etwa eine Meile von Pegnitz.

13. Mariahilf ist eine Kirche auf einem Berge, nordöstlich dicht bei Amberg.

16. Riet-Berg; so heißt eine Anhöhe auf dem Jura-Plateau, in Lat. 48° 55′ 3″ N., zwischen der Altmühl und der Donau. Der nächste Ort ist Denkendorf, der eine und eine halbe Meile südlich von Beilngries entfernt ist.

17. Sülzburg, in Lat. 49° 10′ 55″ N., auf dem isolirten Berge vor dem Busen, durch welchen die Sulz in das Gebiet des Juraplateaus tritt. Sülzburg ist ungefähr eine und eine halbe Meile südlich von Neümarkt entfernt.

19. Die Wülzburg, bei der Stadt Weißenburg, liegt auf der Westkante des Jura, der hier mit sehr steilem, mauerartigen Absturz gegen das Thal der schwäbischen Rezat hinabfällt.

5.
Barometrische Höhenbestimmungen.

I. Die sich auf eine längere Beobachtungsreihe gründen.

Hier sind es wiederum einige Orte, die man, wegen der längern, und zuweilen sehr langen Reihe der daselbst angestellten Barometer-Beobachtungen. als Kardinal-Höhenpunkte betrachten kann. Diese Punkte sind: Regensburg und Ingolstadt, wo wärend vieler Jahre (in Regensburg länger als ein halbes Jahrhundert), beobachtet worden ist, dann Amberg, Schloß Neidstein, Pegnitz und Rothmannsthal, deren Höhe aus zwanzig und mehr Barometer-Ablesungen hergeleitet werden kann.

Nr. 20. Regensburg.

Der mittlere Barometerstand im Stift St. Emeran beträgt nach den Beobachtungen von vier und fünfzig Jahren, auf die Normal-Temperatur von 10° R. reduzirt, 324,54 par. Linien, und die mittlere Temperatur der Luft 9°,05 Centigrade*). Das Barometer stand wärend dieser langen Reihe 60 Fuß über dem mittlern Wasserstand der Donau. Setzt man den Barometerstand am Meere, unterm 49° der Breite = 338,23 und die Temperatur der Luft = 12°,5 Cent., so ergiebt sich für den Barometerort auf St. Emeran eine Höhe von 176,35 Toisen über dem Meere, und für den mittlern Stand der Donau bei Regensburg 166,35 Toisen.

Zu bedauern ist es, daß in den trigonometrischen Tagebüchern von Brousseaud die Bestimmung der Höhe des Thurms auf St. Emeran über dem Barometer-Niveau nicht aufgezeichnet worden. Mit dieser Höhe würde man ein Mittel haben, die absolute Erhöhung von Regensburg und München gegenseitig zu verifiziren.

Jene lange Reihe von Beobachtungen, welche mehr als 165000 Baro- und Thermometer-Ablesungen enthält, läßt über die Genauigkeit der daraus hergeleiteten Höhenbestimmung wenig, oder gar keinen, Zweifel übrig; nichts desto weniger schien es interessant genug zu sein, einen Theil der regensburger Barometer-Beobachtungen mit einem andern, seiner Höhe nach zuverlässig be-

*) Schreiben des Professors v. Schmöger an Dokt. Schön im Meteorologischen Handbuch des Großherzogthums Sachsen-Weimar für das Jahr 1827.

stimmten Orte, zu vergleichen. Major v. Osfeld unterzog sich dieser Rechnung, indem er den Jahrgang 1828, und Berlin als Vergleichungspunkt wählte. Die Resultate seiner Untersuchung sind in den nachstehenden drei Tafeln zusammengestellt.

I. Station Berlin, Niveau des Pflasters im Thorwege der königl. Sternwarte, 19,203 Toisen über dem Meere.

1828	Barometerstand bei + 10° R.					Temperatur der Luft R.				
	8U.M.	12U.M	2U.A	6U.A.	10U.A.	8U. M.	12U. M.	2U. Ab.	6U. Ab.	10U. Ab.
Jan.	338,671	338,813	338,662	338,780	338,935	.2,88	.1,35	.0,94	.1,58	.2,49
Febr.	337 067	337 044	336 880	336 950	337 055	.2 39	0 38	0 99	.0 43	.1 51
März	335 223	335 242	335 154	335 045	335 217	2 31	4 81	5 40	4 17	2 93
April	335 756	335 823	335 753	335 627	335 943	7 04	10 37	11 26	9 69	6 90
Mai	336 658	336 556	336 474	336 378	336 543	10 68	13 74	14 13	12 92	10 10
Juni	337 824	337 756	337 624	337 374	337 561	13 89	16 76	17 26	16 58	13 01
Juli	335 019	334 863	334 743	334 718	334 975	15 83	18 55	19 40	17 71	14 41
Aug.	335 905	335 860	335 769	335 684	335 864	13 00	16 15	16 60	14 92	12 53
Sept.	337 966	337 940	337 874	337 873	337 853	10 18	14 63	15 14	12 57	10 11
Okt.	338 796	338 811	338 612	338 608	338 783	6 10	9 27	9 67	7 73	6 25
Nov.	338 231	338 207	338 072	338 128	338 217	2 34	4 46	4 76	3 46	2 79
Dez.	338 562	338 513	338 464	338 577	338 629	1 05	2 45	2 46	1 85	1 62

II. Station Regensburg, Barometerort im Stift St. Emeran, 8,333 Toisen über dem Mittelstand der Donau.

1828	Barometerstand bei + 10° R.					Temperatur der Luft R.				
	8U.M.	12U.M.	2U.A.	6U.A.	10U.A.	8U. M.	12U. M.	2U. Ab.	6U. Ab.	10U. Ab.
Jan.	326,432	326,476	326,397	326,439	326,579	.0,69	0,76	0,92	0,01	.0,63
Febr.	323 890	323 793	323 755	323 718	323 090	.0 86	1 44	1 95	0 65	.0 15
März	323 614	323 615	323 566	323 612	323 054	3 03	5 26	5 84	4 49	3 07
April	323 692	323 632	323 482	323 395	323 481	7 23	10 53	11 11	9 34	6 78
Mai	324 059	334 004	323 824	324 109	323 883	11 00	14 13	14 65	12 64	9 92
Juni	325 511	325 399	325 267	325 296	325 457	13 80	16 55	17 13	15 73	13 15
Juli	323 375	323 312	323 244	323 175	323 377	15 83	18 81	18 97	18 22	14 55
Aug.	324 520	324 520	324 244	324 154	324 238	13 24	13 58	13 69	15 35	12 42
Sept.	325 763	025 653	325 552	325 116	325 543	11 11	11 33	12 28	12 32	7 17
Okt.	326 884	326 576	326 716	326 746	326 820	6 39	8 45	9 33	7 59	5 92
Nov.	325 872	325 879	325 974	325 658	325 008	2 32	4 15	4 81	3 48	2 50
Dez.	327 008	327 166	326 793	326 935	326 992	1 52	2 69	3 09	1 57	1 93

III. Nach den vorstehenden Beobachtungen liegt Regensburg höher als Berlin, in Toisen.

	8 U. Mg.	12 U. M.	2 U. Ab.	6 U. Ab.	10 U. Ab.
Januar. . .	149,322	151,213	151,000	151,688	150,834
Februar . .	161 915	164 924	163 877	164 088	172 502
März. . . .	146 209	148 143	148 120	145 214	153 570
April	155 152	159 301	160 961	159 228	160 049
Mai	164 623	166 463	168 187	161 846	164 841
Juni	162 543	165 316	165 795	161 328	159 284
Juli	156 303	157 160	156 859	156 603	154 718
August . . .	150 437	151 083	153 835	153 935	153 232
September .	158 577	161 477	162 535	167 376	159 759
Oktober. . .	151 110	156 246	153 376	151 585	151 656
November .	154 162	155 284	153 130	156 502	165 243
Dezember. .	143 056	141 369	145 647	144 464	144 425
Mittel. .	154,450	156,581	156,943	156,154	157,509

Das arithmetische Mittel aus allen sechszig Rechnungs-Resultaten, oder 1830 Beobachtungen, giebt den Höhenunterschied zwischen Regensburg und Berlin . . . . 156,328 Toisen
oder für die absolute Höhe von St. Emeran . 175,531 —
Seit dem Jahre 1826 steht das Barometer daselbst in einer Höhe von 50 Fuß über dem Mittelstande der Donau; mithin ist, nach dieser Berechnung, des Niveau des Stroms, 167,198 Toisen über dem Meere, was 0,8 Toisen mehr ist als das Resultat aus der Berechnung des 54 jährigen Barometerstandes.

Da die Differenzen der Barometerstände vom Äquator gegen die Pole, überhaupt von den wärmern gegen die kältern Gegenden hin zunehmen, und Berlin 3,5 Grad nördlicher liegt als Regensburg, so ließe sich wol die Frage aufwerfen, ob eine Höhenbestimmung, aus korrespondirenden Beobachtungen hergeleitet, zwischen denen ein so großer Breitenunterschied liegt, zuverlässig sein könne.

Nach mehrjährigen Erfahrungen beträgt die größte Differenz der Barometerstände in einem Jahre:

Am Äquator	Lat. 0°	. 4	par. Lin.
In München (nach Beob. v. 1827) .	— 48°	. 14,69	—
In Paris, Wien u. Prag, 30 bis 24, im Mittel	— 49°	. 22	—
In St. Petersburg	— 60°	. 36	—

Nimmt man die Differenz am Äquator als Einheit an, so erhält man folgende Verhältnisse:

Aequator.	München.	Paris, Wien, Prag.	St. Petersburg.
1	3,5	5,5	9

Leopold v. Buch sagt: „Fast scheint es, als zeige das Barometer das Klima eines Landes richtiger an, als das Thermometer". Auch die Differenzen der Barometerstände in den einzelnen Monaten bestätigen obige Muthmaßung; es fallen die kleineren Differenzen in die wärmeren, die größeren in die kälteren Monate. Sie sind für München nach den Beobachtungen im Jahre 1827.

Januar . .	10,65
Februar . .	9,59
März . . .	13,01
April . . .	10,25
Mai . . .	6,60
Juni . . .	3,58
Juli . . .	4,22
August . .	5,74
September . .	6,09
Oktober . .	8,05
November . .	9,18
Dezember . .	14,69

Aus dieser Untersuchung ergiebt sich, daß aus einzelnen korrespondirenden Beobachtungen, deren Beobachtungsorte einen bedeütenden Breitenunterschied haben, wol kein Höhenunterschied ohne merklichen Fehler gerechnet werden könne, weil die Differenzen auch bei gleichen physischen Umständen doch selten die gleichen werden; das mehr nördliche Barometer giebt immer größere Unterschiede, und es kann also nur aus einem arithmetischen Mittel vieler Beobachtungen ein der Wahrheit annäherndes Resultat erzielt werden. In diese Kategorie gehört der vorliegende Fall des Höhenunterschiedes zwischen Regensburg und Berlin, bei dem der Einfluß der Breitendifferenz noch dadurch ausgeglichen wird, daß beide Punkte nahe dieselbe Temperatur haben.

Die absolute Höhe der Donau bei Regensburg läßt sich ferner aus vier Beobachtungen berechnen, welche der Mauth-Direktor Miller an der Mündung des Regen 5 Fuß über dem Wasserspiegel angestellt hat. Sie geben:

Regen-Mündung . .	326,31	Temp. 23°,3 Cent.
München (König's Barometer)	319,01	— 25 ,9 —

Regen-Mündung tiefer als Barometerort in München 102,75 T.
und über der Meeresfläche . . . . . . 166,85 —

Hauptmann Weiß giebt der Donau bei Regensburg eine größere Höhe *); er setzt den Wasserspiegel dieser Stroms nach Barometer-Beobachtungen 527 par. Fuß unter München (Pflaster bei der Frauenkirche), das ist eine Höhe von 173,66 Toisen über dem Meere; allein da er sein Resultat nicht mit den Beobachtungen belägt hat, so muß es hier außer Acht gelassen werden.

Wir haben demnach die absolute Höhe der Donau bei Regensburg:

1) Nach dem mittlern Barometerstand von 54 Jahren verglichen mit dem Barometerstand am Meere in Toisen	166,35
2) Nach den Beobachtungen vom Jahre 1828, verglichen mit den korrespondirenden in Berlin . .	167,19
3) Nach den Beobachtungen von Miller, verglichen mit den korrespondirenden in München . . .	166,85
Mittel =	166,77

oder mit Vernachlässigung der zweiten Decimalstelle 1000,6 par Fuß. Stolz giebt dem Donau-Niveau bei Regensburg eine Höhe von 1024 pariser Fuß **) und Myrbach von Rheinfeld, nach Riedl's Gefäll-Angaben, 1094,4 pariser Fuß ***)

Hauptmann v. Brand beobachtete das Barometer in Regensburg am 22, 23 und 24. Dez. 1819 zehn Mal; sein Standpunkt war im Gasthof zum schwarzen Bären, 15 Fuß über dem hintern Hofraum. Das Mittel aus den Beobachtungen ist mit Baireüth verglichen:

Regensburg 320,66 + 6°,8 }
Baireüth . 320,33 7°,6 } Höhenunterschied — 4,42 Toisen.

Regensburg, schwarzer Bär, über dem Meere 168,12 Tois. oder 1008,7 Fuß.

Am 9. Januar 1828 beobachtete ich im Gasthof zu den drei Helmen eine Treppe hoch; mit Baireüth verglichen stellt sich diese Beobachtung so:

Regensburg 324,42 .12°,0 }
Baireüth . 324,61 .10°,0 } Höhenunterschied + 2,30 Toisen.

Regensburg, Gasthof zu den drei Helmen, über dem Meere 177,34 Toisen oder 1064,0 par. Fuß.

*) Über trigonometrische Höhen-Berechnung, nebst einem Niveau-Verzeichniß durch Süd-Baiern. München 1820. Seite 47.

**) Entwurf eines Systems schiffbarer Kanäle. —

***) Beiträge zur Landeskunde Österreichs unter der Enns, II. 274.

Miller beobachtete an einem in seinen Registern nicht genannten Ort, zehn Mal, in einer Höhe von 18 Fuß über dem Erdboden.

Regensburg: 323,98 + 21°,1 } Höhenunterschied — 85,97 Toisen.
München . 317,73 16°,4 }

Regensburg, Erdboden, ist hiernach über dem Meere 180,63 Tois. oder 1083,8 Fuß.

Miller beobachtete ferner in Stadt am Hof zwei und dreißig Mal, bei einer Erhöhung von 36 Fuß über dem Erdboden; die mittleren Resultate dieser Beobachtungen, mit München verglichen sind:

Stadt am Hof 326,01 + 21°,1 } Höhenuntersch. — 88,24 Tois.,
München . . 319,57 19°,1 }

Stadt am Hof, Erdboden, über dem Meere 176,7 Toisen oder 1066,2 par. Fuß.

Diese Messung harmonirt mit den obigen Bestimmungen für Regensburg sehr gut, nicht minder auch mit den Barometer-Messungen von Weiß, denen zufolge der Platz vor der Halle in Stadt am Hof 505 Fuß unter dem Pflaster der Frauenkirche, oder 1064 Fuß über der Meeresfläche liegt *)

Unter einen allgemeinen Gesichtspunkt gestellt haben wir also für die Höhe von Regensburg und Stadt am Hof folgende Werthe:

Niveau der Donau	1000,6	par. Fuß.
Schwarzer Bär, (v. Brand)	1008,7	„ „
St. Emeran, Barometerort von 1826 an .	1050,6	„ „
— — — bis 1826 . .	1060,6	„ „
Gasthof zu den drei Helmen, (Berghaus) .	1064,0	„ „
Stadt am Hof, Platz vor der Halle, (Weiß)	1064,0	„ „
— — , Millers Standpunkt . .	1066,2	„ „
Millers Standpunkt in Regensburg . .	1083,8	„ „

Nr. 21. Ingolstadt.

Nach den im ehemaligen Jesuiter-Kollegium zu Ingolstadt wärend der sechszehn Jahre von 1782 bis 1797 angestellten Beobachtungen ist der mittlere Baro- und Thermometerstand, in freier Luft, 322,766 bei 10° R. und 8°,42 C. Wärend derselben Jahre, welche eine Reihe von 47749 Beobachtungen umspannen, ist der korrespondirende Stand auf St. Emeran in Regensburg (60′ über

*) A. a. O. S. 46 steht zwar 1164; dies ist aber ein Druckfehler.

der Donau) 323, 998 bei 10° R. und 9°,38 C.*) Die Rechnung giebt einen Höhenunterschied von + 16,10 Toisen, woraus die absolute Höhe von

Ingolstadt, Jesuiter Kollegium, folgt . . =192,76 Toisen

Das Barometer war aber 7,83 Toisen über der Donau: mithin ist der Mittelstand der Donau bei Ingolstadt . 184,93 Toisen über dem Meer, oder 1109, 6 Fuß.

Miller fand aus drei Beobachtungen, ohne Angabe der Station, aber 14′ über dem Erdboden:

Ingolstadt	326,49	+ 12°,6	Höhenunterschied — 79,42 Toisen.
München	320,57	+ 17 ,6	

Ingolstadt, Erdboden, über dem Meere 187,85 Toisen oder 1127,1 Fuß.

Am 9ten Oktober 1828 beobachtete ich bei der Post in Ingolstadt, die ich zu 40′ hoch über dem Donauspiegel schätzte.

Ingolstadt	322,17	+ 10°,0	Höhenunterschied + 17,4 Toisen.
Baireuth	323,49	10 ,0	

Posthaus in Ingolstadt über dem Meere 192,44 Toisen oder 1154,8 pariser Fuß; mithin Donauspiegel 1114,6 Fuß, was mit dem Resultat der sechszehnjährigen Beobachtungen bis auf den, für eine einzelne Beobachtung sehr geringen Unterschied von fünf Fuß stimmt, Stolz hat 1138′ und Myrbach von Rheinfeld 1256′,2, eine Angabe, welche um hundert und funfzig Fuß irrig ist.

Weiß hat dagegen für den Platz in Ingolstadt 1196 Fuß, und für die Donau daselbst 1160 Fuß, was um 50 Fuß zu viel ist.

Vergl. Nr. 12 der trigonometrischen Höhenbestimmungen.

Nr. 22. Amberg.

Zur Bestimmung der Höhe von Amberg können zwanzig Baro- und Thermometer-Ablesungen benutzt werden, die von drei Beobachtern, an drei verschiedenen Punkten, gemacht worden sind.

Acht Beobachtungen des Mauth-Direktors Miller geben:

Amberg	326,82	+ 15°,8	Höhenuntersch. — 72,35 Toisen.
München	321,37	10 ,2	

*) Vom Gefälle der Donau; Schreiben an A. v. Humboldt von Prof. Heinrich, in der Monatl. Korresp. des Freih. v. Zach, 2. B., S. 358 ff.

Da das Barometer am erstern Orte 3,66 Toisen über dem Erdboden stand, so ergiebt sich eine absolute Höhe für Amberg von 193,59 Toisen oder 1161,5 pariser Fuß. Der Standpunkt von Miller ist in seinen Registern nicht angegeben.

Am 21. und 22. December 1819 beobachtete Hauptmann v. Brand sieben Mal in Amberg, wobei er es indessen ebenfalls unbemerkt läßt, für welchen Punkt der Stadt diese Beobachtungen gelten:

Amberg	323,01	+ 7°,3	Reg. .	Höhenuntersch. + 17,17 T.
Baireüth	324,33	5 ,5	Reg. NW.	

Hiernach ist Amberg über dem Meere 192,21 T. oder 1153,3 Fuß.

Den 7. und 8. Januar 1828 las ich die meteorologischen Instrumente in Amberg fünf Mal ab; mein Standpunkt war im Posthause, eine Treppe hoch, nach einer ungefähren Schätzung achtzehn Fuß über dem Niveau der Vils. Mit Baireüth verglichen geben die Beobachtungen nach mittlerm Stande:

Amberg	325,73	— 11°,3	Schön	Höhenuntersch. + 15,9 Toisen.
Baireüth	327,04	— 13 ,3	Schön	

Das Posthaus in Amberg über dem Meere 190,94 Toisen oder 1145,6 Fuß. Niveau der Vils in Amberg über dem Meere 1127,6 Fuß.

Zu bedauern ist es, daß Miller und v. Brand die relative Höhe ihrer Stationen über der Vils nicht angegeben haben, denn so entbehrt man das Mittel, alle drei Bestimmungen scharf mit einander vergleichen zu können; indessen kann man, auch ohne diese Kenntniß, aus dem regelmäßigen Gange, den sie gegenseitig zeigen, schließen, daß die Höhe von Amberg ziemlich genau bestimmt worden sei.

Stolz giebt der Vils bei Amberg eine Höhe von 1131 Fuß, was also mit meinen Beobachtungen bis auf drei Fuß und vier Zehntheile harmonirt.

Nr. 23. Höhenbestimmung von Schloß Neidstein.

Lat. 49°32′ N., Long. 9° 16′ O. Paris, mithin auf dem Jura-Plateau, zwischen Hersbruck und Sulzbach.

Beobachter: v. Brand.

1819		Neidstein			Baireüth				Höhen-Unter-schied in Toisen
Monat und Tag	Stunde	Barom. bei +10° R.	Temperatur der Luft	Wetter	Barom. bei +10° R.	Temperatur der Luft	Wetter	Wind	
Dez. 14	10 M.	316,60	.1,7	Neb.	323,28	.2,1	Schn.	SO.	
	12 =	316 48	.0 8	desgl.	323 22	.1 1	desgl.	SO.	
	1 A.	316 40	0 0	desgl.	323 07	0 6	desgl.	SO.	
	3 Beob.	316 49	.0 8	.	323 19	.0 8	.	.	85,7
= 16	9 M.	316 56	.2 5	Schn.	323 02	.2 2	Trübe	SO.	
	10 =	316 65	.0 6	desgl.	323 15	0 6	Schn.	SO.	
	12 =	316 77	.0 6	Trübe	323 15	2 0	Trübe	S.	
	1 A.	316 75	0 7	Schn.	323 29	2 2	Schn.	S.	
	3 =	316 95	0 9	desgl.	323 16	1 1	desgl.	S.	
	5 Beob.	316 74	.0 4	.	323 27	0 7	.	.	83,5
= 17	10 M.	320 00	0 4	Wrm.	326 51	.1 1	Heiter	N.	
	11 =	319 90	0 4	Heiter	326 57	0 0	Heiter	N.	
	12 =	319 87	0 7	desgl.	326 59	2 0	Trübe	NO.	
	1 A.	319 82	0 7	desgl.	326 59	2 0	Heiter	NO.	
	2 =	319 85	0 6	desgl.	326 56	0 0	gesgl.	NO.	
	3 =	319 78	0 0	desgl.	326 51	.1 0	desgl.	NO.	
	4 =	319 67	.2 1	desgl.	326 45	.5 0	desgl.	NO.	
	5 =	319 68	.2 6	desgl.	326 42	.8 7	Trübe	NO.	.
	6 =	319 55	.3 2	desgl.	326 40	.8 7	Trübe	NO.	
	7 =	319 55	.3 1	desgl.	326 40	.8 0	Trübe	NO.	
	10 B.	319 66	.0 8	desgl.	326 50	.3 2	.	.	86,1
= 18	8 M.	316 95	.3 2	Schn.	324 18	.2 5	Schn.	SO.	91,2
= 19	8 M.	317 72	4 0	Reg.	324 18	0 9	Regen	SO.	
	4 A.	318 09	5 1	desgl.	324 67	2 0	desgl.	SO.	
	2 Beob.	317 89	4 5	.	324 42	1 4	.	.	83,7

1819		Neidstein			Baireuth				Höhen-Unterschied in Toisen
Monat und Tag	Stunde	Barom. bei +10° R.	Temperatur der Luft	Wetter	Barom. bei +10° R.	Temperatur der Luft	Wetter	Wind	
Dez. 20	11 M.	317,76	3,3	Regen	325,44	2,0	Thau-	SO.	
	1 A.	318 29	4 1	desgl.	325 07	2 3	wetter	SO.	
	3 =	318 80	2 2	Nebel	334 57	2 5	desgl.	SO.	
	9 =	316 71	1 5	desgl.	323 18	1 1	Regen	SO.	
	4 Beob.	317 80	2 8	.	324 56	2 0	.	.	87,2
= 21	8 M.	317 24	7 2	Regen	322 00	3 0	Thau-	SO.	
	9 =	317 40	7 6	desgl.	326 15	3 0	wetter	SO.	
	2 Beob.	317 32	7 4	.	324 07	3 0	.	.	87,9
Mittlerer Höhenunterschied aus 27 Beobachtungen . .									86,47
Höhe von Baireuth									175,04
Absolute Höhe des Barometers auf Neidstein . . .									251,5
— — des innern Hofraums bei der Hausthüre .									248,9
— — der höchsten Höhe von Neidstein . . .									256,5
oder 1539 Fuß.									

1819		Ober-Reinbach Mühle			Baireuth				
Dez. 19	11 M.	319,38	4,0	Regen	324,65	2,1	Schn. und Regen	SO.	67,8
	1 A.	319,16	4,5	Regen	324,60	2,5		SO.	69,9
Mittlerer Höhenunterschied aus zwei Beobachtungen . .									68,8
Höhe von Baireuth									175,0
Daher ist Ober-Reinbach, die Mühle, über dem Meere .									243,8
oder 1462,8 Fuß.									

Ober-Reinbach liegt ein und eine halbe Stunde Nordost von Neidstei und zwei Stunden Nordwest über Sulzbach.

Auf der Straße, welche, südlich von Neidstein, aus dem Pegnitz-Thale in das Vils-Thal ziehet, liegen nach Angaben von Stolz: Hersbruck 1024, Hartmannshofen 1174, Scheitelpunkt des Plateaus, in der Gegend von Trondorf 1331, Sulzbach 1182 pariser Fuß über dem Meere.

Nr. 24. Höhenbestimmung von Pegnitz.

Standpunkt: Im schwarzen Adler, 2 Toisen über dem Erdboden und 3 Toisen über der Pegnitz-Brücke.

Beobachter: v. Brand.

1820		Pegnitz			Baireuth				Höhen-Unterschied in Toisen
Monat und Tag	Stunde	Barom. bei + 10° R.	Temperatur der Luft	Wetter	Barom. bei + 10° R.	Temperatur der Luft	Wetter	Wind	
Juli 3	9 M.	321,89	17,0	Trübe	325,20	13,0	Trübe	S.	44,5
	12 =	321 47	17 1	desgl.	324 82	13 7	desgl.	S.	45 1
	4½ A.	321 02	15 2	desgl.	324 59	13 0	desgl.	S.	47 7
= 4	7 M.	320 79	13 1	Trübe	324 19	11 8	desgl.	S.	45 4
	9 =	320 7[illegible]	14 0	Regen	324 11	12 6	desgl.	S.	44 8
	10 =	320 75	14 6	desgl.	324 07	13 0	desgl.	S.	44 6
	1 A.	320 59	15 9	desgl.	323 95	13 7	desgl.	S.	45 3
	4 =	320 62	15 6	desgl.	324 18	13 2	desgl.	S.	47 7
= 5	8 M.	321 99	13 6	Trübe	325 32	12 5	desgl.	NW.	44 2
	1 A.	322 00	17 1	Heiter	325 45	18 1	desgl.	S.	46 6
	3 =	322 00	17 6	desgl.	325 45	18 6	desgl.	S.	46 7
	10 =	322 16	10 9	desgl.	325 50	10 5	desgl.	N.	44 0
= 6	7 M.	322 02	14 1	Heiter	325 35	12 5	desgl.	N.	44 2
	3 A.	322 02	18 8	desgl.	325 24	19 4	Heiter	NO.	43 8
= 7	8 M.	321 91	15 7	Vrm.	325 19	10 9	desgl.	N.	43 8
	2 A.	321 73	17 5	desgl.	324 91	17 0	Trübe	N.	43 1
= 8	10 M.	321 70	14 8	Regen	324 92	13 0	desgl.	NW.	43 1
	1 A.	321 74	13 2	desgl.	324 98	13 7	desgl.	NW.	43 3

1820		Pegnitz			Baireuth				Höh. Unter schied in Toisen
Monat und Tag	Stunde	Barom. bei + 10° R.	Temperatur der Luft	Wetter	Barom. bei + 10° R.	Temperatur der Luft	Wetter	Wind	
Juli 9	9 M.	322,69	15,3	Trübe	325,94	17,0	Heiter	N.	43 6
	9 A.	322 95	12 8	Vrm.	326 03	12 5	Trübe	N.	40'9
" 10	12 M.	322 56	18 5	Heiter	325 68	19 8	desgl.	NW.	42 4
	5 A.	322 18	19 0	desgl.	325 72	19 5	Heiter	N.	48 1
" 12	1 A.	320 82	24 0	.	324 16	24 3	desgl.	SW.	46 4
" 14	7 M.	319 65	17 5	.	323 36	14 3	desgl.	O.	50 3
" 24	9 M.	320 86	15 3	Nebel	324 24	15 0	Trübe	NW.	45 5
	5 A.	320 85	19 6	desgl.	324 16	19 3	desgl.	W.	4 54
" 25	6½ M.	320 86	14 3	desgl.	324 14	14 3	desgl.	S.	44 2
Aug. 9	3½ A.	323 22	24 8	Heiter	326 62	24 3	Heiter	W.	46 8
	6 A.	323 15	22 7	desgl.	326 88	22 8	desgl.	W.	51 2
Okt. 1	8 M.	322 57	12 7	desgl.	325 94	13 4	desgl.	S.	44 8
" 2	8 M.	325 08	12 6	Trübe	328 28	12 2	Trübe	NW.	42 2
	12 M.	325 26	12 1	Regen	328 52	9 7	desgl.	NW.	42 6
" 3	8½ M.	325 31	10 5	Nebel	328 57	6 9	Heiter	N.	42 3
" 4	7½ M.	325 79	4 2	Heiter	329 61	4 3	desgl.	NO.	48 6
	7 A.	325 92	7 7	Trübe	329 52	8 1	desgl.	NO.	46 3
" 5	8 M.	325 31	9 3	Heiter	328 46	11 1	desgl.	NO.	41 1
	10½ M.	325 32	11 8	desgl.	328 30	13 0	desgl.	SO.	39 3
" 7	11 M.	324 34	13 3	Nebel	327 16	14 0	Trübe	SO.	37 4
" 8	10 M.	323 41	12 7	.	326 30	12 5	desgl.	O.	38 3
	2½ A.	323 16	14 0	.	326 38	13 7	Heiter	N.	39 4
Mittlerer Höhenunterschied aus 40 Beobachtungen . . .									44,12

Hiernach stellt sich die absolute Höhe von

Pegnitz, Barometerort im schwarzen Adler	219,16 T. oder	1315 F.
—, Straßenpflaster vor dem Gasthofe		1303 =
—, Brücke über die Pegnitz		1297 =

Am 8. October 1828 beobachtete ich im Posthause zu Pegnitz um 7 Uhr Morgens bei Regenwetter. Mit Baireüth verglichen giebt diese einzelne Beobachtung:

Pegnitz	318,70	+11°,2	Höhenunterschied + 47,9 Toisen.
Baireüth	322,32	7 ,0	

Absolute Höhe des Posthauses in Pegnitz 222,9 Toisen, oder 1337,6 Fuß. Das Resultat dieser einen Beobachtung kann natürlicher Weise nicht den Werth haben, der dem Resultat aus der langen Beobachtungsreihe des Hauptmanns von Brand gebührt. Wie hoch das Posthaus über der Pegnitz-Brücke stehe, findet sich in meinem Tagebuche zwar nicht aufgezeichnet, doch glaube ich mich der Lokalität in so weit erinnern zu können, daß der Höhenunterschied zwischen meinem Standpunkte und der Brücke zu etwa 30 Fuß angenommen werden dürfe, wodurch meine Beobachtung mit den Brandschen Beobachtungen bis auf zehn Fuß harmoniren würde. Stolz hat für die Höhe der Pegnitz 1300,9 par. Fuß.

Nr. 25. Höhenbestimmung von Rothmannsthal.

Rothmannsthal liegt am nördlichen Ende des Franken-Jura, fünf Viertel Meilen südlich von Lichtenfels.

Die Hangstelle des Barometers ist 10 Fuß über dem Kirchhofe.

Beobachter: v. Brand.

1820		Rothmannsthal			Baireüth				Höhen-Unterschied in Toisen
Monat und Tag	Stunde	Barom. bei +10° R.	Temperatur der Luft	Wetter	Barom. bei +10° R.	Temperatur der Luft	Wetter	Wind	
Okt. 15	6 A.	315,91	13,0	.	322,18	13,5	Trübe	SO.	
	8 =	315,94	12,7	.	322,10	13,0	desgl.	SO.	
	9 =	315,84	10,0	.	322,05	12,0	desgl.	SO.	
	3 Beob.	315,89	11,9	.	322,11	12,8	.	.	83,8
= 16	7 M.	315,22	12,9	Regen	321,46	10,3	Trübe	SO.	
	8½ =	315,17	17,0	desgl.	321,40	15,0	desgl.	SO.	
	7 A.	315,22	12,5	desgl.	321,38	13,5	desgl.	SO.	
	3 Beob.	315,20	14,1	.	321,41	12,9	.	.	84,1
= 17	7 M.	314,74	12,5	Regen	321,24	10,0	Regen	S.	
	10 =	314,84	10,6	desgl.	321,30	12,0	desgl.	S.	
	1 A.	314,18	13,5	desgl.	320,55	15,0	desgl.	S.	
	3 Beob.	314,58	12,2	.	321,03	12,3	.	.	87,2
= 18	7 M.	311,50	10,6	Regen	317,27	9,8	Regen	S.	
	2 A.	310,25	8,7	desgl.	315,68	10,6	desgl.	NW.	
	7 =	310,36	8,7	desgl.	316,00	10,3	Trübe	NW.	
	3 Beob.	310,70	9,1	.	316,32	10,2	.	.	76,3
= 19	8 M.	310,36	7,5	Regen	317,27	7,5	Regen	SW.	
	12 =	312,30	7,6	desgl.	317,90	8,8	desgl.	SW.	
	1 A.	312,27	8,3	desgl.	317,91	9,0	desgl.	SW.	
	3 Beob.	311,98	7,8	.	317,69	8,3	.	.	76,3
= 20	7 M.	312,45	7,5	Regen	319,44	7,0	Regen	SO.	
	1 A	312,67	9,0	desgl.	319,04	8,1	desgl.	SO.	
	2 Beob.	313,06	8,2	.	319,22	7,5	.	.	82,4
= 21	8 M.	314,33	10,0	Regen	320,02	7,5	Regen	SO.	76,2
= 24	7 M.	312,12	8,1	Regen	318,48	5,3	Regen	SO.	84,6
= 25	8 M.	310,37	8,7	Regen	316,13	8,1	Regen	SO.	78,0
Mittlerer Höhenunterschied aus 20 Beobachtungen									80,99

Absolute Höhe von

Rothmannsthal, Barometerort 256,03 Toisen od. 1536,2 Fuß,
———, Kirchhof . . . 254,37 = = 1526,2 =

II. Barometrische Höhen-Bestimmungen, die sich auf eine geringere Anzahl von Beobachtungen gründen.

A. Messungen von Miller.

Nr.	Ort der Beobachtung	Zahl d. Beobacht.	Barometer bei +10 R.	Temp. der Luft C.	München Barom. bei +10° R.	München Temperatur der Luft	Höhen-Unterschied in Toisen	Absolute Höhe Toisen	Absolute Höhe Fuß
26	Abbach, Monum. a. Mkt.	1	327,07	18,7	320,33	17,5	. 91,35	178,35	1069,5a
7	Burglengenfeld, Rathh.	2	322 59	14 3	317 45	16 8	. 69 96	199 31	1195 9
8	— , auf d. Berge b)	1	319 90	13 1	317 45	16 8	. 33 34	235 93	1415 6
9	— , Platz . . .	4	325 61	14 9	318 86	10 2	. 90 01	178 76	1072 6
30	— , Schloß . .	1	322 91	18 2	318 73	15 6	. 43 23	225 54	1353 2
31	— , Naab Niveau	1	325 75	18 3	318 48	15 7	. 98 76	169 51	1017 1
32	Teublitz, b. Burglengenf.	1	325 45	18 7	318 58	16 2	. 93 53	175 41	1052 5
33	Donaustauf, Markt .	1	326 65	18 1	319 81	16 2	. 92 56	176 38	1058 3
34	Donaustrom bei Staufen	1	324 62	17 8	317 88	16 5	. 91 89	172 71	1036 3c
35	— , bei Postsaal .	1	327 65	23 5	320 75	23 7	. 95 44	173 16	1039 0
36	Dreifaltigkeitskirche bei Stadt am Hof . .	1	325 11	21 0	319 22	18 1	. 80 41	188 53	1131 2
	Frauenschlag b. Oberhof	21	320 68	9 9	320 50	11 1	. 2 39	267 21	1603 2d
37	Katschdorf, Niv. d. Naab	1	325 65	18 7	318 58	16 2	. 96 23	172 04	1032 2
	Mariahilf, bei Amberg	7	320 88	6 8	320 45	4 4	. 5 63	260 97	1565 8e
38	Naab Münd. b. Maria Ort	1	325 97	22 3	318 55	24 3	.103 15	166 45	993 7f
39	Regenstauf, 12′ üb. d. Reg.	1	323 06	15 0	317 45	13 5	. 75 84	193 76	1162 5
	— , Regen Niveau	.	. . .	. .	. . .	. .	. . .	. . .	1150 5
40	Saltendorf, Dorf an der Straße v. Burglengenfeld nach Schwandorf	1	325 25	18 3	318 58	18 0	. 91 06	178 54	1071 2
41	Schwand., 10′ üb. d. Naab	1	325 57	14 3	318 58	14 7	. 94 10	175 50	1053 0
	— , Niveau d. Naab	.	. . .	. .	. . .	. .	. . .	. . .	1043 0
42	Zielheim, 11′ üb. d. Naab	1	325 64	17 5	318 43	18 7	. 98 35	171 25	1027 5
	— , Niveau d. Naab	.	. . .	. .	. . .	. .	. . .	. . .	1016 5

a Diese Höhe scheint um 4½ Toisen zu groß zu sein, denn da das Barometer 15 Fuß über dem Wasserspiegel der Donau hing, so würde für diesen einen Höhe von 1054,5 Fuß folgen, wärend sie nach der Vergleichung zwischen Ingolstadt und Regensburg nur zu 1027 Fuß angenommen werden kann.

b Diese Station wird der Dreifaltigkeits Berg sein.

c Da die Donau bei Regensburg nur 1000 Fuß absolute Höhe hat, so kann diese Beſtimmung für Staufen unmöglich richtig sein.

d Gegen die trigonometrische Bestimmung weicht die Barometer-Messung um —14 Fuß ab; s. Nr. 6.

e Das Barometer hing nämlich 18 Fuß über dem Erdboden; das Resultat stimmt bis auf 3,10 Fuß mit der trigonometrischen Messung; s. Nr. 13.

f Nach der Vergleichung zwischen Ingolstadt und Regensburg beträgt die Höhe der Naab-Mündung 1007,9 Fuß, mithin vierzehn Fuß mehr als nach Millers einzelner Beobachtung.

B. Messungen des Hauptmanns v. Brand.

Zeit: Jahr, Monat Tag	Zeit: Stunde der Beob.	Ort der Beobachtung	Barometer bei +10° R.	Temperatur der Luft C.	Witterung	Wind	Höhen-Unterschied (Toisen)	Absolute Höhe (Toisen)
1820		Nr. 43.						
Juli 2	11 M.	Nürnberg, im rothen Roß . .	327,90	18,7	Trübe	.	.22,64	152,40
		Baireuth .	326,20	12,0		NW.		
	1 A.	Nürnberg, daselbst	327,77	18,3		.	.22,65	152,39
		Baireuth .	326,07	12,5		NW.		
Mittlere Höhe des Barometers im rothen Roß . . .							.22,65	152,39
Das Barometer hing 4 Fuß über dem Pflaster der Sebaldikirche, mithin hat diese eine Höhe von							.22,0	151,73
		Nr. 44.						
Juli 2	6 A.	Gräfenberg, die Brücke . . .	324,14	13,1	Tr.	.	25,52	200,56
		Baireuth .	326,07	11,5	Tr.	NW.		
Das Barometer hing 4 Fuß über dem Wasser, mithin ist dieses in einer Höhe von							24,86	199,9
		Nr. 45.						
Juli 2	5½ A.	Gräfenberg, Platz am Rathhause	322,35	12,5	Tr.	.	49,3	224,3
		Baireuth .	326,07	12,0	Tr.	NW.		

Zeit: Jahr, Monat, Tag	Zeit: Stunde der Beob.	Ort der Beobachtung	Barometer bei +10° R.	Temperatur der Luft C.	Witterung	Wind	Höhenunterschied (Toisen)	Absolute Höhe (Toisen)
1820		Nr. 46.						
Juli 3	1 A.	Schloßberg oder Behemstein bei Pegnitz, Ruine	316,82	17,5	Tr.	.	106,8	281,8
		Baireuth .	324,70	13,7	Rg.	S.		
	3 =	Schloßberg, daselbst	316,80	16,2	Rg.	.	106,9	281,9
		Baireuth .	324,70	14,0	Rg.	S.		
Mittlere Höhe des Behemsteins							106,9	281,9
Hr. v. Brand schätzte die Höhe des Schloßberges über der Brücke zu 380 bis 390 Fuß, mithin diese . . was mit Nr. 24, Pegnitz, nahe übereinstimmt.							. .	217,8
		Nr. 47.						
Juli 5	4 A.	Stundensäule $\frac{16}{6}$, höchste Höhe an der Chaussee zwischen Pegnitz u. Kreussen . .	317,49	16,2	H.	.	108,0	283 0
		Baireuth .	325,45	17,0	Bm.	S.		
	6 =	Stundensäule . .	317,31	15,0	H.	.	108,2	283,2
		Baireuth .	325,30	15,5	Bm.	S.		
Mittlere Höhe der Stundensäule							108,1	283,1
		Nr. 48.						
Juli 6	5 A.	Warnberg Kulm	314,51	17,5	H.	.	147,5	322,5
		Baireuth .	325,30	16,0	Tr.	NO.		
	6½ =	Warnberg . . .	314,51	16,2	H.	.	147,5	322,5
		Baireuth .	325,34	15,8	Tr.	NO.		
Okt. 1	12 M.	Warnberg . . .	315,41	18,1	Heiter	W.	145,2	320,2
		Baireuth .	325,98	19,9		W.		
	2 A.	Warnberg . . .	315,25	18,6		W.	147,2	322,2
		Baireuth .	325,94	20,4		W.		
= 3	2 A.	Warnberg . . .	317,14	9,0		.	148,3	323,3
		Baireuth .	328,32	10,3		N.		
	6 =	Warnberg . . .	317,19	5,0		.	147,0	322,0
		Baireuth .	328,50	6,0		N.		

Zeit: Jahr, Monat Tag	Zeit: Stunde der Beob.	Ort der Beobachtung	Barometer bei +10° R.	Temperatur der Luft C.	Witterung	Wind	Höhen-Unterschied (Toisen)	Absolute Höhe (Toisen)
1820								
Okt. 5	3½ A.	Warnberg . .	317 05	13 7	.	NO.	148,3	323,3
		Baireüth .	328 08	15 3	H.	SO.		
	6 =	Warnberg . .	316 86	11 8	.	NO.	150,9	325,9
		Baireüth .	328 20	12 2	H.	O.		
= 6	8 M.	Warnberg . .	317 07	7 6	.	.	144,5	319,5
		Baireüth .	328 12	7 4	H.	SO.		
	12 =	Warnberg . .	316 90	13 6	.	.	150,0	325,0
		Baireüth .	328 10	13 7	H.	SO.		
	3 A.	Warnberg . .	316 39	14 5	.	.	156,4	331,4
		Baireüth .	328 00	15 5	H.	SO.		
	4½ =	Warnberg . .	316 26	12 5	.	.	155,8	330,8
		Baireüth .	327 90	13 5	H.	SO.		
Mittlere Höhe des Barom. auf dem Warnb. nach 12 Beob							149,01	324,05
Das Barometer hing 2 Toisen unter der Kulmspitze, mithin hat diese eine Höhe von . . .							151,0	526,0
		Nr. 49.						
Juli 7	2 A.	Neüdorfer Höhe, Baum neben der Chaussee . .	319,02	17,5	Trübe	.	80,4	255,4
		Baireüth .	324,92	17,0		N.		
	1 =	Pegnitz .	321,73	17,5		.	37,1	256,3
		Mittel . .						255,8
(Siehe unten Seite 294, meine Beobacht. v. 8. Okt. 1828)								
		Nr. 50.						
Juli 7	5 A.	Willenberg, Dorfmitte. . .	320,04	16,3	Trübe	.	66,5	241,6
=		Baireüth .	324,95	16,7		N.		
	2 =	Neüdorf .	319,02	17,5		.	.13,9	241,9
		Mittel . .					. . .	241,7

Zeit		Ort der Beobachtung	Barometer bei +10° R.	Temperatur der Luft C.	Witterung	Wind	Höhen-Unterschied	Absolute Höhe
Jahr, Monat Tag	Stunde der Beob.						Toisen	
1820		Nr. 51.						
Juli 7	5½ A.	Willenberger Thal, am Wege nach Elbersberg	322,74	15,3	Trübe	.	29,9	204,9
		Baireuth .	324,96	16,7		N.		
		Willenberg .	320,04	16,3		.	. 36,5	205,2
		Mittel . .					. . .	205,0
Das Barom. hing 2 T. üb. d. Thalbod., mithin dieser							. . .	203,9
		Nr. 52.						
„ 7	7 und 7½ A.	Elbersberg .	319,38	15,0	Tr.	.	75,4	250,4
		Baireuth .	324,98	15,0	Tr.	N.		
Das Barometer hing 1,66 Toise tiefer, als das Kirchenpflaster, mithin ist die Höhe von diesem . . .							77,1	252,1
		Nr. 53.						
Juli 9	12 und 1 A.	Steinigt, bei Langenreut .	317,97	16,0	Tr.	W.	105,2	280,2
		Baireuth .	325,72	17,0	Tr.	N.		
		Nr. 54.						
Juli 9	6 A.	Calvari Berg bei Thurndorf	314,52	12,8	Vm.	W.	153,5	328,6
		Baireuth .	325,92	14,2	Tr.	N.		
	9 „	Pegnitz . .	322,95	12,8	.	.	113,8	333,0
Mittlere Höhe des Calvari Bergs bei Thurndorf . .							. . .	330,8
		Nr. 55.						
Juli 11	10 M.	Kreussen, Adlerwirth . .	322,31	19,9	H.	W.	40,0	215,0
		Baireuth .	325,24	19,1	Tr.	N.		
(Siehe unten Nr. 73, Seite 287 und 294)								

Zeit: Jahr, Monat Tag	Zeit: Stunde der Beob.	Ort der Beobachtung	Barometer bei +10° R.	Temperatur der Luft C.	Witterung	Wind	Höhen-Unterschied (Toisen)	Absolute Höhe (Toisen)
1820		Nr. 56.						
Juli 11	4 A.	Lindenhard, Kirchhof . .	316,7	19,1	Bm.	.	114,7	289,7
		Baireuth .	325,12	19,9	Bm.	N.		
	6½ =	Lindenhard . .	317,12	15,2	Bm.	.	114,7	289,7
		Baireuth .	325,60	15,8	H.	N.		
Höhe des Brunnens am Kirchhofe		. .	.	.		.	113,7	288,7
		Nr. 57.						
Juli 14	11½ M.	Pinziger Kapelle . .	316,60	21,3	.	.	98,8	273,8
		Baireuth .	323,70	22,7	H.	SO.		
		Nr. 58.						
Juli 14	2 A.	Auerbach, am untern Thor .	320,48	23,7	.	.	46,8	221,9
		Baireuth .	323,84	25,3	H.	SO.		
		Nr. 59.						
Juli 14	5 A.	Hopfenohe, Kirchenpflaster	315,91	22,2	.	.	114,3	289,3
		Baireuth .	324,05	24,8	H.	SO.		
= 20	6 =	H pfenohe . .	315,22	19,0	Tr.	.	114,8	289,8
		Baireuth .	323,54	20,0	Tr.	SO.		
= 21	7 M.	Hopfenohe . .	316,51	17,5	Neb.	.	112,9	287,9
		Baireuth .	324,73	19,5	Tr.	S.		
	1 A.	Hopfenohe . .	316,47	20,0	Neb.	.	114,0	289,0
		Baireuth .	324,69	23,0	Tr.	S.		
= 22	9 M.	Hopfenohe . .	317,33	18,1	Neb.	.	110,4	285,4
		Baireuth .	325,40	18,9	Tr.	SW.		
	12 =	Hopfenohe . .	317,23	20,0	Neb.	.	110,0	285,0
		Baireuth .	325,20	21,0	Tr.	SW.		
	2 A.	Hopfenohe . .	317,12	21,7	Neb.	.	111,0	286,0
		Baireuth .	325,12	23,3	Tr.	SW.		

Zeit: Jahr, Monat Tag	Zeit: Stunde der Beob.	Ort der Beobachtung	Barometer bei +10° R.	Temperatur der Luft C.	Witterung	Wind	Höhen-Unterschied (Toisen)	Absolute Höhe (Toisen)
1820								
Juli 23	7 M.	Hopfenohe . .	315,42	17,0	Neb,	.	116,4	291,4
		Baireuth .	323,85	21,0	Reg,	N.		
	2 A.	Hopfenohe , ,	314,93	18,1	Neb,	.	119,1	294,1
		Baireuth .	323,58	18,9	Tr,	N.		
	3 =	Hopfenohe , .	315,02	17,2	Neb,	.	118,3	293,3
		Baireuth .	323,65	17,8	Tr,	N.		
Mittlere Höhe von Hopfenohe aus 10 Beobachtungen .							114,0	289,0
		Nr. 60.						
Juli 20	12 M.	Kirchen-Thumbach . .	319,03	20,3	Tr.	.	55,9	230,9
		Baireuth .	323,09	20,7	Tr.	S.		
		Nr. 61.						
Juli 31	5 A.	Neustädtlein, am Forst .	323,19	25,0	.	.	43,5	218,5
		Baireuth	326,30	29,3	H.	SO.		
Spt. 21	3 =	Neustädtlein	317,46	8,5	.	.	45,5	220,5
		Baireuth	320,89	9,0	Tr.	S.		
= 22	7½ M.	Neustädtlein	317,12	7,7	.	.	44,0	219,0
		Baireuth	320,45	8,3	Tr.	SO.		
	9 =	Neustädtlein	317,37	8,5	.	.	42,2	217,2
		Baireuth	320,55	8,5	Tr.	SO.		
= 24	8 =	Neustädtlein	322,76	10,1	Neb	.	43,6	218,6
		Baireuth	326,07	10,9	Neb	NW.		
= 25	11 M.	Neustädtlein	319,94	15,3	.	.	40,8	215,8
		Baireuth	322,95	15,7	H.	W.		
= 26	8 =	Neustädtlein	320,23	9,8	.	.	43,7	218,7
		Baireuth	323,55	9,2	Tr.	SO.		
	6 A.	Neustädtlein	321,15	8,1	.	.	47,1	222,1
		Baireuth	324,74	8,9	Tr.	NW.		
= 28	7 M.	Neustädtlein	324,08	3,1	Tr.	.	39,0	214,0
		Baireuth	327,15	2,0	H.	N.		
= 29	8 =	Neustädtlein	324,72	5,6	.	.	42,9	217,9
		Baireuth	328,07	5,4	H.	N.		
= 30	7½ =	Neustädtlein	325,72	7,0	.	.	38,8	213,8
		Baireuth	328,75	4,0	H=	SO.		
Mittlere Höhe von Neustädtlein aus 11 Beobachtungen							42,8	217,9

Zeit: Jahr, Monat Tag	Zeit: Stunde der Beob.	Ort der Beobachtung	Barometer bei +10° R.	Temperatur der Luft C.	Witterung	Wind	Höhen-Unterschied (Toisen)	Absolute Höhe (Toisen)
1820		Nr. 62.						
Juli 31	7½ A.	Burgstall, 8 F. unterm Gipfel	317,93	23,7	.	.	115,5	290,5
		Baireuth .	326,22	24,3	H.	SO.		
Spt. 23	1 A.	Burgstall . .	317,48	11,3	.	.	113,3	288,3
		Baireuth .	325,96	13,7	H.	N.		
= 26	10½ M.	Burgstall . .	314,94	9,1	.	.	120,2	295,2
		Baireuth .	323,90	12,9	Tr.	NW.		
= 27	11 =	Burgstall . .	317,32	7,0	.	.	115,0	290,5
		Baireuth .	326,09	8,0	Tr.	S.		
= 28	6 A.	Burgstall . .	318,70	8,1	Tr.	.	120,4	295,4
		Baireuth .	327,87	9,9	H.	S.		
= 29	12 M.	Burgstall . .	318,46	13,0	H.	.	126,9	301,9
		Baireuth .	327,90	17,0	H.	NO.		
	6 A.	Burgstall . .	318,30	12,0	.	.	125,4	300,4
		Baireuth .	327,71	13,0	H.	N.		
Mittlere Höhe des Barometers auf Burgstall . .							119,5	294,6
Gipfel des Burgstalls							120,9	295,9
		Nr. 63.						
Spt. 30	1 A.	Gesees, 10 Fuß über dem Boden	326,44	17,3	.	.	21,6	196,6
		Baireuth .	328,05	17,5	H.	SO.		
Gesees, der Boden							20,0	195,0
		Nr. 64.						
Spt. 30	3 A.	Sophien Berg	318,12	16,0	.	.	131,2	306,3
		Baireuth .	327,82	18,0	H.	SO.		
		Gesees .	326,24	18,0	.	.	110,0	306,6
	5 =	Sophien Berg .	317,72	14,0	.	.	131,7	306,7
		Baireuth .	327,50	16,5	H.	SO.		
Mittlere Höhe des Sophien Berges							. .	306,5

Zeit. Jahr, Monat Tag	Zeit. Stunde der Beob.	Ort der Beobachtung	Barometer bei +10° R.	Temperatur der Luft C.	Witterung	Wind	Höhen-Unterschied (Toisen)	Absolute Höhe (Toisen)
1880		Nr. 65.						
Okt. 14	8 A.	Langheim, 10 Fuß über dem Boden . .	324,92	6,2	.	.	. 7,9	167,1
		Baireuth .	324,32	5,0	H.	SO.		
= 15	7 M.	Langheim . .	323,37	9,1	Rg.	.	. 5,6	169,4
		Baireuth .	322,94	7,0	Tr.	SO.		
	8½ =	Langheim . .	323,14	10,6	.	.	. 4,2	170,8
		Baireuth .	322,82	10,4	Tr.	SO.		
Mittlere Höhe des Baromters in Langheim					.	.	. 5,9	169,1
Erdboden daselbst		. . . . .		.	.	.	. 9,2	165,8
		Nr. 66.						
= 15	10 M.	Sandstein .	317,00	11,1	.	.	82,0	251,1
		Langheim .	323,14	10,6	.	.		
		Baireuth .	322,67	10,0	Tr.	SO.	75,7	250,8
Mittlere Höhe des Sandsteins			.	.	.	.	. .	251,0
		Nr. 67.						
= 15	1 A.	Gorkum, 20 Fuß unterm Gipfel	313,13	10,2	.	.	124,3	299,4
		Baireuth .	322,38	10 6	Tr.	SO.		
	2½ =	Gorkum . .	312,96	10,7	.	.	40,1	296,1
		Rothmannsthal	315,91	12,3	.	.		
		Baireuth .	322,30	11,3	Tr.	SO.	125,8	300,9
= 16	10½ =	Gorkum . .	312,82	11,1	Rg.	SW	39,4	295,4
		Rothmannsthal	315,70	12 9	Rg.	SW.		
		Baireuth .	321,96	12,9	Rg.	SO.	123,7	298,7
	5½ A.	Gorkum . .	312,40	12,0	Rg.	SW.	39,7	295,7
		Rothmannsthal	315,30	12,5	Rg.	SW.		
		Baireuth .	321,40	13,0	Rg.	SO.	122,2	297,2
Mittlere Höhe des Barometers auf Gorkum					.	.	. .	297,6
Gipfel von Gorkum		. . .	.	.	.	.	. .	301,0

Zeit: Jahr, Monat Tag	Zeit: Stunde der Beob.	Ort der Beobachtung	Barometer bei +10° R.	Temperatur der Luft C.	Witterung	Wind	Höhen-Unterschied (Toisen)	Absolute Höhe (Toisen)
1820		Nr. 68.						
Spt. 25	1 A.	Kortigast bei Weißmain .	309,43	8,1	Reg.	.	108,3	283,3
		Baireüth .	317,42	9,6	Reg.	SW.		
		Nr. 69.						
Spt. 26	10 M.	Weißmain .	322,36	8,9	.	.	. 12,7	152,3
		Baireüth .	321,40	8,1	Reg.	S.		
= 29	8 M.	Weißmain . .	322,48	.	.	.	25,5	200,5
		Baireüth .	324,47	1,9	H.	SW.		

Diese beiden Messungen widersprechen sich gegenseitig; die zweite scheint sich der Wahrheit mehr zu nähern, als die erste.

C. Messung von Mädler.

Jahr, Monat Tag	Stunde der Beob.	Ort der Beobachtung	Barometer	Temperatur	Witterung	Wind	Höhen-Unterschied	Absolute Höhe
1827		Nr. 70.						
Apr. 24	10 M.	Hoher Punkt der Chaussee zwischen Würgau u. Hohen-Hausling . . .	315,00	10,0	.	.	79,3	254,3
		Baireüth .	320,90	7,0	.	.		
		Würzburg .	.	.	.	.	176,9	268,0
Mittel aus beiden Vergleichungen							.	262,2
Östlich von diesem Punkte steigt man noch um etwa 8 Toisen, um auf den Rand des Plateaus zu gelangen; mithin dieser							.	270,0

Zeit: Jahr, Monat Tag	Zeit: Stunde der Beob.	Ort der Beobachtung	Barometer bei +10° R.	Temperatur der Luft C.	Witterung	Wind	Höhen-Unterschied (Toisen)	Absolute Höhe (Toisen)
		D. Messungen von Berghaus.						
1825		Nr. 71.						
Sept. 6	8 A.	Lichtenfels, Kreütz Gasthof	324,82	7,0	Trübe	W.	. 16,1	143,0
		Gotha . .	323,59	9,3			. 30,9	144,1
		Baireüth .	322,46	10,0				
" 7	6 M.	Lichtenfels, daselbst	325,27	7,0		W.	. 30,4	144,6
		Baireüth .	322,93	7,5				
1828								
Jan. 24 und 25	2 Beob.	Lichtenfels, Krone	330,39	1,0	Heiter	SW.	. 26,2	146,8
		Baireüth .	328,38	1,0				
Okt. 19	7 M.	Lichtenfels, Boden vor der Krone und dem Kreüz	330,92	.0,6		SW.	. 32,3	142,7
		Baireüth .	338,32	.0,8				

Die Beobachtungen vom 6. und 7. September 1825 und vom 24. und 25. Januar 1828 können mit einander verglichen werden, da sie, obgleich in zwei verschiedenen Haüsern, in gleichem Horizont angestellt worden sind; denn es betrug die Erhöhung des Barometers über dem Straßenpflaster in beiden Fällen 18′; beide Wirthshaüser am Platze einander gegenüber; es ist dann die mittlere Höhe aus den vier ersten Bestimmungen 145,1 Toisen, und mit Rücksicht auf die angeführte Höhe des Barometers über dem Boden, für diesen 142,1 Toisen, was mit der Beobachtung vom 19. Oktober bis auf 0,6 Toisen übereinstimmt; daher mittlere Höhe des Platzes in Lichtenfels . . 142,4

Das Niveau des Mains bei Lichtenfels kann zu etwa 15 Fuß unter dem Platze angenommen werden; mithin absolute Höhe desselben 139,9

Zeit: Jahr, Monat Tag	Zeit: Stunde der Beob.	Ort der Beobachtung	Barometer bei +10° R.	Temperatur der Luft C.	Witterung	Wind	Höhen-Unterschied (Toisen)	Absolute Höhe (Toisen)
1828		Nr. 72.						
Okt. 19	8 M.	Krabben Berg, Chausseehöhe .	327,34	2,5	H.	SW.	44,7	187,1
		Lichtenf., Boden	330,92	,0,6				
		Baireüth .	328,45	3,0			13,9	188,9

Mittlere Höhe des Krabben Berges 188,0

Über diesen Berg führt die Chaussee von Lichtenfels nach Kronach. Der gemessene Punkt ist die Scheideck zwischen Lichtenfels und Zetlitz. Die Höhen, welche südlich von hier zum Jura gen Langheim und Kortigast hinauf steigen, mögen sich in ihrem Rande an 300 Fuß über jenen Scheitelpunkt erheben, daher in der absoluten Höhe von . . . . . . 238 über dem Meere stehen. Diese Zahl würde mithin die Höhe des nördlichen Randes unseres Franken-Jura ausdrücken, und seine Höhe über dem Main-Thale, oder seinem Fußgestelle, 100 Toisen betragen.

Profil

längs des Ostrandes des Franken-Jura von Baireüth bis Regensburg.

1828 . Baireüth, Gerstners Stationsbarometer . . 175,04

Zeit	Stunde	Ort	Barometer	Temperatur	Witterung	Wind	Höhen-Unterschied	Absolute Höhe
		Nr. 73.						
Jan. 7	8 M.	Kreüssen, Mainbrücke . .	323,05	6,0	H.	Still	31,6	206,6
		Baireüth .	325,68	,12,0				

Niveau des rothen Mains 30,7 205,7
(Vergleiche Nr. 55, S. 280 u. 294)

Zeit		Ort der Beobachtung	Barometer bei +10° R.	Temperatur der Luft C.	Witterung	Wind	Höhen-Unterschied	Absolute Höhe
Jahr, Monat Tag	Stunde der Beob.						Toisen	
1828		Nr. 74.						
ıan. 7	9 M.	Höhe zwischen Heinersberg und Heinersreüth am Ostabfall des Jura . . .	318,64	.14,0	H.	N.	89,1	262,[illegible]
		Baireüth .	326,02	.11,0	.	.		
		Nr. 75.						
ın. 7	9 M.	Heinersreüth, im Kruge .	319,83	.13,0	H.	N.	76,6	251,6
		Baireüth .	326,19	.11,5				
		Nr. 76.						
Jan. 7	12 M.	Höhe südlich über Unter-Frankenohe . .	321,49	.10,0	H.	NO.	67,4	242,4
		Baireüth .	327,03	. 7,8	.	.		
Nr. 77. Der Wasserspiegel des frankenoher Baches in dem Dorfe Unter-Frankenohe, liegt nach Schätzung 80 Fuß unter dem Punkte Nr. 76, mithin über dem Meere								229,0
Nr. 78. Die Quelle des Bachs bei Ober Frankenohe mag um 40 Fuß höher sein, als das Dorf Unter-Frankenohe; und da dieser Bach als der Hauptquellbach der Vils betrachtet werden kann, so ist die Quelle der Vils in einer absoluten Höhe von . .								236,0
Nach den Angaben von Stolz ist die Höhe: des Scheitelpunkts zwischen der Ölsnitz (rothe Main) und der Heidenaab bei Kirchen-Laibach								235,5
Von Eschenbach								219,5
Von Gmünd, an der Vereinigung des Kreußen Bachs mit der Naab								212,0

Zeit: Jahr, Monat Tag	Zeit: Stunde der Beob.	Ort der Beobachtung	Barometer bei +10° R.	Temperatur der Luft C.	Witterung	Wind	Höhen-Unterschied (Toisen)	Absolute Höhe (Toisen)
1828		Nr. 79.						
Jan. 7	1 A.	Gänlas Dorf	323,43	. 6,5	H.	N.	48,2	223,[illegible]
		Baireuth .	327,37	. 8,0	.	.		
Niveau der Vils							47,0	222,[illegible]
		Nr. 80.						
Jan. 7	4 A.	Schlicht, Wirthshaus . .	324,79	. 8,0	H.	N.	31,1	206,1
		Baireuth .	327,03	. 9,5	.	.		
Niveau der Vils							29,8	204,8
(Stolz setzt die Höhe von Vilseck, welches eine halbe Stunde oberhalb Schlicht liegt, = 197,8 T., was zu niedrig ist, wenn in meiner Beobachtung kein Irrthum ist.)								
.	.	Amberg, Post (s. Nr. 22, Seite 268)					15,9	190,9
		Niveau der Vils . . .					12,9	187,9
		Nr. 81.						
Jan. 8	9 M.	Pittersberg, Kirchthüre .	320,31	.15,0	H.	NO.	72,7	247,7
		Baireuth .	326,35	.13,0	.	.		
		München .	328,01	. 7,6	.	.	28,2	236,5
Mittlere Höhe der Pittersberger Kirche . . .							. .	242,1
		Nr. 82.						
Jan. 8	10 M.	Schwandorf, in der Post . .	325,14	.13,0	H.	.	. 88,4	176,3
		München .	317,91	. 7,0	.	.		
Niveau der Naab bei Schwandorf							. .	173,3
Dasselbe nach Millers Beobachtung (Nr. 41, Seite 276)							. .	173,8
Mittlere Höhe der Naab bei Schwandorf . . .							. .	173,55

Zeit		Ort der Beobachtung	Barometer bei +10° R.	Temperatur der Luft C.	Witterung	Wind	Höhenunterschied	Absolute Höhe
Jahr, Monat Tag	Stunde der Beob.						Toisen	
1828		Nr. 83.						
Jan. 8	1 N.	Burglengenfeld, am Regensburger Thor	324,20	5,4	H.	.	16,5	191,5
		Baireuth .	325,54	5,5				

Burglengenfeld liegt theils im Naabthale, theils auf dem hohen Thalrande des linken Ufers. Die Beobachtung bezieht sich auf den obern Theil der Stadt. (Vergleiche übrigens Nr. 27 bis 31, Seite 276).

.	.	Regensburg, Gasthof zu den drei Helmen (siehe Nr. 22, Seite 267)	177,3

Klimatische Bemerkung.

Wärend das ganze Bergland von Gera bis Baireüth durch einen am 4. Januar Statt gehabten Schneefall mit fußhohem Schnee bedeckt war, waren die Thalweitungen des Mains bei Berneck, Baireüth und Kreüssen ganz frei davon; auf den Flächen bei Heinersberg lag nur wenig Schnee, der von Gänlas Dorf an ganz aufhörte. Die Höhen von Pittersberg erst waren wieder mit Schnee belegt; im Naab-Thal und im Regen-Thal zeigte sich keine Spur davon; die Gipfel des baierischen Waldes dagegen glänzten im weißen Gewande.

Zeit		Ort der Beobachtung	Barometer bei +10° R.	Temperatur der Luft C.	Witterung	Wind	Höhen-Unterschied	Absolute Höhe
Jahr, Monat Tag	Stunde der Beob.						Toisen	

Querprofil

des Franken-Jura zwischen Weißenburg und Ingolstadt.

Jahr, Monat Tag	Stunde der Beob.	Ort der Beobachtung	Barometer	Temp.	Witterung	Wind	Höhen-Unterschied	Absolute Höhe
1828		Nr. 84.						
Jan. 23 und 24	3 Beob.	Weißenburg, Rose, 2 Treppen	324,40	4,0	Reg.	.	41,9	216,9
		Baireuth .	327,68	4,3	.	.		
Okt. 9	7½ M.	Weißenburg, an der Post . .	320,73	11,2	Bm.	W.	28,6	203,6
		Baireuth .	322,88	9,3	.	.		
" 17	1¾ A.	Weißenburg, ebend.	322,00	11,1	H.	N.	. 21,7	201,2
		Dettenheim	321,12	11,1	H.	N.		
		Baireuth .	324,71	10,0	.	.	35,4	210,4
Mittlere Höhe des Straßenpflasters vor dem Posthause							. .	205,6

Das ist um etwa zwölf Toisen tiefer, als der Standpunkt im Gasthofe zur Rose, zwei Treppen hoch, was mit Rücksicht auf die Lokalität der Stadt nicht unwahrscheinlich sein dürfte. — Die Höhe von Weißenburg setzt Stolz = 217,1 Toisen; dies stimmt mit meiner Beobachtung in der Rose nahe überein.

Jahr, Monat Tag	Stunde der Beob.	Ort der Beobachtung	Barometer	Temp.	Witterung	Wind	Höhen-Unterschied	Absolute Höhe
		Nr. 85.						
Okt. 9	8¼ M.	Stein Berg, westl. Hemmtafel	315,82	10,0	Bm.	W.	94,9	269,9
		Baireuth .	322,94	10,0				

Der Stein Berg ist die erste Anhöhe am Westrande des Jura, welcher sich gleich östlich über Weißenburg erhebt; die Chaussee nach Eichstädt führt, fast geradlinig, steil hinauf. Diesem Stein Berge nördlich gegenüber liegt die Wülzburg, s. Nr. 19, im Register der trigonometrischen Höhenbestimmungen, (S. 260.)

Zeit: Jahr, Monat Tag	Zeit: Stunde der Beob.	Ort der Beobachtung	Barometer bei +10° R.	Temperatur der Luft C.	Witterung	Wind	Höhen-Unterschied (Toisen)	Absolute Höhe (Toisen)
1828		Nr. 86.						
Okt. 9	8¾ M.	Laubenthaler Wirthshaus Baireuth .	318,59 322,98	8,3 10,2	Bm.	W.	58,3	233,3

Laubenthal ist der Name einer engen Schlucht, wo der Kalkstein stellenweise zu Tage geht. Im Oktober floß in diesem Thale, nach mehrtägigem Regen, nur ein unbedeutender Riesel; der Wasserzug geht südlich zur Altmühl.

		Nr. 87.						
Okt. 9	9½ M.	Schönberg . Baireuth .	315,88 323,06	11,1 10,5	H.	W.	96,1	271,1

Schönberg ist eine kleine Kolonie, aus zerstreut liegenden Häusern bestehend, hoch auf der Plateauhöhe, die, soweit das Auge reicht, ganz platt ist und keine hervorragenden Kuppen hat.

		Nr. 88.						
Okt. 9	10 M.	Roppertsbuch, Kirche . . Baireuth .	315,96 323,10	10,0 10,7	H.	W.	95,3	270,3

		Nr. 89.	
		Bis an den Rand des Absturzes ins Altmühlthal gegen Eichstädt steigt das Plateau, nach Schätzung, noch um sechs bis acht Toisen; mithin hat dieser Rand eine absolute Höhe von etwa	278,0

Zeit		Ort der Beobachtung	Barometer bei +10° R.	Temperatur der Luft	Witterung	Wind	Höhenunterschied	Absolute Höhe
Jahr, Monat Tag	Stunde der Beob.			C.			Toisen	
1828		Nr. 90.						
Jan. 23	2 A.	Eichstädt, baierischer Hof .	325,10	5,0	Reg.	NW.	28,8	203,8
		Baireuth .	327,34	6,0	.	.		
Okt. 9	11 u. 12 M.	Eichstädt, Posthaus	320,96	15,6	H. u.	W.	29,4	204,4
		Baireuth .	323,15	11,1	Reg.	.		
Das Niveau der Altmühl ist ungefähr 30 Fuß unter der Barometer-Station im Gasthof zum baierischen Hof, mithin . .								199,0

Ubrigens dürften die beiden Station, das Gast- und das Posthaus, wol einen größern Höhenunterschied haben, als die Beobachtungen anzeigen *).

Jahr, Monat Tag	Stunde der Beob.	Ort der Beobachtung	Barometer	Temp.	Witterung	Wind	Höhenunterschied	Absolute Höhe
		Nr. 91.						
Okt. 9	1½ A.	Jurahöhe a. Scheidewege von Eichstädt nach Ingolstadt u. Neuburg . .	318,36	11,1	H.	NW.	35,2	239,6
		Baireuth .	320,96	15,6				
.	.	Ingolstadt, Donau (vergleiche Nr. 21) .						184,9

*) Nach der Angabe von Stolz ist die absolute Höhe der Altmühl bei Eichstädt 1309 baierische oder 1176,1 pariser Fuß = 196 Toisen; eine Bestimmung, welche vor der meinigen den Vorzug verdienen dürfte. Legt man sie zum Grunde, so ist die Höhe des baierischen Hofes, 1 Treppe hoch = 201 Toisen; und nun wird die Höhendifferenz zwischen diesem Punkte und dem Posthause = 3,4, was der Wahrheit näher kommt, als die obige Angabe von 0,6 T.

Zeit: Jahr, Monat Tag	Zeit: Stunde der Beob.	Ort der Beobachtung	Barometer bei +10° R.	Temperatur der Luft C.	Witterung	Wind	Höhen-Unterschied (Toisen)	Absolute Höhe (Toisen)
Querprofil des Jura zwischen Kreüssen und Nürnberg.								
		Kreüssen, Mainspiegel (siehe Nr. 73, Seite 287; vergl. auch Nr. 55, Seite 280; Stolz giebt für diese Höhe 219,8 Toisen						205,7
		Kraimoos-Weiher, Scheitelpunkt zwischen dem rothen Main und der Pegnitz, nördlich von Schnabelwaid (nach Stolz)						230,0
		Schnabelwaid, Niveau des Baches (nach Stolz) . .						227,8
		Pegnitz, Posthaus (siehe Nr. 24, Seite 274) . . .						222,9
1828 Okt. 8	8½ M.	Höhe östlich vor Neüdorf .	315,76	10,0	Reg.	S.	85,5	260,9
		Baireüth .	322,26	8,5				
		Nach v. Brands Messung (siehe Nr. 49, Seite 279) .					. .	255,8
		Mittel aus beiden Messungen					. .	258,1
		Nr. 92.						
Okt. 8	9 M.	Brunn, tiefstes Haus . .	319,40	10,0	Reg.	SO.	37,7	212,7
		Baireüth .	322,24	10,0	.	.		
		Nr. 93.						
Okt. 8	9½ M.	Plateaufläche nordöstlich über Leüpoldstein ist nach Schätzung etwa funfzig Fuß höher als Nr. 94, mithin über dem Meere .					. .	286

Zeit. Jahr, Monat Tag	Stunde der Beob.	Ort der Beobachtung	Barometer bei +10° R.	Temperatur der Luft C.	Witterung	Wind	Höhen-Unterschied (Toisen)	Absolute Höhe (Toisen)
1828		Nr. 94.						
Okt. 8	8¼M.	Leüpoldstein, Post . .	314,52	8,8	Reg.	SO.	102,3	277,3
		Baireüth .	322,24	10,5				
		Nr. 95.						
" 8	11¼M.	Hilpoldstein, unten im Ort	316,48	10,1	Tr.	S.	75,7	250,7
		Baireüth .	322,15	11,5				
		Nr. 96.						
" 8	12M.	Hohe Bergfläche östlich bei Kematen . .	316,21	10,0	Tr.	SO.	78,9	253,9
		Baireüth .	322,11	12,8				
		Nr. 97.						
" 8	12½A.	Gräfenberg, tiefstes Haus .	320,40	13,7	H.	SO.	22,6	197,6
		Baireüth .	322,09	13,0				
(Vergleiche Nr. 44 und 45, Seite 277)								
		Nr. 98.						
" 8	2.	Eschenau, Post	322,56	12,5	Tr.	S.	. 5,2	169,8
		Baireüth .	322,17	13,7				

Zeit: Jahr, Monat, Tag	Zeit: Stunde der Beob.	Ort der Beobachtung	Barometer bei +10° R.	Temperatur der Luft C.	Witterung	Wind	Höhen-Unterschied (Toisen)	Absolute Höhe (Toisen)
1828		Nr. 99.						
Okt. 8	3 A.	Auf der Haide, im SebaldiWalde Chausseehöhe	320,38	12,5	Bm.	SW.	25,4	200,4
		Baireuth .	322,21	13,3				
		Nr. 100.						
Jan. 24	2 Beob.	Nürnberg bair. Hof	331,55	4,5	H.	N.	.24,8	150,2
und 25		Baireuth .	329,57	4,0	.	.		
Okt. 8	5 A.	Nürnberg, daselbst	324,14	12,0	H.	SW.	.24,6	150,4
		Baireuth .	322,27	12,0	.	.		
= 18	7 M.	Nürnberg, daselbst	328,19	7,0	H.	SW.	.24,2	
	1 A.	Baireuth .	326,29	5,6	.	.		150,8
Mittlere Höhe des baierischen Hofes in Nürnberg .							.24,5	150,5
Niveau der Pegnitz bei diesem Gasthause . . . :							. . .	147,83

Die in Nürnberg, zu drei verschiedenen Zeiten, unter verschiedenem atmosphärischen Druck gemachten Beobachtungen lassen in den Resultaten wenig zu wünschen übrig. Die Höhe der Pegnitz, welche daraus hergeleitet worden, findet auch ihre Bestätigung in dem geometrischen Nivellement des Freiherrn v. Pechmann, wonach das Niveau der Pegnitz zwischen Nürnberg und Fürth, bei dem Weiler Doos, eine absolute Höhe von 147,43 Toisen hat; s. u. S. 307, Nr. 156. Stolz legt dem Wasserspiegel der Pegnitz eine absolute Höhe von 155,7 Toisen bei, was offenbar zu viel ist. (Vergleiche auch für die Höhe von Nürnberg, die Nr. 14 und 43, S. 260 und 277.)

Zeit: Jahr, Monat Tag	Zeit: Stunde der Beob.	Ort der Beobachtung	Barometer bei +10° R.	Temperatur der Luft C.	Witterung	Wind	Höhen-Unterschied (Toisen)	Absolute Höhe (Toisen)
Querprofil des Jura zwischen Donauwörth und Weißenburg, und Längenpropfil des Regnitz-Thal.								
1828		Nr. 101.						
Okt. 17	8½ M.	Donauwörth, Post*) . .	323,03	10,0	H.	SW.	33,3	208,3
		Baireuth .	325,57	9,0				
		Niveau der Donau an der Fähre					30,0	205,0
		Nr. 102.						
17	9¼ M.	Kaisersheim, Mitte des Orts .	320,53	11,1	H.	SW.	64,6	239,6
		Baireuth .	325,72	9,5				
		Nr. 103.						
" 17	10 M.	Buchdorfer Plateauhöhe .	318,58	11,9	H.	SW.	88,9	263,9
		Baireuth .	325,30	10,0				
		Nr. 104.						
" 17	10¾ M.	Monnheim, Post	319,64	11,9	H.	SW.	72,0	247,0
		Baireuth .	325,06	10,6				

*) In der ersten Ausgabe dieser Abhandlung war beim Extrahiren des Barometerstandes in Donauwörth aus dem Orginal-Tagebuch ein Irrthum vorgefallen, der erst jetzt, beim Bearbeiten dieser zweiten Ausgabe bemerkt worden ist.

<table>
<tr><th colspan="2">Zeit</th><th rowspan="2">Ort der Beobachtung</th><th rowspan="2">Barometer bei +10° R.</th><th rowspan="2">Temperatur der Luft C.</th><th rowspan="2">Witterung</th><th rowspan="2">Wind</th><th>Höhen-Unterschied</th><th>Absolute Höhe</th></tr>
<tr><th>Jahr, Monat Tag</th><th>Stunde der Beob.</th><th colspan="2">Toisen</th></tr>
<tr><td>1828</td><td></td><td>Nr. 105.</td><td></td><td></td><td></td><td></td><td></td><td></td></tr>
<tr><td>Okt. 17</td><td>12 M.</td><td>Bei Rotzenhof, Chausseehöhe .</td><td>318,11</td><td>11,0</td><td>H.</td><td>SW.</td><td>91,6</td><td>266,6</td></tr>
<tr><td></td><td></td><td>Baireuth</td><td>325,00</td><td>10,0</td><td></td><td></td><td></td><td></td></tr>
<tr><td colspan="9">Von Donauwörth geht es in dem flachen Kaibach-Thale aufwärts zum Juraplatau, das man bei Kaisersheim erreicht. Seine größte Höhe erreicht es auf dieser Querlinie an seinem nördlichen Rande bei Rotzenhoff. Plötzlich und jäh ist der Absturz gegen Norden durch das Büttelbrunner Thal zur Altmühl, die bei Dietfurt in das Gebiet des Jura Gebirgs tritt</td></tr>
<tr><td></td><td></td><td>Nr. 106.</td><td></td><td></td><td></td><td></td><td></td><td></td></tr>
<tr><td>Okt. 17</td><td>12½ M.</td><td>Dorf-Dietfurt, an der Post .</td><td>322,45</td><td>12,0</td><td>H.</td><td>SW.</td><td>31,6</td><td>206,6</td></tr>
<tr><td></td><td></td><td>Baireuth .</td><td>324,92</td><td>9,3</td><td>.</td><td>.</td><td></td><td></td></tr>
<tr><td></td><td></td><td>Rotzenhof .</td><td>318,11</td><td>11,0</td><td>.</td><td>.</td><td>57,9</td><td>208,7</td></tr>
<tr><td colspan="8">Mittlere Höhe von Dorf-Dietfurt . . . . .</td><td>207,7</td></tr>
<tr><td colspan="8">Niveau der Altmühl bei Dietfurt . . . . . .</td><td>206,9</td></tr>
<tr><td></td><td></td><td>Nr. 107.</td><td></td><td></td><td></td><td></td><td></td><td></td></tr>
<tr><td>" 17</td><td>1 A.</td><td>Dettenheim, Kirche .</td><td>321,23</td><td>11,1</td><td>H.</td><td>SW.</td><td>15,2</td><td>222,9</td></tr>
<tr><td></td><td></td><td>Dietfurt .</td><td>322,45</td><td>12,0</td><td>.</td><td></td><td></td><td></td></tr>
<tr><td colspan="8">Nr. 108.
Die Wasserscheide zwischen der Rezat und Altmühl, oder zwischen den Gebieten des Rhein- und des Donau-Stroms, ist in geringer Entfernung südlich von Dettenheim, und scheint sich kaum zehn Fuß über das Niveau der Kirche dieses Orts zu erheben, sie steht mithin über dem Meere . . .</td><td>224,5</td></tr>
<tr><td>.</td><td>.</td><td colspan="6">Weißenburg, Post, (siehe Nr. 84, Seite 291)</td><td>205,6</td></tr>
</table>

Zeit: Jhr, Monat Tg	Zeit: Stunde der Beob.	Ort der Beobachtung	Barometer bei +10° R.	Temperatur der Luft C.	Witterung	Wind	Höhen-Unterschied (Toisen)	Absolute Höhe (Toisen)
1828		Nr. 109.						
Okt. 9	6 M.	Pleinfelden, an der Post .	322,19	9,0	B.	N.	9,7	184,7
		Baireüth	322,92	8,	.	.		
= 17	3 A.	Pleinfelden, das.	323,63	10,6	Tr.	NW. Stürmisch	12,3	187,2
		Baireüth .	324,57	10,0				
Mittlere Höhe von Pleinfelden .								186,0
		Nr. 110.						
= 8 und 9	3 Beob.	Schwabach, in der Post am Markt, eine Treppe hoch	323,2	10,5	B.		. 11,4	163,6
		Baireüth .	322,41	9,5				
Nürnberg, baierischer Hof (siehe Nr. 100, Seite 296)							. . .	150,5
		Nr. 111.						
Jan. 25	2 A.	Vorchheim, an der Post . .	332,71	3,7	Tr.	NO.	. 40,5	134,5
		Baireüth .	329,47	3,0				
Okt. 18	5 A.	Vorchheim, das.	330,81	6,2	H.	SW.	. 40,8	134,8
		Baireüth ,	327,59	4,0				
Mittlere Höhe von Vorchheim							134,6	134,6
Bamberg, Niveau der Regnitz (siehe S. 304) . .							. .	120,8

Übersicht der aus einzelnen Barometer-Messungen hergeleiteten Punkte, nach ihrer absoluten Höhe in pariser Fuß.

A. Im nördlichen Theile des Franken-Jura.

Messungen von Brand.	Par. Fuß
Behemstein, oder Schloßberg, bei Pegnitz . .	1619,4
Warnberg Kulm	1956,0
Willenberg, Dorfmitte	1450,2
Willenberger Thal, am Wege nach Elbersberg .	1223,4
Elbersberg, Kirchenpflaster	1512,6
Steinigt bei Langenreüth	1681,2
Calvari Berg bei Thurndorf	1984,8
Lindenhard, Kirchhof	1738,2
— , Brunnen am Kirchhofe . . .	1732,2
Pinziger Kapelle	1642,8
Auerbach, am untern Thore	1331,4
Hopfenohe, Kirchenpflaster	1734,0
Neüstädtlein am Forst	1307,4
Burgstall, Gipfel	1775,4
Gesees, Boden	1170,0
Sophien Berg	1839,0
Langheim, Erdboden	994,8
Sandstein, Höhe südlich von Langheim . .	1506,0
Gorkum, Gipfel, südlich von Sandstein . .	1806,0
Kortigast, bei Weißmain	1699,8
Weißmain	1203(?

Messungen von Mädler.	
Hoher Punkt der Chaussee zwischen Würgau und Hohen-Haüsling	1573,2
Plateaurand am Wege gegen Ober Steinfeld . .	1620

Messungen von Berghaus.	
Lichtenfels, Pflaster des Platzes	854,4
— , Niveau des Mains	839,4
Krabben Berg, Chausseehöhe	1128,0
Nordrand des Jura, südlich über diesem Punkte .	1430

Namen der gemessenen Punkte.	Pariser Fuß
B. Profil von Baireüth bis Regensburg.	
Baireüth, Niveau des rothen Mains an der Kasernen Brücke . . .	1019,3
Kreüssen, Niveau des rothen Mains . .	1234 2
— , Main Brücke	1239 6
— , Adlerwirth . . (von Brand)	1290 0
Chausseehöhe zwischen Heinersreüth und Heinersberg	1572 6
Heinersreüth, im Cruge . . .	1509 6
Kirchen=Thumbach . . (von Brand)	1385 4
Quelle der Vils bei Ober Frankenohe . .	1416
Niveau der Vils in Unter Frankenohe . .	1374
Chausseehöhe südlich über Unter Frankenohe .	1454 4
Gänlas Dorf, Wirthshaus . . .	1339 2
— , Niveau der Vils . . .	1332 0
Schlicht, Wirthshaus	1236 6
— , Niveau der Vils . . .	1228 8 *)
Amberg, Posthaus	1145 4
— , Niveau der Vils . . .	1127 4
Pittersberg, Kirche	1452 6
Schwandorf, Posthaus	1057 8
— , Niveau der Naab . . .	1042 8
Burglengenfeld, Regensburger Thor . .	1149 0
— , Niveau der Naab (Miller)	1017 1
Regenstauf, Niveau des Regen . (derselbe)	1150 5 (?)
Regensburg, Niveau der Donau . .	1000 6
C. Querprofil zwischen Weißenburg und Ingolstadt.	
Weißenburg, Posthaus, auf gleicher Erde .	1233,6
— , Gasthof zur Rose, zwei Trpp. hoch	1301 4
Stein Berg, westliche Hemmtafel, Jura=Rand .	1619 4
Laubenthaler Wirthshaus , . .	1399 8
Schönberg, Plateauhähe . . .	1626 6
Roppertsbuch, Kirche	1621 8
Jura=Rand am Abhang zum Altmühlthal b. Eichstädt	1668
Eichstädt, Posthaus	1226 4
— , baierischer Hof . . .	1222 8
— , Niveau der Altmühl . (Stolz)	1176 1

*) Nach Stolz soll die Höhe der Vils bei Vilseck 1186,8 Fuß betragen; siehe oben die Bemerkung bei Nr. 80, Station Schlicht, Seite 289.

Namen der gemessenen Punkte.	Pariser Fuß
Jurahöhe am Scheidewege von Eichstädt nach Neuburg und Ingolstadt	1437,6
Ingolstadt, Niveau der Donau . . .	1109,6

D. Querprofil zwischen Kreussen und Nürnberg.

Kreussen, Main-Niveau . . .	1234,2
Stundensäule 16/6, höchste Höhe in der Chaussee zwischen Kreussen und Pegnitz . (von Brand)	1698 6
Pegnitz, Posthaus . . .	1337 4
Höhe östlich von Neudorf (v. Brand u. Berghaus)	1548 6
Brunn, tiefstes Haus	1276 2
Plateaufläche, nordöstlich über Leupoldstein . .	1716
Leupoldstein, Posthaus	1663 8
Hilpoldstein, unten im Ort . . .	1504 2
Hohe Fläche östlich bei Kematen . . .	1523 4
Gräfenberg, Platz am Rathhause (von Brand)	1345 8
— , tiefstes Haus . . .	1185 6
Eschenau, Post	1018 8
Auf der Haide im Sebaldi Walde, Chausseehöhe	1202 4
Nürnberg, Vestung . . (Brousseaud)	1043 0
— , Gasthof zum rothen Roß (v. Brand)	914 3
— , Pflaster der Sebaldikirche (derselbe)	910 3
— , baierischer Hof . . .	903 0
— , Niveau der Pegnitz . . .	887 0

E. Profil von Donauwörth bis Bamberg.

Donauwörth, Niveau der Donau . .	1230,0
— , Posthaus	1250 0
Kaisersheim, Mitte des Orts . . .	1437 6
Buchdorf, Plateauhöhe . . .	1583 4
Monnheim, Post . . .	1482 0
Chausseehöhe bei Rotzenhof . .	1600 0
Dorf-Dietfurt, Post . . .	1246 2
— — , Niveau der Altmühl . .	1241 2
Wasserscheide zwischen Rezat u. Altmühl b. Dettenh.	1347
Dettenheim, Kirche	1337 4
Weißenburg, Post	1233 6
Pleinfelden, Post, auf gleicher Erde . .	1116 0
Schwabach, Post, eine (hohe) Treppe hoch .	981 6
Nürnberg, Niveau der Pegnitz . . .	887 0

Namen der gemessenen Punkte.	Pariser Fuß.
Vorchheim, Post, auf gleicher Erde . .	807,6
Bamberg, Niveau der Regnitz . . .	725 1
—, bamberger Hof, zwei Treppen hoch .	783 2

F. Querprofil zwischen Kreußen und Nürnberg, längs der Pegnitz

Angaben von Stolz.

Kreußen	1277
Kraimoosweiher, Scheitelpunkt zwischen dem rothen Main und der Pegnitz . . .	1380
Schnabelwaid	1367
Pegnitz	1301
Hersbrück	1024
Lauf	990
Nürnberg	934
Fürth	889

6.

Geometrische Höhenbestimmungen.

Freiherr von Pechmann hat bei seinem Nivellement eine ideelle Horizontallinie angenommen, welche hundert baierische Fuß über der Theil- oder Kulminationsstrecke des projektirten Kanals liegt. Die Endpunkte seiner Operation sind: das Niveau der Donau bei Kellheim, und das Niveau der Regnitz bei Bamberg. Um die Höhenbestimmungen dieses geometrischen Nivellements auf die Meeresfläche zu reduciren, und sie für unsere geographischen Zwecke übersichtlich zusammenzustellen, ist es erforderlich die absolute Höhe der beiden Endpunkte, nach anderweitigen Messungen, festzustellen.

Bamberg.

1827, den 24. April beobachtete Mädler um $5\frac{1}{2}$ Uhr Abends die hypsometrischen Instrumente im Gasthof zum weißen Lamm, vier

Toisen über der Straße, und 6 Toisen über dem Wasserspiegel der Regnitz:

Bamberg 324,38 5°,4 } Höhenunterschied —49,49 Toisen.
Baireüth 320,55 4 ,0 }

Hiernach ist die Regnitz bei Bamberg tiefer als Gerstners meteorologisches Kabinet in Baireüth 55,49 Toisen und über dem Meere in Toisen . . . . 119,55 (a)

Mit der korrespondirenden Beobachtung in Würzburg verglichen, fand Mädler dieselbe Höhe . . 115,05 (b)

1828, den 25. Januar beobachtete ich um 2 Uhr Nachmittags das Barometer im schwarzen Adler, 4,16 Toisen (25 Fuß) über dem Wasserspiegel des Flusses:

Bamberg 332,50 3°,3 } Höhenunterschied —43,20 Toisen.
Baireüth 329,06 3 ,7 }

Diese Beobachtung giebt für die Höhe der Regnitz bei Bamberg über dem Meere in Toisen . . . . . . 127,68 (c)

Die drei Zahlen a, b, c liegen im Maximo um zwölf Toisen auseinander, und verrathen darum eben keine große Zuverlässigkeit. Aber es ist kein Grund vorhanden, der einen den Vorzug vor der andern einzuraümen, denn beide Barometer-Beobachtungen sind mit gleicher Sorgfalt angestellt; die Beobachter haben in den Tagebüchern nichts aufgezeichnet, was auf eine etwaige Unsicherheit in der Ablesung der Barometerstände schließen lassen könnte. Die Differenz in den Resultaten muß daher in der Unsicherheit aufgesucht werden, welche bei einzelnen Barometer-Beobachtungen unvermeidlich ist. Schreibt man mithin jenen drei Zahlen gleichen Werth zu, — und wir werden gleich sehen, das dies zulässig sei, — so ist die Höhe des

Wasserspiegels der Regnitz bei Bamberg über dem Meere 120,76 Toisen = 724, 5 Fuß, oder um vier Toisen größer als Stolz angiebt.

1828, den 18. und 19. Oktober, beobachtete ich das Barometer zu Bamberg drei Mal, im bamberger Hofe, der auf dem linken Regnitz Ufer gelegen ist. Die Höhe gegen das Fluß-Niveau konnte nicht bestimmt werden; das Zimmer, worin ich wohnte, war zwei Treppen hoch. Diese Beobachtungen geben im Mittel:

Bamberg 321,52 1°,9 } Höhenunterschied —44,5 Toisen.
Baireüth 327,95 1 ,0 }

Bamberger Hof, zwei Treppen hoch, über dem Meere 130,5 Toisen = 783,2 Fuß.

Kellheim.

Zur Bestimmung der Höhe des Donau-Niveaus fehlen direkte Messungen; sie kann nur auf indirektem Wege ermittelt werden aus der Höhe von Ingolstadt und Regensburg, unter der Voraussetzung, daß die Donau zwischen beiden Orten ein gleichförmiges Gefälle habe. Es ergiebt sich demnach aus der Höhe von

Ingolstadt 1109,6 }
Regensburg 1000,6 } das Gefälle der Donau 109,0 pariser Fuß.

Mit einer Zirkelöffnung von dreißig Sekunden eines größten Kreises gemessen findet sich die Länge der Strombahn von der Brücke bei Ingolstadt bis Kellheim 6,37 deütsche Meilen; von da bis zur Brücke bei Regensburg 4,75 deütsche Meilen, mithin die Strombahn auf der ganzen Strecke 11,12 deütsche Meilen. Um nun die absolute Höhe der Donau bei Kellheim, oder der Mündung der Altmühl zu bestimmen, setzen wir:

$$11{,}12 : 6{,}37 = 109{,}0 : x,$$

x = Gefälle von Ingolstadt bis Kellheim . .	62,4 Fuß
Bei Ingolstadt hat die Donau eine Höhe von .	1109,6 Fuß
Mithin Donau-Niveau an der Mündung der Altmühl	1047,2 Fuß

über dem Meere.

Oben fanden wir die absolute Höhe der Regnitz bei Bamberg		724,5 Fuß
Nach des Freiherrn von Pechmann Nivellement liegt unter der von ihm angenommenen ideellen Horizontallinie:		
die Regnitz bei Bamberg . .	656,3 Fuß	
die Donau bei Kellheim . .	334,8 Fuß	
Mithin die Donau höher als die Regnitz . .		321,5 Fuß
Und es ist die absolute Höhe des Donau-Niveaus		1046,0 Fuß;

eine Bestimmung, die nur um 1,2 Fuß von der, aus dem Gefälle zwischen Ingolstadt und Regensburg hergeleiteten, Höhe abweicht. Wir setzen daher für den Anfangspunkt des pechmannschen Nivellements, im Mittel aus beiden Angaben, Höhe über dem Meere 1046,6 par. Fuß.

Stolz giebt diese Höhe um fünf und einen halben Fuß größer an.

Nr.	Namen der gemessenen Punkte.	Lage über dem ideelen Horizont		Absolu.. Höhe
		Bair. F.	Par. F.	Par. F.
112	Niveau der Donau bei Kellheim .	372,7	334,8	1046,6
113	Niveau des anzulegenden Kanalhafens bei Kellheim . . .	365 1	327 9	1053 5
114	Unter=Wasser der projekt. Schleüse bei Altessing	358 3	321 9	1059 9
115	Ober=Wasser derselben . .	349 3	314 5	1067 4
116	Unter=Wasser der Schleüse bei Stubshaüsner Eisenhammer . .	346 7	311 5	1070 4
117	Ober Wasser derselben . .	340 2	305 6	1075 8
118	Unter=Wasser der Schleüse bei Niedenburg	337 7	303 4	1078 0
119	Ober=Wasser derselben . .	330 7	297 1	1084 3
120	Unter=Wasser der Schleüse b. Eggersberg	322 5	289 7	1091 7
121	Ober=Wasser derselben . .	314 5	282 5	1098 9
122	Niveau der Altmühl bei Stadt=Dietfurt	306 0	274 9	1106 5
123	Niveau des Kanals unter der Schleüse von Ottmaring . . .	251 75	226 2	1155 2
124	Niveau des Kanals im untern Sulz=Thal	199 0	178 7	1202 7
125	. . . Beilngreis . . .	199 0	178 7	1202 7
126	Niveau des Kanals zwischen den zwei Schleüsen bei Berching . .	188 5	169 3	1212 1
127	. . . Berching . . .	195 0	175 2	1206 2
128	Niveau des Kanals bei Roppertsdorf	178 0	159 9	1221 5
129	. . . Wegscheid nach Nürnb. u. Neüm.	168 0	150 9	1230 5
130	Ober=Wasser der Schleüse bei Wegscheid	167 5	150 8	1230 6
131	Niveau des Kanals zwischen der 22. und 23. Schleüse bei Wangen .	127 0	114 1	1267 3
132	Theil= oder Kulminations=Strecke des Kanals zwischen der Schleüse 25 bei Sengenthal und der Schleüse 26 bei Burgthann . . .	100 0	89 8	1281 6
	Auf dieser Strecke liegen nach d. Profil:			
133	. . . Scheitelpunkt des Terrains zwischen der Seizenmühle u. Neümarkt	65	58 4	1323 0
134	. . . Neümarkt . . .	98	88 0	1293 4
135	. . . Holzheim, unteres Ende .	85	76 4	1305 0
136	. . . Thal unter Kettenbach .	155	139 2	1242 2
137	. . . Thal des Gruberbachs .	170	152 7	1228 7
138	. . . Höhe über Unter Ölsbach, wo der Stollen anzulegen ist; Scheitelpunkt des Terrains auf der ganzen Kanallinie . . .	30	26 9	1354 5
139	. . . Thal bei Schwarzenbach .	158	139 2	1242 2
140	. . . Schlucht bei Burgthann .	204	183 2	1198 2
141	. . . Höhe bei Rüblingshof .	65	58 4	1323 0

Nr.	Namen der gemessenen Punkte.	Lage über dem ideellen Horizont		Absolute Höhe
		Bair. F.	Par. F.	Par. F.
142	Ober-Wasser der Schleuse b. Rüblingsh.	100	89,8	1281,6
143	Niveau des Kanals bei Pfeifferhütte, Schleuse 31 und 32 . .	148	132 9	1248 5
144	. . . Pfeifferhütte selbst . .	142	127 5	1253 9
145	Niveau des Kanals bei Neret .	308 0	276 7	1104 7
146	. . . Schwarzbach Thal das., Wassersp.	377	338 7	1042 7
147	Niveau des Kanals bei Röttenbach .	340 0	305 4	1076 0
148	Niveau des Kanals bei Wendelstein .	348 0	312 6	1068 8
149	. . . Terrainhöhe bei Worgelsdorf .	322 0	289 3	1092 1
150	Niveau des Kanals bei Worgelsdorf .	378 0	339 6	1041 8
151	" " " bei Maiach .	439 0	394 4	987 0
152	" " " bei Gibigendorf .	461 0	414 1	967 3
153	" " " bei Sandreut .	472 0	424 0	957 4
154	" " Hafens bei Gostenhof (Nürnberg)	483 0	433 9	947 5
155	" " Kanals bei Poppenreuth	513 0	460 9	920 5
156	. . . Niveau der Pegnitz, wo der Kanal hinübergeht . .	553	496 8	884 6
157	Ober-Wasser der Schleuse bei Eltersdorf	543 0	487 8	893 6
158	Ober-Wasser der Schleuse bei Bruck	553 0	596 8	884 6
159	Niv. des Kanals zwischen den Schleusen 80 und 81 bei Erlang .	593 0	532 7	848 7
160	Niv. der Regnitz bei der Windmühle unter Erlang . . .	618 0	555 2	826 2
161	. . . Baierhof, Ostseite des Orts .	609	547 1	834 3
162	Niveau des Kanals an der Mündung der Wiesent. . . .	640 0	575 0	806 4
163	. . . Vorchheim . . .	656	589 3	792 1
164	Niveau des Kanals an der Schleuse bei Neusees . . .	662 0	594 8	786 6
165	Niveau des Kanals an der Schleuse zwischen Altendorf und Hirscheid .	673 0	604 6	776 8
166	. . . Hirscheid, der Ort selbst .	684	614 5	766 9
167	Niveau des Kanals. Ober-Wasser der Schleuse bei Burghof . .	706 0	634 3	747 1
168	Niveau des Kanals, Unter-Wasser ders., oder Niveau der Regnitz . .	717 0	644 2	737 2
169	Niveau der Regnitz, Ober-Wasser der Schl. bei der Walkmühle zu Bamberg	749 0	646 0	735 4
170	Niveau der Regnitz, Unter-Wasser derselben und beim Krahnen .	730 5	656 3	725 1

7.

Allgemeine Höhen-Verhältnisse.

Nimmt man Nürnberg, Amberg und Ingolstadt als Repräsentanten der mittleren Höhe des Frankenjura-Fußes an, so ergiebt sich, daß der Westfuß eine absolute Höhe von 890 Fuß hat, der Ostfuß 1130 Fuß und der Südfuß 1110 Fuß.

Dieses Zahlenverhältniß erklärt die, schon in der Einleitung dieses Aufsatzes berührte Erscheinung, daß der fränkische Jura, von dem Plateau der Oberpfalz und aus der Donau-Ebne gesehen, durchaus nicht als Gebirge erscheint, wärend er im Westen, in dem Regnitzthale, meistens das Ansehen einer steilen Wand darbietet, wie bei der Nordwestseite der Würtembergischen Alp der Fall ist. Doch ist er bei dieser ausgezeichneter, weil der Fuß etwas niedriger ist als beim Frakenjura (z. B. Nürtingen 846 Fuß) und die Alp zu einer weit größeren Höhe ansteigt.

Denn wärend diese eine mittlere Höhe von wenigstens 2000 Fuß und Höhenpunkt hat, die selbst über 3000 Fuß ansteigen, haben die Plateauflächen des Frankenjura, den von uns mitgetheilten Messungen zufolge, nicht einen einzigen Punkt, welcher sich über 2000 Fuß erhebt.

Als höchster Punkt ist bis jetzt bekannt der Kalvari Berg bei Thurndorf mit 1984,8 pariser Fuß. Er liegt am Ostrande des Jura, und ist in hydrographischer Beziehung bemerkenswerth, weil er die Scheidung der Main-, Pegnitz- und Naabgewässer bewirkt. Das Plateau von Thurndorf, dessen höchster Punkt er ist, fällt als waldiger Rand des Kutschenrains um vier bis fünf hundert Fuß steil ab gegen Heinersberg und Heinersreüth (1509,6 Fuß) und zu dem flachen Thale des Menzlaser-Wassers, auch Kreüssen genannt, von wo aus die wiesenreiche Ebne von Neüstadt und Kirchenlaibach bis an den Fuß des Fichtelgebirges sich erstreckt, (siehe oben Seite 9.)

Der nächst höchste Punkt des Frankenjura ist der Warnberg Kulm, der dem thurndorfer Kalvari Berge, gegen Westen liegt, drei Stunden entfernt, und nur um acht und zwanzig Fuß niedriger als dieser ist. Uberhaupt gruppiren sich in der Quellgegend des rothen Mains, der Pegnitz und der Wiesentbäche die bedeütendsten Höhen des Frankenjura, und wie es scheint, zu einer rückenförmigen Bildung, die gegen Westen, wenigstens Stellen Weise, eben so steil abfällt, wie gegen Osten; denn auf dieser Seite liegt das Main Thal bei Kreüssen 1234 Fuß hoch, auf jener das Willenberger Thal, am Wege nach Elbersberg. 1223′; was gegen den nahen Warnberg einen Unterschied von 733′ ausmacht. Zwar ist die angeführte Bestimmung des Willenberger Thales die einzige, welche in den Wiesentthälern gemacht worden ist, aber, in Verbindung mit der von Brunn, 1276′ hoch, scheinen beide darauf hinzudeüten, daß die Thallinie von Willenberg über Pottenstein längs der Wiesent herab eine wahre Einsenkung des Gebirgs bezeichnet, die von ihrem Anfange an, der unfern des Ostrandes des Jura liegt, bis zum Endpunkt in der Regnitz-Ebene, bei Vorchheim, nur um vierhundert und einige Fuß geneigt ist.

Unter den höchsten Punkten des Frankenjura folgt auf den Warnberg Kulm das Schloß Hohenstein 1919′, an der Nordseite des hersbrucker Gebirgsbusens, mithin auf dem Westrande; dann folgt die Wülzburg bei Weißenburg, 1906′ Fuß hoch, ebenfalls am westlichen Rande.

Kein anderer unter den bekannten Höhenpunkten auf dem Plateaü des Frankenjura übersteigt 1900′. Die Kirche von Habsberg, einem Dörfchen, das so ziemlich die Mitte der Längenerstreckung des Gebirgs bezeichnet, liegt 1879′ über dem Meere, und die Kirche von Eichelberg wahrscheinlich 1860 Fuß.

Als mittlere absolute Erhebung des Frankenjura läßt sich die Zahl 1650′ annehmen. Das Verhältniß der Plateau-Erhebung zum höchsten Gipfel (Kalvari Berg bei Thurndorf) ist daher wie 1 : 1,2, genau so wie beim Fichtelgebirge.

Wie im Norden das Wiesent-Thal so bezeichnen im Süden die Thäler der Altmühl und der Wernitz die absolut tiefsten Stellen innerhalb des fränkischen Jura. Das Altmühl Thal steht um 500 Fuß tiefer als das allgemeine Niveau der Plateaufläche, denn seine mittlere Erhöhung ist 1140 Fuß. Die Altmühl hat von ihrem Eintritt in das Gebirge, bei Dorf-Dietfurt, bis zu ihrer Mündung bei Kellheim, ein Gefälle von 194,4 Fuß, und die Länge ihres Laufs beträgt auf dieser Strecke 14,8 deütsche Meilen; die Senkung auf einer Meile ist mithin im Durchschnitt 13,3 Fuß. Dies Gefälle ist ziemlich gleichförmig in der ganzen Gebirgsspalte, doch mit der bemerkenswerthen Erscheinung, daß es im mittlern Theil kleiner ist als im untern Abschnitt, wie aus dem nachstehenden Täfelchen hervorgeht.

Die Altmühl	Entfernung	Gefälle	
	Meilen	Überhaupt	auf einer d. Meile
Von Dorf-Dietfurt bis Eichstädt .	4	65,1	16,3
Von Eichstädt bis Stadt-Dietfurt .	6½	69,6	10,7
Von Stadt-Dietfurt bis Kellheim .	4⅜	59,9	14,2

Die Donau hat von Donauwörth bis zur Mündung der Altmühl einen Raum von 13,4 deütschen Meilen zu durchlaufen; auf dieser Strecke hat sie ein Gesammtgefälle von 183,4 Fuß, oder im Durchschnitt 13,7 Fuß auf einer Meile, mithin nahe dieselbe Neigung wie ihr Zufluß Altmühl.

8.

Zusatz. — Noch einige Höhen, nach den Angaben von Stolz.

	par. Fuß		par. Fuß
Altdorf	1365,6	Fossa Carolina	1222
Pyrbaum	1310,8	Weißenburg	1302
Allersberg	1159,0	Ellingen	1148,2
Rummelshof	1282,1	Pleinfelden	1102,4
Freystadt	1236,3	Petersgmünd	1023,3
Künding	1114,1	Roth	991,9
Wielandshöfe	1207,5	Schwabach	956,8
Graben	1195(?)	Erlangen	831,1

Nachträge

zum

Fichtelgebirge.

(Januar 1834.)

Nachträge

zum

barometrischen Nivellement des Fichtelgebirges.

Herr Dr. Th. Schmidel, Besitzer des Ritterguts Zehmen bei Leipzig, hat mir eine Reihe von Barometer-Beobachtungen mitgetheilt, welche er im Jahre 1823 wärend eines fünfwöchentlichen Aufenthalts im Alexanderbade bei Wunsiedel, dort sowol als auf einigen anderen Punkten des Fichtelgebirges, angestellt hat. Gleichzeitig empfing ich von ihm das meteorologische Tagebuch des Herrn Fickentscher (Besitzers einer chemischen Fabrik) in Redwitz, für den Zeitraum vom 1. Juli bis 21. Dezember 1823.

Diese Beobachtungen sind um so schätzbarer, als dadurch zwei neüe Punkte gewonnen worden sind, die, wegen der verhältnißmäßig großen Anzahl von daselbst aufgezeichneten Baro- und Thermometerständen, zu den Haupthöhenpunkten gehören, so daß innerhalb des Fichtelgebirges und seiner nächsten Umgebungen, auf dem kleinen Raume von etwa zwanzig deütschen Geviertmeilen, jener Kardinalpunkte, mit Einschluß von Baireüth, jetzt neünzehn gezählt werden.

Das Reisebarometer des Herrn Dr. Schmidel ist ein Heberbarometer mit messingner Skale und Nonien versehen, welche unmittelbar 10tel, und durch Schätzung leicht 20stel der pariser Linie angeben. Das Thermometer ist im Holze eingelassen, und zur senkrechten Stellung des Instruments ist ein Messingpendel angebracht.

Die Stationen, auf welche die Beobachtungen von Schmidel und Fickentscher sich bezogen, und theils von dem zuerst genannten selbst, theils von mir berechnet wurden, sind:

Baireüth, — Beobachter: Gerstner, dessen Barometer bekanntlich 175,04 Toisen über dem Meere steht.

Leipzig, — Beobachter: Kaufmann Ferd. Faber, in dessen Wohnung im Kloster, 70 Fuß über dem Markte, dessen absolute Höhe nach Schmidel's Angabe 318 par. Fuß beträgt, so daß die Fabersche Barometer-Station 64,66 Toisen über der Meeresfläche steht.

Berlin, — Beobachter: Berghaus; der Standpunkt in der neüen Jakobsstraße Nr. 16, auf welchem die Beobachtungen im Jahre 1823 angestellt wurden, liegt nach geometrischem Nivellement 10,398 par. Fuß über dem Pflaster im Thorwege der (alten) Sternwarte, mithin 20,93 Toisen über dem Meere.

Prag, — Beobachter: Hallaschka, dessen Barometer im Konviktgebaüde bekanntlich eine absolute Höhe von 102,1 Toisen hat.

Schmidel's Reisebarometer ist, außer mit dem Leipziger Instrument, mit keinem der zur Berechnung gezogenen Stationsbarometer verglichen. Wünschenswerth würde insbesondere die Kenntniß des Kollimationsfehlers in Beziehung auf das Gerstnersche Instrument gewesen sein; allein Herr Schmidel kam auf seiner Reise von Leipzig nach dem Alexanderbade nicht nach Baireüth, sondern ging von Hof direkt über Marktleüthen auf Wunsiedel, und reiste von Alexanderbad östlich nach Franzensbad. Betrachtet man indessen die Höhe von Alexanderbad, wie sie in ihren einzelnen Mittel-Resultaten aus den Schmidel'schen Messungen, verglichen mit Baireüth, Leipzig, Prag und Berlin folgt, so darf man wol annehmen, daß der Kollimationsfehler zwischen dem Reisebarometer und dem Gerstner'schen Stationsbarometer nahe gleich Null war, denn die Differenz zwischen dem Maximum und Minimum der mittlern Höhenbestimmungen von Alexanderbad beträgt nur 4,3 Fuß, eine Größe der ein Unterschied von noch nicht $\frac{6}{100}$ der pariser Linie in den Barometerständen entsprechen würde.

Das Maximum der absoluten Höhe von Alexanderbad nach der Vergleichung mit Baireüth fällt auf den 6. Juli mtt 303,03 Toisen; das Minimum fällt auf den 27. Juni mit 290,03 Toisen; daher Unterschied 13 Toisen. Dieser beträchtliche Unterschied in Höhenbestimmungen, welche aus Beobachtungen wärend der Sommermonate hergeleitet worden, wo die Atmosphäre gemeiniglich im Zustande konstanten Gleichgewichts zu sein pflegt, deütet auf Störungen in demselben. In der That zeigen die Beobachtungen an den Stationsbarometern, daß der Gang des Instruments wärend der ganzen Epoche mehr als gewöhnlich unstät war. So schwankte z. B. in Baireüth die Quecksilbersäule innerhalb der drei Tagesperioden oft um ± 1, 1½, ja sogar 2 Linien. In den Mittelzahlen der Höhe von Alexanderbad haben sich diese Schwankungen jedoch ausgeglichen. Ich erinnere daran, daß bei der Höhebestimmung von Goldkronach die Differenz zwischen dem Maximum und Minimum, nach Weiß' Beobachtungen, 15,2 Toisen beträgt; doch fallen diese Beobachtungen in die Herbst- und Wintermonate.

Schmidel's Barometermessungen bestätigen oder berichtigen die Höhe von Alexanderbad, der Kösseine, Hof, Marktleüthen (Marktleiten) und Franzensbad; aber sie geben auch drei neüe Punkte, deren Höhe bisher unbekannt war, nämlich von Marianen's Höhe, der Luchsburg und dem Burgstein, die alle drei in der Nähe von Alexanderbad gelegen sind. Fickentscher's Beobachtungen geben die Höhe seines Fabrikgebaüdes in Redwitz und seiner bei diesem Markt gelegenen Glashütte.

Zu Nr. 71. Alexanderbad. (S. 141.)

Die Beobachtungen an diesem Punkte stelle ich in den nachfolgenden Tafeln übersichtlich zusammen; zunächst die Vergleichung mit Baireüth und Leipzig, nach der von Schmidel selbst geführten Rechnung, auf die ich die Vergleichung mit Prag und Berlin, welche ich mit den baro-thermometrischen Mittelständen geführt habe, folgen lasse.

Absolute Höhe von Alexanderbad

aus der Vergleichung der Beobachtungen um 1 Uhr Nachmittags mit Baireüth geschlossen.

1823. Monat und Tag.	Barometer bei + 10° R.		Thermometer n. R. frei im Schatten.		Wind in		Witterung in Baireüth.	Höhe über dem Meere.
	Baireüth.	Alexanderb.	Baireüth.	Alexanderb.	B.	A.		Par. Fuß.
Juni 11.	324‴,030	315‴,637	+ 15°,5	+ 17°,0	NO. 2.	NO.	Trübe 2, ganz bewölkt.	1747,4
„ 14.	22, 375	13, 600	18, 5	18, 0	NO. 1.	Stille.	Trübe 2, $\frac{3}{4}$ bewölkt, Gewitterluft.	1790,0
„ 15.	23, 910	15, 163	20, 0	18, 0	SW. 2.	W.	Trübe 1, $\frac{1}{2}$ bewölkt.	1786,4
„ 16.	26, 170	17, 025	13, 5	14, 5	NO. 1.	NO.	Trübe 2, ☉Blicke, 3 U. Regen.	1797,8
„ 17.	26, 435	17, 330	8, 7	7, 5	NO. 2.	NNO.	Trübe 3, ganz bewölkt, rauher Tag.	1773,2
„ 18.	25, 486	16, 376	7, 5	8, 6	N. 1.	N.	Trübe 3, Regen 2, rauh.	1775,6
„ 19.	22, 645	13, 847	8, 5	8, 7	NW. 1.	N.	Trübe 3, Regen 3 den ganzen Tag.	1758,2
„ 20.	22, 977	13, 760	11, 7	9, 8	NO. 1.	Stille.	Trübe 3, schwarz überzogen.	1755,2
„ 21.	24, 244	14, 800	9, 5	8, 2	N. 2.	NW.	Trübe 3, Regen 1.	1803,8
„ 22.	24, 420	15, 333	14, 0	15, 3	S. 1.	W.	Trübe 3, ganz bewölkt.	1773,2
„ 23.	23, 572	14, 938	12, 0	14, 0	NW. 1.	W.	Trübe 3, ganz überzogen.	1757,0
„ 24.	23, 127	14, 480	9, 5	9, 5	NW. 2.	W.	Trübe 3, Regen 2.	1748,6
„ 25.	23, 762	14, 715	14, 0	12, 8	SO. 1.	Stille.	Klar 1, einzelne Wolken und sehr rauh.	1793,6
„ 27.	21, 354	13, 090	16, 5	15, 0	SO. 1.	SW.	Trübe 2, ganz bewölkt.	1740,2
„ 28.	20, 047	11, 517	13, 5	12, 3	S. 1.	SW.	Trübe 3, Regen 2 den ganzen Tag.	1757,6
„ 29.	24, 048	15, 093	14, 0	13, 6	W. 2.	W.	Trübe 3, veränderlich.	1785,8
„ 30.	25, 320	16, 600	17, 5	16, 0	W. 2.	W.	Klar 1, einzelne dicke weiße Wolken.	1772,6

Absolute Höhe von Alexanderbad

aus der Vergleichung der Beobachtungen um 1 Uhr Nachmittags mit Baireüth geschlossen.

1823. Monat und Tag.	Barometer bei + 10° R.		Thermometer n. R. frei im Schatten.		Wind in		Witterung in Baireüth.	Höhe über dem Meere.
	Baireüth.	Alexanderb.	Baireüth.	Alexanderb.	B.	A.		Par. Fuß.
Juli 1.	323''',067	314''',650	+ 17°,5	+ 16°,5	SW. 2.	W.	Trübe 3, Regen 3.	1754,0
„ 2.	25, 643	16, 900	16, 0	15, 0	SO. 1.	W.	Klar 2, einzelne Wolken.	1793,6
„ 4.	24, 754	1[illegible], 891	14, 5	13, 5	NO. 2.	O.	Trübe 3, ganz überzogen.	1777,4
„ 5.	24, 894	16, 490	15, 2	14, 0	N. 1.	NW.	Klar 1, leicht überzogen.	1740,8
„ 6.	25, 042	15, 800	18, 2	15, 3	W. 2.	WSW.	Trübe 2, ¾ bewölkt, ☉Blicke.	1818,2
„ 7.	23, 153	14, 486	18, 0	16, 4	W. 2.	SW.	Trübe 3, ganz überzogen.	1775,0
„ 9.	24, 522	15, 740	15, 5	14, 5	W. 2.	—	Trübe 2, leicht überzogen.	1774,4
„ 10.	26, 564	17, 407	13, 7	15, 3	NW. 2.	N.	Klar 1, ¼ bewölkt.	1798,4
„ 11.	25, 184	16, 728	18, 5	17, 0	SO. 1.	SW.	Klar 1, ¼ bewölkt.	1755,2
„ 12.	24, 650	16, 100	19, 3	18, 3	W. 2.	W.	Trübe 3, ganz bewölkt.	1767,2
„ 13.	25, 640	17, 070	20, 5	18, 7	S. 1.	W.	Klar 3, sehr schön.	1770,2
„ 14.	23, 944	15, 477	18, 0	15, 4	W. 2.	W.	Trübe 3, um 1 U. starkes Gewitter, der Wind mit Regen 3.	1754,6
„ 15.	24, 110	15, 340	18, 0	17, 0	S. 1.	S.	Tr. 3, g. überzogen, um 2 U. Strichr. 3.	1782,8
„ 16.	23, 416	14, 676	17, 5	14, 4	SO. 1.	W.	Trübe 3, ganz überzogen.	1777,4
„ 17.	22, 072	13, 112	11, 5	11, 7	NW. 2.	NW.	Trübe 3, Regen 2.	1784,0
Mittlere absolute Höhe aus 32 Beobachtungen								1773,1

[Berechnet von Schmidel.]

Absolute Höhe von Alexanderbad
aus der Vergleichung der Beobachtungen um 8 Uhr Morgens mit Leipzig geschlossen.

1823. Monat und Tag.	Barometer bei + 10° R. Leipzlg.	Alexanderb.	Thermometer n. R. frei im Schatten. Leipzig.	Alexanderb.	Wind in L.	A.
Juni 12.	331‴,842	313‴,814	+ 15°,0	+ 15°,0	NO.	SO.
„ 13.	30, 829	13, 198	20, 3	16, 8	O.	SO.
„ 14.	30, 457	13, 540	18, 8	15, 5	NO.	S.
„ 15.	31, 764	14, 654	16, 9	17, 7	W.	SW.
„ 16.	35, 204	17, 107	12, 3	12, 8	N.	NO.
„ 17.	35, 298	17, 092	9, 5	5, 7	NW.	N.
„ 18.	34, 889	16, 720	10, 1	7, 0	N.	N.
„ 19.	32, 180	14, 365	9, 3	7, 5	N.	N.
„ 20.	31, 868	13, 530	8, 2	8, 7	NO.	NNW.
„ 21.	31, 576	14, 094	8, 7	8, 3	NW.	NW.
„ 22.	33, 372	15, 558	11, 1	10, 7	W.	W.
„ 23.	32, 698	15, 198	13, 0	12, 6	W.	W.
„ 24.	31, 678	14, 408	12, 0	8, 2	W.	W.
„ 25.	32, 578	15, 094	13, 8	11, 0	W.	N.
„ 26.	31, 416	14, 394	10, 0	9, 5	W.	NW.
„ 27.	30, 609	13, 394	14, 5	13, 0	S.	SW.
„ 28.	28, 711	11, 660	13, 0	10, 2	SW.	SW.
„ 29.	30, 752	14, 430	14, 2	11, 5	W.	W.
„ 30.	33, 143	16, 478	15, 3	14, 5	W.	W.
Juli 1.	32, 228	14, 873	12, 8	11, 7	SW.	W.
„ 2.	34, 030	17, 028	14, 9	12, 4	W.	Stille.
„ 3.	33, 805	15, 806	15, 8	12, 5	N.	O.
„ 4.	33, 614	15, 708	15, 1	13, 0	N.	O.
„ 5.	33, 901	16, 422	15, 9	12, 8	NW.	Stille.
„ 6.	32, 333	16, 150	13, 9	11, 8	SW.	WSW.
„ 7.	31, 167	14, 580	14, 8	16, 3	W.	W.
„ 8.	31, 504	14, 575	15, 7	14, 5	SW.	SW.
„ 9.	32, 293	15, 330	16, 7	12, 5	SW.	NW.
„ 10.	34, 546	17, 321	16, 2	13, 2	W.	W.
„ 11.	34, 373	17, 164	17, 1	13, 6	SW.	NW.
„ 12.	31, 929	15, 687	17, 5	15, 6	SW.	W.
„ 13.	34, 419	17, 470	19, 5	16, 0	SW.	W.
„ 14.	32, 075	15, 566	20, 7	20, 0	S.	W.
„ 15.	32, 683	15, 530	18, 8	16, 0	W.	SSW.
„ 16.	31, 452	14, 632	17, 9	14, 8	W.	SSW.
„ 17.	29, 874	13, 055	11, 2	9, 6	NW.	NW.
Mittel.	332‴,441	315‴,156	+ 14°,46	+ 12°,57	—	—

Alexanderbad über dem Meere, im Mittel aus 36 Beobachtungen = 1789,8 par. Fuß.

[Berechnet von Schmidel.]

Absolute Höhe von Alexanderbad
aus der Vergleichung der Beobachtungen um 10 Uhr Abends mit Leipzig geschlossen.

1823. Monat und Tag.	Barometer bei + 10° R. Leipzig.	Alexanderb.	Thermometer n. R. frei im Schatten. Leipzig.	Alexanderb.	Wind in L.	A.
Juni 11.	333‴,070	315‴,010	+ 15°,0	+ 12°,0	—	NO.
„ 12.	30, 789	13, 162	16, 0	13, 5	O.	SO.
„ 13.	30, 307	13, 042	17, 5	13, 4	NO.	SO.
„ 14.	30, 814	13, 940	16, 1	13, 0	SO.	Stille.
„ 15.	33, 716	16, 400	15, 0	12, 0	NW.	—
„ 16.	35, 195	17, 014	10, 3	7, 5	W.	NO.
„ 17.	35, 024	17, 172	9, 7	4, 5	N.	Stille.
„ 18.	32, 950	15, 408	9, 0	7, 0	N.	N.
„ 19.	31, 888	13, 594	9, 0	8, 7	NO.	—
„ 20.	31, 603	14, 400	10, 0	8, 5	NO.	—
„ 21.	32, 518	15, 630	10, 0	8, 2	W.	—
„ 22.	32, 985	15, 393	11, 2	9, 4	N.	—
„ 23.	32, 021	14, 896	9, 2	7, 4	SW.	W.
„ 24.	32, 275	15, 030	7, 8	5, 8	W.	—
„ 25.	31, 513	14, 065	11, 0	7, 8	W.	—
„ 26.	31, 119	13, 894	11, 3	9, 3	W.	—
„ 27.	29, 004	12, 638	12, 3	10, 5	SW.	—
„ 28.	29, 011	12, 638	11, 3	9, 3	W.	NW.
„ 29.	32, 988	16, 272	11, 1	9, 5	W.	W.
„ 30.	33, 324	16, 508	13, 8	11, 0	W.	—
Juli 1.	33, 683	15, 644	11, 0	11, 3	W.	—
„ 2.	34, 039	16, 336	12, 0	10, 0	W.	—
„ 3.	33, 087	15, 587	12, 9	9, 8	W.	—
„ 4.	33, 719	16, 350	11, 2	8, 7	NW.	—
„ 5.	33, 724	16, 743	11, 9	10, 3	NW.	—
„ 6.	31, 611	15, 100	15, 1	13, 5	W.	—
„ 7.	31, 594	14, 520	11, 3	10, 7	W.	—
„ 8.	31, 576	14, 634	11, 3	10, 0	SW.	—
„ 9.	33, 814	16, 757	10, 5	8, 0	W.	—
„ 10.	34, 698	17, 585	11, 3	7, 3	W.	—
„ 11.	32, 323	15, 807	14, 0	11, 0	S.	—
„ 12.	33, 416	16, 757	15, 0	12, 2	W.	—
„ 13.	33, 011	16, 336	16, 6	13, 5	SW.	—
„ 14.	32, 690	16, 144	16, 3	15, 0	S.	—
„ 15.	32, 058	15, 903	14, 0	11, 5	NW.	—
„ 16.	30, 741	13, 590	14, 8	12, 0	W.	—
„ 17.	30, 885	13, 746	11, 0	9, 2	W.	—
Mittel.	332‴,398	315‴,202	+ 12°,35	+ 10°,06	—	—

Alexanderbad über dem Meere, im Mittel aus 37 Beobachtungen = 1766,7 par. Fuß.

[Berechnet von Schmidel.]

Absolute Höhe von Alexanderbad

aus der Vergleichung der Beobachtungen um 1 Uhr Nachmittags mit Leipzig geschlossen.

1823. Monat und Tag.	Barometer bei + 10° R.		Thermometer n. R. frei im Schatten.		Wind in		Witterung in Leipzig.
	Leipzig.	Alexanderb.	Leipzig.	Alexanderb.	L.	A.	
Juni 24.	331‴,508	314‴,480	+ 12°,2	+ 9°,5	W.	W.	Trübe.
„ 25.	32, 200	14, 715	14, 0	12, 8	W.	Stille.	Trübe, Windstille.
„ 9.	31, 441	15, 093	15, 9	13, 6	W.	W.	Heiter, windig.
Juli 10.	34, 780	17, 407	15, 3	15, 3	W.	N.	Trübe, windig.
„ 11.	33, 756	16, 728	18, 9	17, 0	SW.	SW.	Schön, stille.
„ 13.	34, 044	17, 070	21, 8	18, 7	SW.	W.	Heiter, schwacher Wind.
„ 16.	31, 170	14, 676	21, 0	14, 4	SW.	W.	Trübe, Windstille.
„ 17.	30, 340	13, 112	13, 5	11, 7	W.	NW.	Trübe, Regen.
Mittel..	332‴,405	315‴,410	+16°,55	+14°,13	—	—	—

Alexanderbad über dem Meere, im Mittel aus 8 Beobachtungen = 1775,8 par. Fuß.

Zusammenstellung.

Aus 36 Beobachtungen um 8 Uhr Morgens Alexanderbad über dem Meeee 1789,8 par. Fuß.
„ 37 „ „ 10 „ Abends „ „ „ „ 1766,7 „ „
„ 8 „ „ 1 „ Nachmit. „ „ „ „ 1775,8 „ „

Mittel der 81 Berechnungen über Leipzig, Alexanderbad über dem Meere .... 1777,4 par. Fuß.

[Berechnet von Schmidel.]

Absolute Höhe von Alexanderbad
aus der Vergleichung von 16 Beobachtungen mit Prag geschlossen.

Stunde.	Barometer bei + 10° R.		Thermometer Cent. frei im Schatten.		Höhe über dem Meere.
	Prag.	Alexanderbad.	Prag.	Alexanderb.	Par. Fuß.
2 A	329,449	315,199	19°,5	16°,4	1776,9

Absolute Höhe von Alexanderbad
aus der Vergleichung der Beobachtungen vom 15. Juni bis 17. Juli 1823, mit Berlin geschlossen.

Stunde.	Barometer bei + 10° R.		Thermometer Cent. frei im Schatten.		Höhe über dem Meere.	Zahl der Beobach.
	Berlin.	Alexanderb.	Berlin.	Alexanderb.	Par. Fuß.	
8 M.	335,881	315,302	15°,8	15°,3	1777,1	33
12 ;	335,884	315,278	17, 9	17, 3	1792,1	33
2 A.	335,977	315,463	18, 2	15, 7	1779,9	13
10 ;	335,848	315,373	14, 6	12, 1	1755,2	33

Mittlere Höhe aus 112 Beobachtungen . . . . . . 1776,0 par. Fuß.

Allgemeine Zusammenstellung.

Die absolute Höhe von Alexanderbad beträgt nach

32	Beobachtungen und Vergl. mit Baireuth in par. Fuß	1773, 1
81	; ; ; ; Leipzig ; ; ;	1777, 4
16	; ; ; ; Prag ; ; ;	1776, 9
112	; ; ; ; Berlin ; ; ;	1776, 0

Im Mittel aus 241 Beobachtungen und Vergleichungen . . 1775,85

Das Barometer hing im Salon, 14 Fuß über dem Schloßhofe, mithin hat dieser eine Höhe von 1761,85

Nach den Beobachtungen von Weiß und v. Brand ist diese Höhe 1728,8 Fuß; doch dürfte es keinem Zweifel unterliegen, daß diese Bestimmung anjetzt zu beseitigen, und nur allein die Schmidel'sche als definitif anzunehmen sei.

Zu Nr. 72. Die Kösseine. (S. 142.)

Am 11. Juli beobachtete Schmidel im Signalhause auf der Kösseine um 6¾ Uhr Abends. Die Baro- und Thermometerstände sind mit den korrespondirenden in Alexanderbad und Baireuth:

Kösseine	303,097	16°,6 C.	Schön.	SW.
Alexanderbad .	316, 06	17, 7 =	Schön.	SW.
Baireüth	324, 77	18, 0 =	Schön.	SO.

Daraus folgt:

Höhe der Kösseine

über Alexanderbad ...	183,67;	über dem Meere	477,31 T.
= Baireüth	302,64;	= = = ...	477,68 =
Nach den Barometer-Beobachtungen von Weiß ist die Höhe			476,60 =
Mittlere Höhe nach den Barometer-Messungen			477,19 T.
Nach den von Brousseaud *) gemessenen Zenithabständen ist sie dagegen			477,00 =
Unterschied 1,14 Fuß oder			0,19 T.

Die nahe Übereinstimmung der aus der Höhe von Alexanderbad barometrisch abgeleiteten Bestimmung der Kösseine mit der trigonometrischen giebt einen neüen Beweis, daß die Schmidel'sche Bestimmung der Höhe von Alexanderbad die richtige ist.

---

*) Bei der trigonometrischen Vermessung von Baiern hatten sich Bonne und Brousseaud in die Arbeit so getheilt, daß der zuerst genannte alle Gegenden südlich der Donau, der zweite dagegen die Landschaften nördlich der Donau triangulirte. Die in dem Haupt-Nivellement mitgetheilten geodätischen Höhenbestimmungen müssen daher in der Beobachter-Spalte (S. 216. ff.) alle den Namen Brousseaud (statt Bonne) erhalten.

Schmidel's Höhenmessung von drei Bergen in der Umgegend von Alexanderbad; deren Höhe bisher nicht bekannt war.

(Die Nummern sind fortlaufend mit dem Haupt-Nivellement.)

1823. Monat und Tag.	Stunde.	Ort der Beobachtung.	Barometer bei + 10° R.	Temperat. der Luft. C.	Witterung.	Wind.	Höhen-Unterschied (Toisen.)	Absolute Höhe (Toisen.)
		Nr. 339.						
Juni 23.	5½A.	Marianens Höhe	308,57	10,2	V.	W.	87,06	380,70
		Alexanderbad	314,88	14,7	V.	W.		
		Baireüth ..	324,29	15,0	Tr.	NW.	204,60	379,54
		Mittlere Höhe = 2280,7 pariser Fuß ...						380,12
		Nr. 340.						
Juni 27.	7¼A.	Luchsburg, Kreüz	305,27	12,0	H.	SW.	103, 2	396, 8
		Alexanderbad	312,67	13,7	H.	SW.		
		Baireüth ..	321,25	16,0	Tr.	SO.	220, 7	396, 7
		Mittlere Höhe = 2380,5 pariser Fuß ...						396,75
		Nr. 341.						
Juli 10.	6½A.	Burgstein..	306,71	16,5	H.	N.	151, 1	444,74
		Aleranderbad	317,49	17,5	H.	N.		
		Baireüth ..	326,42	17,2	H.	NW.	272, 3	447,34
		Mittlere Höhe = 2676,2 pariser Fuß ...						446,04

Diese drei Punkte liegen südwestlich vom Alexanderbade und gehören dem Bergzuge an, welcher, von der Kösseine auslaufend, beim Bade endigt. Der allgemeine Name des Berges, auf den sich die drei Messungen beziehen, ist Loos- oder Luchsburg. „Den Namen", sagt Helfrecht, „erhielt der Berg vermuthlich von einem ehemaligen Raubschlosse. Man ist übrigens über die Herleitung dieses Namens nicht einig. Einige leiten ihn von den Loosen (Losungen, Signalen) ab, die man von hieraus den raüberischen Bewohnern der vielen benachbarten Raubschlösser gegeben haben soll. Dazu hatte gewiß dieses hohe Felsennest die beste Lage, andere benachbarte Raüber, deren Schlösser tiefer lagen, z. B. am Dunkelhammer, zu Wunsiedel, zu Schönbrunn, u. s. w., durch ein gegebenes Zeichen zu gemeinschaftlichen Streifereien aufzufordern. Man nennt aber auch den Berg Luchsburg, bald von den Luchsen, welche noch in diesem (18ten) Jahrhundert nicht selten daselbst angetroffen wurden; bald von dem alten Worte „lugen", d. i. schauen, sich umsehen, beobachten. Nach dieser

Erklärung würde Luchsburg einen Berg oder ein Schloß bedeüten, auf welchem man sich weit umsehen kann." Marianen's Höhe ist der Name eines Vorberges, und Burgstein der Name des höchsten Gipfels der Luchsburg, der, wie aus Schmidel's Messung ersichtlich ist, nur um 31 Toisen oder 186 Fuß von der Kösseine überragt wird.

Zu Nr. 12. Hof. (S. 99.)

Schmidel wohnte hier im Brandenburger Gasthof, eine Treppe hoch, mithin in demselben Hause, wo Weiß und v. Brand beobachtet haben. Er und die Korrespondenten fanden: 9. Juni 10 Uhr Abends

Hof	318,20	15°,6 C.	Schön.
Baireüth......	323,92	16, 2 „	Schön. SO.
Leipzig	332,56	19, 7 „	— —

Daraus folgt:

Höhe von Hof

über Baireüth	77,60;	über dem Meere ..	252, 7 Tois.
über Leipzig	193,52;	„ „ „ ..	258, 2 „
		Mittlere Höhe des Barometers ...	255,45 Tois.

Die Erhöhung des Instruments über dem Erdboden läßt sich eben so annehmen, wie sie bei den Beobachtungen von Weiß und v. Brand angegeben ist, nämlich 16 Fuß. Dann ist der Erdboden vor dem Brandenburger Gasthof über dem Meere .... 252,79 Tois.

Nach v. Brand und Weiß .... 251,92 „

Mittlere Höhe von Hof, Brandenburger Gasthof ... 252, 3 Tois.
oder 1513,8 pariser Fuß.

Zu Nr. 179. Markt Leüthen. (S. 170.)

In dem Haupt-Nivellement ist für Markt Leüthen eine Messung des Hauptmanns v. Brand mitgetheilt, von der ich vermuthete, daß sie ein zu kleines Resultat liefere. Diese Vermuthung, welche sich auf Analogie, im Vergleich mit anderen Punkten in der Nachbarschaft, stützte, wird durch Dr. Schmidel vollkommen bestätigt. Er beobachtete hier am 10. Juni zwei Mal, im Gasthof am Markte, 1 Treppe hoch. Der Stand der Instrumente, verglichen mit Baireüth und Leipzig, und die gefundenen Resultate stellen sich folgender Maßen:

12 Uhr M.	Markt Leüthen	317,09	23°,7 C.	95,17 T.	270,21 T.
	Baireüth . . .	323,95	18, 8 ⸗		
1 Uhr A.	Markt Leüthen	316,94	26, 8 ⸗	99,76 ⸗	274,80 ⸗
	Baireüth . . .	324,09	19, 3 ⸗		
	Leipzig	331,66	30, 0 ⸗	207,30 ⸗	271,96 ⸗

Mittlere Höhe des Barometers im Gasthofe . . . 272,32 T.

Für die Erhöhung des Instruments lassen sich etwa 2 Toisen abrechnen; — demnach ist der Marktplatz von Markt Leüthen 270,32 Toisen, oder 1621,9 Fuß über dem Meere.

In Markt Leüthen war die Luft zwar heiter, doch sehr elektrisch, bei Windstille. In Baireüth: trübe, N. schwach; in Leipzig wehte es aus SO.

Zu Nr. 169 und 327. Franzensbad oder Franzensbrunnen. (S. 168, 212.)

Schmidel beobachtete in Franzensbad, im Gasthof zum weißen Schwan, eine Treppe hoch, 1823, den 20. Juli.

Stunde.	Verglichene Punkte.	Barometer bei + 10° R.	C. Temper.	Wetter.	Wind.	Höhen-Differenz (Toisen.)	Absolute Höhe (Toisen.)
7 M.	Franzensbad .	322,82	12,5	Reg.	S.		
	Baireüth . .	326,94	15,0	Tr.	S.	54,8	229,8
	Prag	332,30	13,3	Tr.	S.	124,6	226,7
8 M.	Franzensbad .	322,84	13,5	Tr.	S.		
	Baireüth . .	326,90	15,5	Tr.	S.	54,1	229,1
	Leipzig . . .	334,50	17,2	. . .	SW.	154,4	219,0
1 A.	Franzensbad .	332,94	15,7	Tr.	S.		
	Baireüth . .	327,17	17,8	Tr.	SW.	56,8	231,8
	Leipzig . . .	334,77	19,3	. . .	SW.	157,3	222,0
	Prag	332,49	22,5	Tr.	SW.	128,1	230,2
6 A.	Franzensbad .	323,20	17,1	Tr.	S.		
	Baireüth . .	327,28	18,0	Tr.	W.	54,8	229,8
	Leipzig . . .	335,08	20,0	. . .	. . . .	158,8	223,4
9 A.	Franzensbad .	323,29	15,0	Tr.	. . . .		
	Baireüth . .	327,34	17,1	Tr.	SW.	54,3	229,3
	Leipzig . . .	335,26	18,7	. . .	SW.	158,9	223,6

Mittlere absolute Höhe aus der Vergleichung
mit Baireüth 5 Beobachtungen 229,98
mit Prag . . . 2 Beobachtungen 228,45 } Mittel . . . 226,8
mit Leipzig . . 4 Beobachtungen 222,00

Obwol das Resultat, welches die Vergleichung mit Leipzig giebt, von den beiden anderen Resultaten nicht unbeträchtlich abweicht, so scheint es doch rathsam zu sein, alle drei Bestimmuugen zur mittleren Höhe zu benutzen.

In Verbindung mit den Nr. 169 und 327 haben wir nun für die absolute Höhe von Franzensbad, oder Franzensbrunnen in pariser Fuß:

1) Gasthof zum weißen Schwan, 1 Treppe hoch, 1360,8 Schmidel.
2) Kaiser von Oesterreich, Erdboden .... 1342,8 Berghaus.
3) Unterer Theil des Ortes (?) .... 1286,6 Mogalla und Freysmuth.

Zu Nr. 66. Redwitz. (S. 138.)

Die meteorologischen Beobachtungen von Fickentscher beziehen sich, wie bereits oben erwähnt wurde, auf zwei Standpunkte: — 1) auf das Fabrikgebaüde im Orte selbst und 2) auf die bei Redwitz gelegene Fickentschersche Glashütte.

Das Heberbarometer, welches bei diesen Beobachtungen gebraucht wurde, hat die Eintheilung in pariser Zolle und Decimaltheile des Zolles. In den nachfolgenden Tafeln sind die Stände auf pariser Linien, und mittelst des attaschirten Thermometers R. auf die Normal-Temperatur von + 10° reducirt worden. Das Barometer hat keine bewegliche Skale, sondern eine doppelte, die eine für den langen, die andere für den kurzen Schenkel; das Maaß scheint auf der Glasröhre eingeäzt zu sein, nach Art der Barometer von Loos in Darmstadt. Das detaschirte Thermometer ist ebenfalls ein achtzigtheiliges.

In der Witterungsspalte bezeichnet: Ht. heiter, ganz reiner Himmel; — Sch. Schön, mehr blauer Himmel als Wolken; — Vm. Vermischt, mehr Wolken als Blaues; — Tr. Trübe, ganz bedeckter Himmel; — Nb. bezeichnet Nebel; — Rg. bedeütet Regen; — Rgtr. Regentropfen; — Rgsch. Regenschauer; — Schn. Schnee; — Wdg. Windig. Die übrigen Abkürzungen in dieser Spalte sind an sich verständlich.

Was die Höhe von Redwitz anbelangt, welche aus den Beobachtungen von Fickentscher hergeleitet worden, so wäre es erforderlich gewesen, die Kollimation seines Barometers gegen die zur Vergleichung gezogenen Instrumente zu kennen. Diese Größe ist aber nicht ermittelt worden; doch scheint sie verhältnißmäßig gering gewesen zu sein, nach den mittleren Höhenresultaten zu urtheilen, die für das Fabrikgebaüde Redwitz durch die Vergleichung mit Alexanderbad, Baireüth, Prag und Berlin berechnet worden sind. Behufs der Höhenbestimmung standen von den korrespondirenden Beobachtungen in Baireüth leider nur die für den Monat Juli 1823 zu Gebote; so daß die Höhe der Glashütte bei Redwitz blos aus der Vergleichung mit Prag und Berlin bestimmt werden konnte. Für das Fabrikgebaüde giebt jene eine etwas größere Höhe als die Berechnung mit Alexanderbad, Baireüth und Berlin; daher darf man wol muthmaßen, daß dieses auch für die Glashütte der Fall sei. Unter dieser Voraussetzung hat das weiter unten folgende durch Prag berechnete Resultat für den zuletzt genannten Standpunkt eine Korrektion erhalten.

* * *

Redwitz, Fabrikgebaüde. Juli 1823.

Tag.	Barometer bei 10° R. 5 U. M.	1 U. M.	9 U. A.	Temperatur d. Luft, R. 5 U.	1 U.	9 U.	Witterung, Wind. 5 U. Morgens.	1 U. Mittags.	9 U. Abends.
1.	316,54	316,48	317,00	8,5	18,3	12,1	Vm. Reg.	Sch. Windg. W.	Sch. Wdg. Rg. W.
2.	17,79	17,36	17,44	7,7	16,8	11,3	Rg. Vm.	Vm. Sch.	Sch. W.
3.	17,34	16,50	16,11	7,5	16,9	9,1	Sch. W.	Sch. Tr. Rg.	Tr.
4.	16,81	18,21	18,25	7,1	16,1	9,2	Sch. O.	Vm. Rgtr.	Vm.
5.	18,44	18,37	18,72	7,2	15,3	10,6	Vm. Tr. NO.	Vm. SW.	Vm. Sch.
6.	18,44	18,13	18,08	9,3	15,2	13,0	Tr.	Vm. W.	Sch.
7.	16,86	16,69	16,60	10,4	17,2	10,9	Vm. SW.	Vm. Rgsch.	Vm. Sch.
8.	16,54	16,53	16,87	7,6	17,3	10,4	Sch. WSW.	Vm. Rgsch.	Sch.
9.	17,24	17,89	18,92	7,5	15,4	8,2	Vm. SW.	Vm. Wg. W. Rgtr.	Sch. Still.
10.	19,40	19,72	19,[illegible]2	6,1	15,7	8,5	Vm. Dstg.	Sch. O.	Sch. Ht.
11.	19,55	19,00	18,02	2,5	18,6	13,4	Ht. Reif in den Niederungen.	Ht.	Sch.
12.	17,92	18,39	18,88	10,6	20,1	12,9	Sch. Wdg. Rgsch.	Sch.	Sch.
13.	19,78	19,41	19,68	7,8	21,5	14,4	Ht. W.	Sch.	Sch.
14.	19,35	17,56	18,10	11,5	25,0	16,1	Ht.	Um 1¼ Sturm, Gewitter, Rg.	Sch. Vm. Tr.
15.	18,18	18,00	17,52	13,3	18,6	13,8	Vm. Tr. SW.	Vm. Sch.	Sch. O. Ht.
16.	17,10	16,58	16,08	10,3	16,2	11,9	Tr. Vm.	Tr. Rg. SW.	Tr. Vm.
17.	15,21	15,37	16,00	8,6	9,8	8,1	Nachts Rg. Tr.	Tr. Rg. W.	Tr.
18.	17,44	18,37	18,44	7,2	12,8	8,1	Tr. WSW.	Vm. Sch. Wdg.	W. Vm. Tr.

Redwitz, Fabrikgebaude. Juli 1823.

Tag.	Barometer bei 10° R.			Temperatur d. Luft, R.			Witterung, Wind.		
	5 U. M.	1 U. M.	9 U. A.	5 U.	1 U.	9 U.	5 U. Morgens.	1 U. Mittags.	9 U. Abends.
19.	318,53	318,74	319,28	8,3	15,9	10,0	Tr. Wm. SW.	Tr. Wm.	Wm. Rgsch.
20.	19,70	20,08	20,44	9,1	15,2	12,2	Rg. Tr. W.	Tr.	Tr. Wm.
21.	20,03	19,05	17,90	10,5	22,4	16,9	Sch. SO.	Sch.	Ht. SW.
22.	17,17	16,55	17,25	8,4	22,5	13,5	Ht. O.	Sch.	Tr. Reg. Gew.
23.	17,76	18,59	17,01	10,1	16,0	9,3	Tr. Wm.	Tr. Wm.	Wm.
24.	15,37	16,21	16,48	8,8	15,5	8,7	Tr. Reg.	Wm. Wdg. SW.	Stürm. Rg.
25.	17,22	17,17	17,34	8,1	15,9	10,4	Wm. Tr.	Wm. Rg. Wdg.	Sch.
26.	17,42	16,93	16,81	7,8	14,7	10,3	Wm. Reg.	Reg. Wm.	Tr. Reg. Gew.
27.	16,68	16,52	17,44	8,7	15,8	10,7	Wm. Tr.	Reg. Wm.	Wm. Sch.
28.	18,13	18,57	19,64	7,7	14,8	10,1	Wm. Tr.	Wm. S.	Sch.
29.	18,95	19,12	18,56	3,7	19,2	12,5	Sch. steig. Neb.	Beinahe ht.	Ht.
30.	18,35	17,68	17,42	4,3	20,9	14,2	Ht. Wdg. O.	Ht. SO.	Sch.
31.	17,55	17,56	16,45	8,1	19,4	14,6	Sch.	Sch.	Sch.
M.	317,83	317,78	317,81	8,2	17,2	11,4	Barometer ...	Max. 320,44 Min. 315,37	Differenz = 5,07
		317,81			12,31		Thermometer ..	Max. 25, 0 Min. 2, 5	Differenz = 22,5

Redwitz, Fabrikgebäude. August 1823.

Tag.	Barometer bei 10° R.			Temperatur d. Luft, R.			Witterung, Wind.		
	5 U. M.	1 U. M.	9 U. A.	5 U.	1 U.	9 U.	5 U. Morgens.	1 U. Mittags.	9 U. Abends.
1.	319,04	319,96	320,45	11,1	15,8	12,7	Tr. O.	Tr. Rg. O.	Tr. Sch.
2.	20,49	20,38	19,73	8,2	20,4	13,6	Sch.	Tr. Rgtr. SO.	Sch. Vm.
3.	19,68	19,16	18,81	6,1	21,9	15,1	Sch. O.	Sch.	Sch. W.
4.	18,13	17,54	17,72	7,3	23,8	16,9	Ht. SW.	Sch. Vm.	Rgtr. Vm.
5.	17,70	17,12	17,23	12,4	20,7	15,2	Vm.	Vm. Rgtr.	Tr. Rgtr.
6.	17,62	17,62	17,06	11,7	15,4	12,8	Tr. Vm.	Tr.	Tr. Vm.
7.	17,94	18,50	19,03	5,6	15,9	9,2	Sch. Vm.	Vm.	Sch. Ht.
8.	17,58	17,02	17,34	4,0	19,8	13,1	Vm.	Vm. Sch. O.	Tr.
9	17,72	17,77	18,73	9,3	16,9	10,2	Rg. Tr.	Vm. Rg.	Vm. Wdg.
10	19,58	19,89	20,57	6,2	14,7	8,1	Wdg. Vm.	Tr. Reg.	Vm. dann Ht.
11.	20,19	19,79	19,40	6,1	16,9	12,2	Tr. Rgtr. W.	Tr. Reg.	Tr.
12.	20,10	19,73	19,54	10,8	19,9	12,5	Tr. Vm.	Vm. Tr.	Sch. Ht.
13.	19,16	18,33	17,74	6,1	21,8	15,5	Ht. Morgroth.	Sch. SO.	Sch. Hof um ☾.
14.	16,81	16,48	17,19	7,8	22,4	12,3	Fallen Nb. SW.	Sch. dann Rg.	Tr. Wdg.
15.	17,91	18,21	18,61	7,3	15,8	8,3	Sch. Ht. Wdg.	Sch. Wdg. NW.	Sch. Ht.
16.	17,05	17,13	16,25	4,1	18,0	12,2	Tr. Vm.	Sch.	Sch.
17.	17,44	18,20	18,80	8,3	14,6	12,8	Nachts Rg.	Rg.	Sch.
18.	19,29	19,39	19,69	3,8	18,5	11,7	Tr. Vm.	Vm. Tr.	Sch.

Redwitz, Fabrikgebaüde. August 1823.

Tag.	Barometer bei 10° R. 5 U. M.	1 U. M.	9 U. A.	Temperatur d. Luft, R. 5 U.	1 U.	9 U.	Witterung, Wind. 5 U. Morgens.	1 U. Mittags.	9 U. Abends.
19.	320,00	320,21	319,80	5,6	19,9	13,2	Steig. Nb. OSO.	Sch. SSW.	Sch. Ht. SW.
20.	19,24	18,69	18,01	4,3	22,7	15,8	Ht. O.	Ht. Sch.	Ht. Sch. SW.
21.	17,37	17,34	17,94	11,8	15,2	10,1	Douner. Rg. Wdg.	Tr. Rg.	Tr. Rg.
22.	18,85	20,05	19,58	6,3	16,5	8,9	Steig. Nb. O.	Sch.	Fast ht. W.
23.	19,33	19,17	18,85	5,2	18,9	13,4	Schwach. Rg.	Sch.	Bm. Tr.
24.	19,46	19,70	19,84	10,1	22,5	14,6	Tr. Bm. SW.	Sch.	Ht.
25.	20,09	19,76	19,38	6,1	23,8	17,7	Sch. Nb.	Ht. SO.	Ht.
26.	19,65	19,47	18,78	8,3	24,7	18,4	Ht. schwach Nb.	Ht. Sch.	Fast ht.
27.	19,49	19,27	19,62	8,4	25,2	17,6	Ht. W.	Sch. W.	Bew. Ht.
28.	20,14	20,31	20,00	14,6	20,4	15,3	Tr.	Bm. NW.	Sch. Ht.
29.	20,42	19,79	19,50	9,1	22,2	16,7	Steig. Nb. Sch. O.	Sch.	Sch. Wetterleucht.
30.	19,66	18,95	18,54	8,2	22,7	17,5	Sch. Bm. W.	Sch. Bm. S.	Sch.
31.	18,78	19,47	20,10	12,3	19,8	12,1	Sch. Tr. Rg.	Tr.	Sch.
M.	318,90	318,85	318,83	7,9	19,6	13,4	Barometer . . .	Max. 320,49 / Min. 316,48	Differenz = 4,01
		318,86			13,65		Thermometer . .	Max. 25, 2 / Min. 3, 8	Differenz = 21,4

Redwitz, Fabrikgebäude. September 1823.

Tag.	Barometer bei 10° R. 5 U. M.	1 U. M.	9 U. A.	Temperatur d. Luft, R. 5 U.	1 U.	9 U.	Witterung, Wind. 5 U. Morgens.	1 U. Mittags.	9 U. Abends.
1.	320,18	320,38	320,38	4,8	18,6	10,1	Sch.	Sch.	Ht.
2.	20,49	20,18	19,78	3,5	19,8	11,7	Ht.	Ht.	Ht.
3.	19,85	18,78	18,41	4,1	19,5	14,6	Morgroth. S.	Sch.	Sch. Wetterleücht.
4.	19,25	18,14	17,33	8,0	14,4	10,2	Vm. Tr.	Sch. Wdg.	Wdg.
5.	16,77	17,30	17,98	9,6	19,7	16,1	Tr. Wdg.	Ht. Stürm.	Sch. Wdg.
6.	19,53	19,10	19,01	7,9	16,1	10,5	Tr. Vm. Sch.	Sch. SW.	Sch.
7.	19,00	19,15	19,06	5,0	12,2	7,5	Tr. Vm.	Sch.	Fast ht.
8.	19,24	19,56	19,76	0,0	12,5	6,1	Reif. Ht.	Sch.	Sch.
9.	19,85	20,39	20,04	1,5	14,3	6,9	Sch. Wdg. O.	Sch.	Ht.
10.	19,84	20,05	20,25	. 1,0	13,6	8,2	Ht. Eis. Reif.	Sch.	Sch.
11.	20,07	20,27	20,66	6,5	13,2	7,3	Vm. Tr.	Sch. O.	Sch.
12.	21,30	30,54	20,37	. 2,3	14,8	7,6	Nb. Eis. Ht.	Ht.	Ht.
13.	20,52	19,82	18,77	. 1,8	17,1	11,3	Eis. Ht.	Sch.	Vm. Sch.
14.	19,44	18,50	18,21	6,1	22,3	16,8	Vm. Sch.	Sch.	Vm. Wetterleücht.
15.	17,57	16,34	16,77	11,0	21,8	15,5	Tr. Rgtr.	Vm.	Stark Gewit. u. Rg.
16.	16,28	15,98	16,62	14,0	16,5	16,0	Tr. Vm.	Tr. Rgtr.	Nb. Wetterleücht.
17.	17,65	19,22	19,74	15,0	16,5	16,0	Nb. Tr.	Tr.	Tr. Nacht Rg.
18.	19,92	. . . . .	22,32	9,0	12,3	10,1	Tr. Regnerisch.	Tr.	Tr. O.
19.	21,66	20,50	19,85	9,3	17,2	12,8	Tr.	Sch.	Ht O.
M.	319,39	319,10	319,23	5,8	16,4	11,8	Barometer	Max. 322,32 Min. 315,98	Differenz = 6,34
	319,22			11,38			Thermometer . . .	Max. 22, 3 Min. . 2, 3	Differenz = 24,6

Höhenbestimmung von Redwitz.

1. Redwitz verglichen mit Alexandersbad (Schmidel).

Mittel der Beobachtungen um 1 Uhr Nachmittags vom 1sten bis 17ten Juli 1823 (mit Ausschluß des 3ten und 8ten).

15 Beobachtungen	Redwitz . . 317,92	+ 21,6 C.	=	30,81 Tois.
	Alexanderb. 315,72	21,0 "		
	Höhe von Alexanderbad . . .		+	295,97 "
	Absolute Höhe von Redwitz, Fabrikgebaûde			265,16 Tois.

---

2. Redwitz verglichen mit Baireûth (Gerstner).

Mittlere Baro- und Thermometerstände im Juli 1823.

Um 1 Uhr Mitt.	Baireûth . 324,34	+ 20,5 C.	+	90,90 Tois.
	Redwitz . . 317,78	21,5 "		
Um 9 Uhr Abends	Baireûth . 324,56	+ 14,5 C.	+	91,17 "
	Redwitz . . 317,81	14,2 "		
Monats-Mittel . .	Baireûth . 324,46	+ 16,9 C.	+	90,29 "
	Redwitz . . 317,81	15,4 "		

Mittler Höhenunterschied zwischen Redwitz und Baireûth . . . . + 90,75 "
Höhe von Baireûth . . . . + 175,04 "
Absolute Höhe von Redwitz, Fabrikgebaûde . . . . . . 265,79 Tois.

---

3. Redwitz verglichen mit Prag (Hallaschka).

Mittlere Baro- und Thermometerstände aus den Morgen- und Mittags-Beobachtungen.

Juli, 62 Beobacht.	Prag . . . 329,93	+ 18,8 C.	+	164, 02 Tois.
	Redwitz . . 317,80	16,0 "		
Aug., 62 Beobacht.	Prag . . . 331,17	+ 20,7 C.	+	166, 79 "
	Redwitz . . 318,87	17,2 "		
Septbr., 38 Beob.	Prag . . . 331,70	+ 17,7 C.	+	166, 42 "
	Redwitz . . 319,25	13,8 "		

Mittler Höhenunterschied zwischen Prag und Redwitz aus 162 Beobachtungen . . . . + 165,743 "
Höhe von Prag, K. K. Konviktgebaûde . . . . . . + 102,099 "
Absolute Höhe von Redwitz, Fabrikgebaûde *) . . . . 267, 84 Tois.

---

*) Vergleicht man dieses Resultat mit dem Mittel aus Alexanderbad, Baireûth und Berlin, so ergiebt sich, daß es um $\frac{1}{100}$ des Ganzen zu groß ist.

4. Redwitz verglichen mit Berlin (Berghaus).

Mittlere Baro- und Thermemeterstände aus der ganzen Tagesperiode.

Juli	Berlin .. 336,02	+ 18,1 C.	+ 243,64 Tois.
	Redwitz .. 317,81	15,4 „	
August	Berlin .. 337,08	+ 20,4 C.	+ 244,60 „
	Redwitz .. 318,86	17,0 „	
September	Berlin .. 337,73	+ 15,9 C.	+ 244,70 „
	Redwitz .. 319,22	14,2 „	

Mittlerer Höhenunterschied zwischen Berlin und Redwitz .... + 244,31 „

Höhe von Berlin, Neue Jakobsstraße .... 20,93 „

Absolute Höhe von Redwitz, Fabrikgebäude ...... 265,24 Tois., und im Mittel aus allen vier Vergleichungen 266,0 Toisen oder 1596,0 par. Fuß. Diese Zahlen gelten für die Hangstelle des Barometers, dessen Höhe über dem Erdboden in Fickentschers Tagebuch nicht angegeben ist.

Nach v. Brand's Messungen ist der Boden vor dem Wirthshause zum weißen Roß in Redwitz 265,4 Toisen über dem Meere (siehe oben Nr. 66, S. 138.)

Glashütte bei Redwitz. September 1823.

Tag.	Barometer bei 10° R.			Temperatur d. Luft, R.			Witterung, Wind.		
	6 U. M.	1½ U. M.	10 U. A.	6 U.	1½ U.	10 U.	6 U. Morgens.	1½ U. Mittags.	10 U. Abends.
20.	316,82	316,14	316,04	7,5	17,6	12,7	Sch. Wm.	Wm. Tr.	Tr.
21.	15,78	15,14	14,42	9,2	16,0	9,8	Tr. Dunstig.	Sch.	Ht.
22.	12,73	11,62	10,81	8,4	12,8	10,5	Tr.	Regnerisch SW.	Tr. Regnerisch.
23.	11,33	12,37	14,14	7,3	11,6	7,5	Regnerisch.	Regnerisch NW.	Rg.
24.	15,12	15,53	16,04	5,4	11,3	5,5	Tr. N.	Sch.	Ht.
25.	17,55	17,19	17,15	6,4	11,6	8,8	Tr.	Tr.	Wm. Sch.
26.	14,13	15,80	15,39	9,2	12,7	8,5	Tr. Wm.	Tr.	Sch.
27.	14,16	14,04	14,24	3,2	13,3	10,9	Neb.	Wm.	Wm.
28.	14,52	14,75	14,96	3,1	14,6	11,2	Sch.	Sch.	Wm.
29.	15,31	14,85	13,81	8,5	15,0	12,8	Tr. Wm.	Sch. SO.	Sch.
30.	12,37	11,88	12,65	8,9	15,9	11,7	Sch. Wm.	Tr. Rgtr.	Wm.
M.	314,71	314,48	314,51	7,0	13,8	9,9	Barometer . . .	Max. 317,55 Min. 310,81	Differenz 6,74
		314,57			10,30		Thermometer . .	Max. 17, 6 Min. 3, 1	Differenz 14,5

Glashütte bei Redwitz. Oktober 1823.

Tag.	Barometer bei 10° R.			Temperatur d. Luft, R.			Witterung, Wind.		
	6 U. M.	1½ U. M.	10 U. M.	6 U.	1½ U.	10 U.	6 U. Morgens.	1½ U. Mittags.	10 U. Abends.
1.	312,01	310,74	310,14	9,3	16,4	14,3	Vm. Wdg.	Sch. O.	Sch.
2.	09,31	09,58	11,14	9,1	15,3	10,8	Tr. Rgtr.	Sch. Wdg. O.	Sch.
3.	12,39	13,08	14,19	5,4	8,4	6,9	Tr. Nb.	Tr.	Tr.
4.	15,48	16,71	18,17	6,1	7,8	6,5	Tr. Rg.	Tr Rg.	Tr. Sch.
5.	18,55	.....	.....	2,7	11,5	8,0	Vm. Sch.	Tr. Rgtr.	Tr. Rgtr.
6.	17,62	17,19	17,27	7,2	13,4	10,3	Tr.	Tr. Vm.	Vm.
7.	17,91	17,68	18,03	7,9	15,6	10,4	Tr. Vm.	Sch.	Ht.
8.	17,53	16,89	16,57	6,1	12,5	8,4	Nb.	Tr. Sch.	Tr.
9.	15,56	14,76	.....	7,0	12,8	9,1	Tr.	Sch.	Sch.
10.	13,57	13,28	13,09	6,2	13,1	4,5	Sch.	Vm.	Vm.
11.	12,92	11,69	18,88	7,2	11,4	10,0	Vm. SO.	Sch. Wdg.	Sch. Vm.
12.	10,59	10,17	10,17	7,4	13,3	9,9	Morgroth.	Sch.	Vm. Tr.
13.	10,84	09,24	09,36	7,3	11,1	10,1	Vm.	Tr.	Rgtr.
14.	10,24	10,95	12,43	5,4	9,5	6,2	Nachts Rg. Tr.	Tr. Vm.	Sch. Ht.
15.	11,14	11,77	12,51	1,4	8,4	5,5	Reif. Vm.	Sch.	Sch. Vm.
16.	13,06	13,51	13,66	0,8	10,0	6,8	Reif. Vm.	Sch.	Sch. Vm.
17.	13,75	13,92	13,83	5,1	11,3	8,2	Vm.	Sch. Vm.	Tr. Rg.
18.	13,80	13,88	14,12	6,3	10,9	7,2	Nachts Rg. Tr.	Vm. Um 2 U. zwei starke Donnerschl.	Sch.

Glashütte bei Redwitz. Oktober 1823.

Tag.	Barometer bei 10° R.			Temperatur d. Luft, R.			Witterung, Wind.		
	6 U. M.	1½ U. M.	10 U. A.	6 U.	1½ U.	10 U.	6 U. Morgens.	1½ U. Mittags.	10 U. Abends.
19.	314,35	314,59	315,39	0,5	12,7	9,1	Reif. Eis. Nb.	Sch.	Ht. SO.
20.	15,99	17,17	18,20	0,9	10,1	5,4	Nb. Reif.	Tr.	Tr. Néb.
21.	18,71	19,06	19,59	3,6	8,5	5,3	Nb.	Vm.	Ht. O.
22.	19,47	19,43	18,75	. 0,9	7,7	4,1	Eis. Reif. O.	Sch.	Ht.
23.	18,39	17,86	17,80	. 3,9	6,8	4,5	Eis. Sch.	Sch.	Sch.
24.	18,01	18,40	18,68	. 0,8	7,0	5,1	Eis. Sch.	Vm. Sch.	Sch.
25.	18,87	18,71	18,87	. 4,4	5,7	1,2	Eis. Ht.	Ht.	Sch. Abroth.
26.	.....	.....	.....	2,6	6,5	4,9	Tr.	Vm.	Tr. Wdg.
27.	19,61	18,64	18,08	3,2	6,1	4,0	Tr.	Tr. Vm.	Ht.
28.	16,76	15,97	14,76	. 1,9	7,2	3,8	Eis. Reif. Ht.	Vm. Sch.	Sch. SO.
29.	13,42	13,12	14,05	3,2	8,8	6,1	Wdg. Rg. Tr.	Tr. SW.	Sch.
30.	13,23	11,77	10,52	6,3	11,6	9,1	Wdg. Rg.	Wdg. Sch.	Sch. Wdg.
31.	08,55	08,74	09,80	4,5	7,1	4,9	Nb. Still.	Tr. Wdg.	Tr.
M.	314,72	314,43	314,63	3,9	10,3	7,4	Barometer	Max. 319,61 Min. 308,55	Differenz 11,06
		314,59			7,20		Thermometer . .	Max. 16, 4 Min. 4, 4	Differenz 20, 8

Glashütte bei Redwitz. November 1823.

Tag.	Barometer bei 10° R.			Temperatur d. Luft, R.			Witterung, Wind.		
	6 U. M.	1½ U. M.	10 U. A.	6 U.	1½ U.	10 U.	6 U. Morgens.	1½ U. Mittags.	10 U. Abends.
1.	311,21	311,84	312,72	1,4	5,2	3,8	Tr.	Tr.	Sch.
2.	13,42	13,51	13,66	. 2,6	2,9	1,1	Eis. Tr.	Tr.	Rg. Schn.
3.	13,78	13,89	14,48	0,6	1,4	1,0	Sch. Tr. W.	Tr. Schn.	Tr.
4.	15,75	16,33	16,98	1,1	2,9	2,2	Nb. Tr.	Tr. Vm.	Tr.
5.	16,59	16,89	17,41	. 3,3	4,2	1,7	Eis. Sch.	Sch.	Ht.
6.	17,85	17,82	17,65	0,9	3,3	2,1	Tr. Nb. Reif.	Tr. Nb.	Nb.
7.	17,23	16,83	16,31	2,0	3,5	1,4	Nb.	Nb.	Nb.
8.	15,75	15,45	16,21	. 3,3	2,4	0,8	Ht Tr. Nb.	Tr. Nb.	Schn.
9.	18,08	18,14	16,77	. 3,9	. 0,2	. 2,4	Sch.	Vm.	Wdg. Schn.
10.	18,23	19,61	21,00	. 3,1	. 1,4	. 3,5	Tr.	Sch.	Vm.
11.	21,39	21,09	20,69	. 3,0	. 0,6	. 3,9	Tr.	Vm. Sch.	Vm. Tr.
12.	19,86	. . . .	. . . .	. 1,8	0,5	0,0	Tr.	Tr.	Tr. Nachts Schn.
13.	19,89	20,07	20,16	. 0,5	1,7	0,8	Tr.	Tr.	Tr.
14.	19,37	17,73	16,38	. 2,1	0,7	. 0,2	Sch.	Vm.	Tr. Wdg.
15.	14,43	14,87	16,12	. 0,8	1,9	1,2	Stürm. NW.	Rg. Schn.	Vm. Sch.
16.	18,27	18,64	18,92	. 0,1	1,3	0,6	Wdg. Vm.	Tr. Vm.	Tr. Nachts Ht.
17.	19,39	19,24	19,10	. 2,8	2,3	0,6	Tr. Vm.	Tr. Nb.	Tr.
18.	18,83	18,94	19,21	0,3	3,1	2,0	Tr. Nb.	Tr. Vm.	Tr.

Glashütte bei Redwitz. November 1823.

Tag.	Barometer bei 10° R.			Temperatur d. Luft, R.			Witterung, Wind.		
	6 U. M.	1½ U. M.	10 U. A.	6 U.	1½ U.	10 U.	6 U. Morgens.	1½ U. Mittags.	10 U. Abends.
19.	319,47	318,76	317,84	. 0,4	1,3	. 1,7	Tr. Bm.	Sch. Ht.	Sch.
20.	17,19	16,76	16,22	. 2,9	. 0,3	. 0,1	Tr.	Schn.	Schn. Wdg.
21.	17,20	17,84	18,00	2,8	3,9	3,5	Nachts Stürm.	Tr.	Tr.
22.	17,33	16,96	16,46	2,4	4,1	2,3	Tr. Nb.	Tr.	Tr. Schn.
23.	16,81	16,88	. . . .	3,1	3,8	3,0	Tr. Nb.	Tr. Nb.	Tr. Nb.
24.	17,00	17,35	17,42	5,1	6,5	5,3	Tr. Nb.	Tr.	Tr.
25.	17,81	17,97	18,01	3,9	5,6	4,6	Tr.	Tr. Bm.	Sch.
26.	17,83	18,10	18,33	3,5	5,1	4,2	Tr.	Tr. Bm.	Tr.
27.	18,54	18,45	18,36	1,8	3,4	2,3	Wdg. Nb.	Bm. Nb.	Nb. Rg.
28.	17,47	17,23	16,84	0,6	2,3	1,4	Tr.	Tr.	Tr.
29.	15,85	15,71	15,15	2,2	3,7	3,1	Tr.	Tr.	Tr.
30.	14,68	14,48	14,36	6,4	6,8	6,0	Tr. Rg,	Wdg. Rg.	Wdg.
M.	317,21	317,15	317,17	0,2	2,7	1,4	Barometer . . .	Max. 321,39 Min. 311,21	Differenz 10,18
		317,18			1,43		Thermometer . .	Max. 6, 8 Min. . 3, 9	Differenz 10, 7

Glashütte bei Redwitz. Dezember 1823.

Tag.	Barometer bei 10° R.			Temperatur d. Luft, R.			Witterung, Wind.		
	6 U. M.	1½ U. M.	10 U. A.	6 U.	1½ U.	10 U.	6 U. Morgens.	1½ U. Mittags.	10 U. Abends.
1.	315,19	315,25	316,05	8,6	8,4	9,1	Wdg. Tr. Rg.	Wdg. Tr.	Tr. Wdg.
2.	16,62	15,81	14,97	6,8	8,7	8,0	Tr.	Vm. Sch. S.	Vm.
3.	14,15	14,61	14,84	5,7	6,2	3,1	Vm. Rg.	Stürm. Tr.	Vm. Tr.
4.	13,64	11,51	11,63	2,0	8,6	6,5	Vm. Wdg. SO.	Tr. Stürm	Rg. Stürm. SW.
5.	12,05	12,89	14,31	3,8	5,2	2,3	Tr. SW.	Vm. Sch.	Sch.
6.	13,74	12,36	14,06	. 0,5	2,3	4,2	Tr. Eis.	Schn. Rg. Tr.	Tr. Sch.
7.	18,08	19,24	. . . . .	. 0,4	1,5	0,1	Vm.	Tr. Vm.	Ht.
8.	20,75	20,55	19,88	. 2,7	0,5	1,1	Ht. Sch.	Ht. Sch.	Ht.
9.	18,58	18,16	17,68	. 1,3	0,0	0,0	Tr.	Tr.	Stürm. Schn.
10.	16,83	17,44	17,72	. 0,3	. 0,2	. 0,4	Schneegest.	Vm. Schn.	Tr. Stürm.
11.	17,47	17,35	16,92	. 1,6	. 0,6	. 0,2	Schn.	Schn.	Tr. Wdg.
12.	15,47	14,24	12,12	. 0,4	0,6	0,0	Schn.	Schn.	Schn. Wdg.
13.	11,38	11,23	11,74	1,2	. 0,5	. 1,3	Schn.	Schn.	Schn.
14.	13,08	13,87	14,81	. 2,8	. 1,7	. 1,8	Tr. Wdg. W.	Schn.	Schn.
15.	15,29	15,43	15,99	. 2,0	. 0,6	. 0,1	Schn.	Schn.	Schn.
16.	17,53	18,84	19,41	1,8	0,6	. 1,6	Tr. Vm.	Sch.	Sch.
17.	18,10	16,94	15,18	.11,1	. 4,6	. 5,1	Nb. Sch.	Sch. Tr.	Tr.
18.	12,33	11,63	12,80	. 6,3	. 2,8	. 3,2	Tr.	Sch. Tr.	Tr. SW.

Glashütte bei Redwitz. Dezember 1833.

Tag.	Barometer bei 10° R.			Temperatur d. Luft, R.			Witterung, Wind.		
	6 U. M.	1½ U. M.	10 U. A.	6 U.	1½ U.	10 U.	6 U. Morgens.	1½ U. Mittags.	10 U. Abends.
19.	313,16	313,18	313,10	. 4,1	. 1,3	. 4,8	Nb.	Tr. Nb.	Ht.
20.	13,20	12,91	11,87	. 4,6	. 2,2	. 2,4	Tr.	Tr. Nb.	Tr.
21.	10,47	10,37	10,06	. 2,3	0,3	. 0,4	Schn. Wdg.	Tr.	Tr.
22.	10,87	11,29	12,80	. 1,0	0,6	. 0,5	Tr.	Tr.	Tr. Nb.
23.	13,62	14,41	15,35	. 0,6	0,8	. 3,3	Tr.	Tr. Vm. Sch.	Sch.
24.	15,25	15,09	14,51	. 1,2	. 1,1	. 1,4	Tr. Nb.	Tr.	Tr.
25.	15,43	16,35	16,44	. 1,2	. 3,3	.13,9	Tr.	Sch.	Ht.
26.	15,81	14,96	14,52	.11,8	. 6,3	. 3,6	Tr.	Tr. Nb.	Etwas Schn.
27.	12,72	11,52	11,19	. 3,2	. 1,6	. 1,8	Tr.	Tr.	Tr.
28.	11,91	12,99	13,48	0,6	1,2	0,7	Tr. Wdg.	Tr. Vm.	Vm. Tr.
29.	12,15	12,14	12,36	1,8	2,7	2,1	Rg. Tr.	Rg.	Tr. Wdg.
30.	11,26	11,07	11,34	2,2	2,5	2,0	Wdg.	Tr.	Tr. Wdg.
31.	11,47	11,62	11,41	1,0	2,5	2,1	Vm.	Tr.	Tr.
M.	314,44	314,36	314,28	. 0,8	0,8	. 0,1	Barometer	Max. 320,75 Min. 311,45	Differenz 9,28
		314,36			. 0,03		Thermometer . .	Max. 8, 7 Min. . 13, 9	Differenz 22,6

Höhenbestimmung der Glashütte bei Redwitz.

1. Glashütte verglichen mit Prag (Hallaschka).

Mittel der Morgen- und Nachmittags-Beobachtung.

Sept. 22 Beob. .	Prag . . .	329,08	+ 15,2 C.	+ 194,87 Tois.
	Glashütte	314,59	13,0 „	
Okt. 59 Beob. . .	Prag . . .	329,77	+ 11,5 C.	+ 201,15 „
	Glashütte	314,58	8,9 „	
Nov. 59 Beob. .	Prag . . .	332,10	+ 5,0 C.	+ 190,98 „
	Glashütte	217,18	1,8 „	
Dez. 62 Beob. . .	Prag . . .	329,74	+ 2,6 C.	+ 196,07 „
	Glashütte	314,40	0,0 „	

Mittlerer Höhenunterschied zwischen Prag und Glashütte . . . . + 195,77 „

Nachmittags-Beobachtung.

Sept. 11 Beob. .	Prag . . .	328,97	+ 18,1 C.	+ 196,37 Tois.
	Glashütte	314,48	13,8 „	
Okt. 29 Beob. . .	Prag . . .	329,54	+ 14,3 C.	+ 202,51 „
	Glashütte	314,43	12,6 „	
Nov. 29 Beob. .	Prag . . .	332,10	+ 6,2 C.	+ 192,38 „
	Glashütte	317,15	3,4 „	
Dez. 31 Beob. . .	Prag . . .	329,67	+ 3,5 C.	+ 196,55 „
	Glashütte	314,36	1,0 „	

Mittlerer Höhenunterschied zwischen Prag und Glashütte . . . . + 196,95 „

Aus beiden Vergleichungen ergiebt sich die Höhe der Glashütte über Hallaschka's Barometer in Prag . . . . = 196,36 T.
Höhe von Prag, K. K. Konvikt-Gebaüde . . . . 102,09 „

Absolute Höhe der Glashütte bei Redwitz . . . . 298,45 T.
oder, mit Rücksicht auf die obige Bemerkung, daß diese Zahl wahrscheinlich um $\frac{1}{109}$ des Ganzen zu groß sei: Korrigirte Höhe 295,71 T.

2. Glashütte verglichen mit Berlin (Berghaus).

Beobachtung um $1\frac{1}{2}$ Uhr Nachmittags auf der Glashütte, um 2 Uhr in Berlin.

Sept. 11 Beob. .	Berlin . .	335,37	+ 16,4 C.	+ 281,20 T.
	Glashütte	314,48	17,4 „	
Okt. 29 Beob. . .	Berlin . .	335,84	+ 13,8 C.	+ 284,26 „
	Glashütte	314,43	12,8 „	
Nov. 29 Beob. .	Berlin . .	338,29	+ 6,8 C.	+ 269,63 „
	Glashütte	317,15	3,3 „	

Dez. 31 Beob. . .	Berlin . . 335,09	+ 4,4 C.	} + 264,35 Tois.
	Glashütte 314,36	1,0 =	

Mittlerer Höhenunterschied zwischen Berlin und Glashütte . . . . + 274,86 =

Beobachtung um 10 Uhr Abends.

Sept. 11 Beob. .	Berlin . . 335,36	+ 12,3 C.	+ 275,86 Tois.
	Glashütte 314,51	12,3 =	
Okt. 28 Beob. . .	Berlin . . 336,04	+ 8,9 C.	+ 279,50 =
	Glashütte 314,63	9,2 =	
Nov. 28 Beob. .	Berlin . . 338,21	+ 5,3 C.	+ 266,70 =
	Glashütte 317,17	1,7 =	
Dez. 30 Beob. .	Berlin . . 335,23	+ 2,5 C.	+ 265,60 =
	Glashütte 314,28	= 0,1 =	

Mittlerer Höhenunterschied zwischen Berlin und Glashütte . . . . + 271,91 =

Beobachtungen der ganzen Tagesperiode.

Sept. 11 Tage. .	Berlin . . 335,43	+ 14,2 C.	+ 277,23 Tois.
	Glashütte 314,57	12,8 =	
Oktober	Berlin . . 336,13	+ 10,9 C.	+ 282,18 =
	Glashütte 314,59	9,0 =	
November	Berlin . . 338,37	+ 5,8 C.	+ 269,02 =
	Glashütte 317,18	1,8 =	
Dezember	Berlin . . 335,21	+ 3,1 C.	+ 264,50 =
	Glashütte 314,36	0,0 =	

Mittlerer Höhenunterschied zwischen Berlin und Glashütte . . . . + 273,23 =

Nach allen drei Vergleichungen . . . . + 273,33 =

Höhe von Berlin, Neüe Jakobsstraße . . . . 20,93 =

Absolute Höhe der Glashütte bei Redwitz . . . . . . 294,26 Tois.

und im Mittel aus den Vergleichungen mit Prag (korrigirtes Resultat) und Berlin 294,98 Toisen, oder 1769,9 pariser Fuß.

Mittlere Temperatur von Redwitz.

Den im Vorigen mitgetheilten Barometer-Beobachtungen von Fickentscher ist eine Tabelle angehängt, welche die wärend der Monate Januar bis Juni 1823 von ihm in seinem Fabrikgebaüde zu Redwitz beobachteten Thermometerstände in freier Luft enthält.

Diese Beobachtungen gewähren ein Mittel zur Bestimmung der Mittel-Temperatur von Redwitz, wenn man sie mit den spätern Beobachtungen im Juli, August und September, und mit denen auf der Glashütte im Oktober, November und Dezember in Vergleichung stellt. Die Beobachtungsreihe umfaßt mithin ein volles Jahr.

Das Thermometer R. ward bei Sonnenaufgang, Nachmittags 1 Uhr und bei Sonnenuntergang im Sommer, im Winter eben so, nur des Abends um 10 Uhr noch ein Mal beobachtet. In der handschriftlichen Tafel ist jedoch für die Winterszeit die Beobachtung um Sonnenuntergang weggelassen. Welche Tagesperiode im Frühling und Herbst gewählt wurde, ergiebt sich nicht. Jene Perioden entsprechen jedoch dem Medium der Tages-Temperatur für das Jahresmittel so nahe, daß man, bei der Ungewißheit über die Stunden des Frühlings und Herbstes, die reinen Beobachtungen als wahre Mittel-Temperaturen betrachten kann. Da vom 20. September an nicht mehr im Fabrikgebaüde zu Redwitz, sondern auf der Glashütte beobachtet worden ist, und diese um neünundzwanzig Toisen höher liegt als jenes, so leüchtet es ein, daß der zweite Standrunkt eine geringere Temperatur haben müsse als der erste. Die Differenz wird nahe 0°,33 R. betragen, weil die Abnahme der Wärme um 1° R. zwischen dem Ochsenkopf und Baireüth im Oktober vei einem Höhenunterschiede von 87,3 Toisen erfolgt, *) und hier von den Herbst-Monaten die Rede ist. Die Beobachtungen geben folgende Werthe:

Redwitz, Fabrikgebaüde 1823.

Thermometer R.

Dezember	0,30	März . . .	1,95	Juni . . .	11,17	Septbr. .	11,00
Januar	— 8,09	April . . .	4,63	Juli . . .	12,31	Oktober .	7,53
Februar	— 0,31	Mai . . .	10,64	August . .	13,65	November	1,76
Winter	— 2,70	Frühling .	5,74	Sommer .	12,37	Herbst . .	6,43

Mittlere Jahres-Temperatur 5°,46 R.

Vergleicht man diese Temperaturen der Jahreszeiten mit den korrespondirenden Beobachtungen in Baireüth für dasselbe Jahr 1823, indem diese, aus den Stunden 7, 1, 9 Uhr hergeleiteten, Resultate zuvörderst auf wahre Media reduzirt werden, so haben wir:

---

*) Siehe oben S. 239. Aus der Differenz der Jahres-Temperatur zwischen Redwitz und Baireüth, und dem Höhenunterschiede findet sich der Werth der Höhe für eine Wärme-Abnahme von 1° R. = 96,8 Toisen.

	Für Baireuth.		Mithin Redwitz kälter als Baireuth.
Winter	— 1°,09 R.	.....	1,61 R.
Frühling	6, 55 ⸗	.....	1,01 ⸗
Sommer	13, 25 ⸗	.....	0,88 ⸗
Herbst	6, 60 ⸗	.....	0,13 ⸗
Jahr	6, 40 ⸗	.....	0,94 ⸗

Da nun aber das Jahr 1823 eine höhere Temperatur hatte als sich für Baireuth aus neunzehnjährigem Durchschnitt ergiebt, so dürfte wol gefolgert werden können, daß derselbe Fall für Redwitz gelte. Mit der wahren Temperatur von Baireuth und den obigen Unterschieden erhält man dann als wahrscheinliche

Mittel-Temperatur von Redwitz:

Lat. 50° 0′ N., Long. 9° 45′ O. *) Höhe 266 Toisen.

Winter ...	— 2°,95 R.	— 3°,69 C.
Frühling ..	5, 37 ⸗	6, 72 ⸗
Sommer ..	11, 89 ⸗	14, 87 ,
Herbst ...	6, 21 ⸗	7, 76 ⸗
Jahr	5, 21 ⸗	6, 51 ⸗

Was die Extreme der Wärme in Redwitz anbelangt, so erreichte das Thermometer R. den höchsten Stand am 27. August 1823 mit + 25°,2, den niedrigsten Stand dagegen am 25. Jan. mit — 19°,9; im Jahre 1823 durchlief mithin die Temperatur einen Raum von 45° der Reaumür'schen Skale.

Der Januar zeichnete sich überhaupt durch strenge, anhaltende Kälte aus; das Thermometer blieb bis zum 28sten stets unter dem Gefrierpunkt, vier Mal fiel es bis auf 15° und darunter, und stieg nur innerhalb der drei letzten Tage über denselben. Die niedrigste Temperatur im Februar war — 5°,8 R., im März — 6°,7, im April — 2°,8, und im Mai sank das Thermometer am 5ten noch auf — 3°,2; am 25. Juni reifte es bei einer Temperatur von + 1°,8. Die höchste Temperatur war im Januar + 2°,6 R.; im Februar + 5°,1; im März + 14°,0; im April + 15°,3; im Mai + 23°,1; im Juni + 22°,3. Die Extreme der Temperatur in den folgenden Monaten ergeben sich aus den obigen Tafeln.

---

*) Der Kirchthurm von Redwitz liegt nach den geodätischen Operationen von Weiß und v. Brand 71018,5 bair. Ruthen nördlich und 12599,5 bair. Ruthen östlich vom nördlichen Thurme der Frauenkirche in München, oder in Lat. 50° 0′ 7″,18 N., Long. 9° 45′ 2″,2 O. Paris.

In Hof, das (im goldenen Hirsch) noch um zehn Toisen tiefer liegt als Redwitz, kam, wie Helfrecht berichtet, die Kälte am 28. Februar 1785 nahe an den 24sten Grad der Reaumür'schen Skale; im Dezember 1793 stand sie etwas über 23°; am 3. Januar 1795 fiel das Thermometer um 7 Uhr Morgens auf — 24°,2 R., und im Dezember 1798 sogar unter — 26° R. Im Jahre 1793 vernichtete ein später starker Frost zu Anfange des Juni die jungen Schößlinge an den Nadelbaümen und verursachte in den Wäldern großen Verlust.

Berichtigung.

Die Breite von Würzburg (siehe oben, Tabelle hinter S. 244, Anmerkung *) muß heißen 49° 47′ 34″,53 N.

FSC
www.fsc.org
MIX
Papier | Fördert
gute Waldnutzung
FSC® C083411

Zeitfracht Medien GmbH
Ferdinand-Jühlke-Straße 7
99095 Erfurt, Deutschland
produktsicherheit@kolibri360.de